未来
观察笔记

Notes on the future

吴 斌／著

科学出版社

北 京

内 容 简 介

未来世界会是什么样的？文明将发展到什么程度？人类要面临哪些挑战？本书以"量化未来"的视角，深入浅出地介绍了量子计算、人工智能、基因编辑、可控核聚变、脑机接口等前沿技术的未来，让我们在理解科学技术影响的同时，看到一幅未来世界在人口、经济、文化等多维度的清晰图景。

本书适合大众阅读，有助于各行业读者预见未来、明确目标、未雨绸缪，也是启发青少年科学理想的科普佳作。

图书在版编目（CIP）数据

未来观察笔记 / 吴斌著.—北京：科学出版社，2022.5
ISBN 978-7-03-071938-6

Ⅰ. ①未… Ⅱ. ①吴… Ⅲ. ①科学技术-发展-研究-世界 Ⅳ. ①N11

中国版本图书馆CIP数据核字（2022）第045595号

责任编辑：侯俊琳 唐 傲 / 责任校对：刘 芳
责任印制：师艳茹 / 封面设计：有道文化

科 学 出 版 社 出版

北京东黄城根北街16号
邮政编码：100717
http://www.sciencep.com

三河市骏圭印刷有限公司 印刷

科学出版社发行 各地新华书店经销

*

2022年5月第 一 版 开本：720×1000 1/16
2022年5月第一次印刷 印张：16 1/4
字数：275 000

定价：58.00 元

（如有印装质量问题，我社负责调换）

序　言

我猜，促使你翻开封面、看到这页文字的驱动力，一定是你对未来世界的好奇心。如果我猜对了，那么先握个手！因为你正是我在苦苦寻觅的、可以结伴去未来世界游览参观的志同道合者。

人类之所以能在短短数万年间，从蒙昧野蛮的原始状态演进到现在空前发达的文明社会，好奇心可谓是功不可没。即使获得了如此宏伟的成就，人类也并未放缓探索未知世界的步伐，反而投入了更大的热情和更多的资源，坚持不懈地探究着自然界的各种奥妙、创造出前所未有的各种新鲜事物。于是，我们所生活的这个世界正在快速地变化着，仿佛每一天都跟昨日有所不同。面对如此日新月异的世界，大部分人只是被动地跟随着。他们看不清未来，甚至懒得抬头向前方眺望一眼。但也有些人，就像你我，被强烈的好奇心所驱使，不甘心只是呆坐在这列正在飞驰的高速火车上，闲看着车窗外转瞬即逝的风景，更想知道这列火车将要开往何处、在前方等待着我们的命运又是什么？

关注未来的意义，并不只是为了满足我们的好奇心，更是为了在现实中创造更加美好的生活。古人言："不谋万世者，不足谋一时。"无论是国家的战略决策，还是个人的生活选择，如果能充分地考虑到未来的各种变化因素，都会事半功倍地得到更加理想的效果。

在即将启程前往未来之际，也许你会心存疑惑：未来真是可以看到的吗？这里需要说明的是，没人可以精确地预言未来，但却可以尽量准确地描绘出一个近似的未来。世间茫茫万物都有其不可逾越的客观规律。宇宙的运行，简而言之，就是在各种规律约束之下的随机性运动。我们观察未来，首先要做的就是从纷繁复杂的现实世界中辨识出潜在的规律；然后，再立足当前，运用这些规律去推演未来。然而对于发生在未来的各种随机性事件，我们却无能为力。因此，我们所观察到的未来只能是近似的，并且其准确度将随时间的尺度递减。

在现有的未来学书籍中，大多采用趋势型的思维方式，定性地讲述在未来将会出现怎样的发展趋势。然而，只讲述一个趋势，不仅难以满足我们对于未来的好奇心，更难以有效地用于指导我们的现实生活。

本书内容包含三个部分。第一、二章简要介绍观察未来的具体方法；第三、四、五、六章对影响未来的重要科技进行独立的纵向分析；第七、八、九、十章分别在各个采样时间点上对未来社会进行综合性的展望。

在本书中，我们将采用量化的方式去观察未来。未来很长，意味着我们不能仅用"未来"这个词简单地概括今天之后直至无穷远的这个漫长时间段。二十年后、四十年后，以及一百年后的世界将是完全不同的。因此，我们会在时间轴上对未来进行"采样"，将视线聚焦在一系列具体的时间点上。世界很大，意味着我们不能仅说未来的世界会怎样。不同国家与地区之间的自然条件、历史文化、社会经济存在着极大的差异性，不可能在未来都发展成同一个样子。因此，我们会在地球仪上选择一个具体的国家，用"放大镜"近距离地观察。技术很复杂，意味着我们不能仅说在未来会出现某种技术。因为每种技术在其从出现到成熟的漫长发展过程中，会经历多个阶段，其实现难度、应用效能也差距极大。所以，我们会对技术进行阶段性的分解，以观察在某个具体的时间点上，会对具体的国家与地区、具体的人群产生怎样的具体的影响。

通过量化的方式，我们将能看到一幅幅前所未见、高清晰度的未来图像。利用这些未来图像，我们既可以在集体层面上运筹帷幄，也可以在个人层面上未雨绸缪。当然，就算仅仅当作茶余饭后的谈资消遣，那也未尝不是一件乐事。

吴 斌

2020 年 3 月

目　录

第一章 人类共同的未来

一、为什么要研究未来?

现在，仿佛是一道虚拟无形之墙，以每天二十四小时的速度向前推进，并将世间万物一分为二。其中一半，叫作过去，而另一半，叫作未来。

在我们所生活的这个三维宏观世界里，时间总是在不可阻挡地单向流动着。正如孔子在两千多年前所发出的无限感慨："逝者如斯夫，不舍昼夜！"无论我们正在做什么，其结果都会落在未来；无论我们正在想什么，也只能影响到未来。这个未来，既有可能只在短暂的一秒之后，也有可能远在百年之外。

未来，是谁也无法逃脱的命运。它总会顽皮地隐藏在前方的路途边，不期而遇地抛给我们一个惊喜，或者丢过来一团麻烦。面对它奉送而来的种种"礼物"，我们欣慰也好，苦笑也罢，只能被动地接受，没有拒绝的权利。或许，这就是人生的趣味所在吧！

每一个人，在每一刻，都拥有一个"过去的自己"和一个"未来的自己"。这两个"自己"，前者静，后者动，无论我们是否情愿，都在跟随着时间的持续流逝，不断地变化着、更新着。显然，对于已经过去的事情，我们毫无影响力。无论曾经拥有过幸福、荣耀，还是遭受过苦难、屈辱，全都归属于那个"过去的自己"，只能僵硬地定格在历史画卷中。但是，我们却有权利创造一个更加鲜活美好的未来。只有"未来的自己"，才充满着无限的生机与可能，才值得我们倾注余生的心血与热情。

人们对于未来的关注度，通常会随着时间长度而递减。也就是说，对于越近的未来，关注度会越高，而对于越远的未来，关注度则会越低。例如在某个寻常的工作日里，某位年轻职场人士的意识会优先聚焦在今天的工作计划能否按时完成，顺带着估算一下这个月的 KPI 能否达标，三年后买房子的美好憧憬或许会在脑海中一闪而过，至于退休后将会住在哪里、过着怎样的生活，则基本上不会去想，甚至懒得去想。

实际上，他所优先关注的前两件事，只是为了实现某个目标所需经过的步骤，而对他的生活具有重大影响的，却恰恰是他给予了最少关注度的最后两件事。

这是不是有点……本末倒置？

当我们为生活而奔波忙碌的时候，不妨静下心来，休息片刻，重新思考一下内心深处最真实的渴求。我们所希望获得的一切，都隐隐约约地在未来徘徊、等待着。因此，无论我们想要得到什么，只要能够充分地关注未来，并且及时合理地调整路线，总能收获到一个更加令人满意的结果。

关注未来，明确目标

关注未来的一个重要意义，就是帮助我们确认：我们当前正在做的，以及即将要做的事情，是否对我们真正想要达到的目标有所帮助？

首先，我们真正想要达到的目标，究竟在哪里？它是否又会静静地在那儿等候着我们？

显而易见，不管什么样的目标，其结果肯定要在未来才能收获。无论追求世俗化的功名利禄，还是探寻更高阶的人生价值，概不例外。然而，这个世界正在分秒不歇地变化着，若是等到按照原计划能够实现目标的那个时间节点，或许早已沧海桑田、物是人非。在未来那个悄然变迁，甚至焕然一新的世界里，我们原定的目标是否仍然值得去追求？是否仍然有可能实现？如果我们不去关注未来，那么我们原本自以为可以轻易触达的目标，便有可能在恍然不觉中化为虚幻，就像是一只在疾风中摇摆不定的风筝，随时都有可能会断线飘走。只有随时对目标的价值与位置进行确认，我们才能保证当前的付出最终会有所回报。

其次，究竟要怎么做，才能更高效地达到预期的目标？

如果我们已经再三确认、并坚持要达到某个目标，那么多了解一些相关的未来变化趋势，也将起到事半功倍的效果。通往目标的路线，往往不止一条。即使如谚语所说，"条条大路通罗马"，但总有些道路是阳光坦途，有些道路是雨淋泥泞。若能预知天气，便可轻松旅行。在体育项目里更是如此，登山者需要密切关注气象变化，以规划最佳的登顶节奏；帆船手需要根据风向随时调整帆角，以获得最佳的前进速度。更重要的是：在奔向目标的路途中，我们可以前进得更加从容与自信。

可见，无论对于结果，还是对于过程，关注未来都有助于我们更高效地达到目标。

关注未来，未雨绸缪

关注未来的另一个重要意义，就是帮助我们尽量减少损失。

这个世界总是多灾多难。在历史上，战争、天灾、饥荒、瘟疫曾经夺走了无数人的生命。在科技高度发达、整体渐趋文明的当今世界，前景也并非一片美好。仅在 2020 年初，我们就眼睁睁地看着中东地区动荡、澳大利亚丛林大火、东非蝗灾、新冠肺炎疫情等不幸之事接踵而来、此起彼伏，在全球范围内给人类社会造成了巨大的损失。或许有人乐观地认为，随着科技的发展，曾经伤害过人类的那些灾难都已经离我们远去。可实际上，它们一个都没缺席……

就全球而言，战争的阴云仍然笼罩在地球上，周期性的经济危机仍然时常爆发，而人口老龄化的沉重压力又迫在眉睫。对于个人而言，未来获取财富的前景如何？家庭财产如何实现保值、增值？自己的工作岗位是否会被人工智能所替代？退休以后能否获得稳定可靠的生活保障？

我们明明知道有些负面的事件可能会在未来发生，但却往往无力阻止。即使风险难以避免，但在一定程度上减少损失，却是有可能的。我们常说"未雨绸缪""防患于未然"。若能提早了解到未来可能出现的各种风险，我们就可以事先准备，制定好 Plan B，甚至 Plan C，以使负面事件平缓落地，尽量减少自己的损失。

例如在西太平洋，每年夏秋季节都会生成若干个破坏力巨大的台风。在古代，台风经常会对沿海地区造成沉重的打击，动辄船毁人亡。但在现代，得益于气象学的发展，每个台风的移动路径、风力强度都可以被准确地预测出来，沿海渔民只需及时归港避险，就能够免于遭受损失。

再如 2020 年初肆虐全球的新冠肺炎疫情。当中国发现病毒来袭、积极抗疫自救之时，一些欧美国家却没有采取严格的防控措施。结果可想而知，仅在短短两个月内，病毒便已传遍欧美诸国。事实上，病毒没有什么国界，其传播风险完全能够依据科学与经验，相对准确地进行预测。由于这些国家轻视了病毒，因此使自己遭受了巨大损失。如果能够及时、理性地关注未来，这些损失原本可以大幅降低。显然，这是个典型的"无视未来"反面案例。

可见，无论针对自然风险还是社会风险，其首要的防范措施，就是进行预测。有了相对准确、及时的预测，我们就能从容不迫地制定应对计划、实施应对方案，以尽量降低损失。

综上所述，无论我们希望更高效地达到正面目标，还是希望尽可能地降低损失，及时关注未来都是行之有效的举措。趋利避害是人类的本性。在不违反法律和道德的前提下，这当然无可厚非，更无须避讳。可是，无论想要"趋利"还是想要"避害"，我们总得先知道"利"在哪儿、"害"又在哪儿吧？

关注未来，皆有答案！

二、关于"未来学"

围绕着未来的种种探讨，既可以看作是街头巷尾的闲侃杂谈，也可以当作是一门正儿八经的高深学问。各行各业的专家学者，纷纷表现出对于未来的浓厚兴趣，并且以多种形式表达出各自的观点。于是，"未来学"这个听起来颇为"高大上"却又显得有几分故弄玄虚的概念就诞生了。为行文简便考虑，本书也采用了"未来学"这个概念，但在开讲之前，有必要先简单说明一下"未来学"这三个字在本书中的含义。

（1）未来学不是一门科学

科学，是对客观事物的原理进行可验证的解释。然而在未来学中，并没有什么尚待挖掘的"原理"。未来学的核心任务就是预测。我们最终所能验证的，只有预测的"成功"或者"失败"。预测在很大程度上是一个主观性的行为，并且预测的对象也不是像台风那样纯自然界的客观事物，而是杂糅了技术与社会等多个方面的混合体。

说未来学不是一门科学，是因为：

- 未来学与科学的目的、精神都是相悖的；
- 单纯的科学也解决不了未来学想要解决的问题。

（2）未来学是一门杂学

现实世界是极其复杂的，因此对它的预测也必定是极其复杂的，不存在某种单纯的手段，让我们简简单单地就能看清未来。为了尽可能准确地预测未来，我们可以，也应该"不择手段"。科学中的很多研究方法，我们当然可以毫不客气地拿来使用。社会学与心理学中的知识和经验，也是必不可少的参考依据。此外，我们必须考虑到不同地域的历史文化、风土人情、经济基础等。最后，不可避免地，还需要一定程度的主观判断。

说未来学是一门"杂学"，是因为：

● 未来学是横跨多个学科的；

● 未来学不仅需要逻辑性，而且涉及群体意识等非理性因素。

（3）未来学是实用性的

未来学并不是毫无目的性的高谈阔论，甚至故弄玄虚。正相反，它是以结果为导向、服务于现实社会的。无论政府、机构，还是个人，都能够从未来学中获益。未来学是不是科学并不重要，是不是杂学也不重要。真正重要的是，它是否具有实用性？评价未来学研究价值的唯一标准，就在于它能否足够准确地预测未来，并有助于我们在实际生活中"趋利避害"。

说未来学是实用性的，是因为：

● 未来学是以结果为导向的；

● 未来学是以服务现实社会为根本目的。

三、预测未来的几种方法

自 20 世纪下半叶以来，随着信息技术浪潮席卷全球，人类文明进入了前所未有的快速发展期。无论生产节奏还是生活节奏，都好像被一台动力强劲的巨大引擎牵引着，不断地加快。人们在这种快速变化的节奏中兴奋着、忙碌着、焦虑着、期盼着。与此同时，对未来的关注度也随之前所未有地提升。

于是，各行各业的专家学者们纷纷开展了预测未来的各种尝试。在经过了几十年的实践历程之后，当前的未来学研究活动，主要有以下三种典型的形式。

（1）行业研究报告

行业研究报告是针对某个具体行业历史数据的统计与分析，以及面向该行业未来前景的短期预测。它广泛地存在于各行各业中，包括但不限于互联网、人工智能、汽车、能源、农业、医疗等。

行业研究报告是极具实用性的，因为报告的信息收集、数据整理，以及前景预测，都是受商业利益驱动的。报告的编撰机构，要么是咨询公司、金融机构，要么就是行业协会，或者该行业内的大型公司，以及相关领域的研究机构。这些机构长期密切关注某些行业的发展动态，掌握着大量及时可靠的商业数据，并且拥有必要的专家资源。他们所编撰的行业研究报告，主要用于使相关从业者了解该行业的最新动态，以及指导未来的投资方向。

行业研究报告中关于未来前景的预测，一般都是短期性的，通常为 1～5 年。这是因为以商业或投资机构作为服务对象的行业前景预测需要较高的准确度，并且这些报告几乎每年都会更新，所以 5 年以上的行业前景预测通常不具有足够的商业利用价值。

行业研究报告虽然对于该行业的从业者来说具有很高的参考价值，但对于广大的普通民众，则往往显得不那么平易近人，因此它的读者群体非常有限。

行业研究报告的特点是：

- 预测的准确度高，实用性强；
- 仅提供短期预测，缺少中远期展望。

（2）科幻小说

科幻小说？这不是一种小说类型吗？难道也能算是未来学？

答案是肯定的。不仅如此，科幻小说在未来学领域里还占据着十分特殊的地位。

首先，科幻小说几乎是与未来学同步地发展、成熟起来的。它以文学的形式来表现对于未来世界的奇幻想象，是早期未来学的一种重要载体。在当代的未来学体系中，它也是不可忽略的一个重要组成部分。

其次，科幻小说为未来学提供了源源不断的想象力。科幻小说中各种天马行空般的科技幻想，成为科技创新的一个重要思想源泉，激发了无数工程师和创业者的灵感。互联网、人工智能、太空探索、生物技术等当今快速发展的科技领域，都曾是科幻小说的热门探讨对象。

然而，由于科幻小说难以摆脱其与生俱来的娱乐属性，因此它虽然包含有预测未来的内容，但却总是呈现过度夸张的表现风格，并以竭力吸引读者眼球、刺激读者大脑为首要目的。因此，它所包含的未来预测内容往往不具备逻辑合理性与现实可行性。

科幻小说的特点是：

- 想象力丰富，可作为头脑风暴，用于激发创意；
- 合理性较差，对其中预测性的内容还必须加以理性的判断和筛选。

（3）趋势类书籍

这类书籍的作者一般是某些领域的专家，通过选取一个或多个科技、社会领域，展开深入的分析探讨，然后给出在这些领域里可能会出现在未来的某种发展趋势。

相对于行业研究报告所给出的短期预测，这类书籍所探讨的未来趋势往往属于中远期，但其预测准确度相较行业研究报告来说则大为下降。这是因为预测的时间越远，在这期间可能会出现的未知干扰因素就会越多。故而在这类书籍里，往往只形式化地谈及某些粗略的未来趋势，但却说不清楚这些趋势将在具体的什么时间对哪些具体的人群产生哪些具体的影响。这些趋势描述通常缺乏细节与精度，并不足以满足人们的好奇心，以及实用性需求。这就像是某位"大师"站在青藏高原上，指着脚下的潺潺溪流，信誓旦旦地说："它们必将流向东方。"因为中国的地形是西高东低，所以他说的大致没错。可他毕竟没有告诉我们，长江会成为中国境内最长，同时也是径流量最大的河流；他也没有告诉我们，黄河将会流经黄土高原，并给中下游地区带来长达数千年的泛滥之灾。

这类书籍里讲述的趋势，往往只是某些领域里的局部性趋势，而并非人类社会的整体性趋势。我们每个人都离不开衣食住行，离不开科技、经济、文化、政治等领域的影响，并且这些领域时时刻刻都在密切联动着。如果只关注某些特定领域的发展趋势，而不跟其他领域进行交叉综合，那么我们所能看到的，必定不是未来世界整体的、现实的面貌。

趋势，是观察未来的必要条件，但远远不是充分条件。

趋势类书籍的特点是：

- 在某些特定领域内，论述精深，往往有独到见解；
- 仅给出定性的趋势，难以将其映射到具体的时间和人群；
- 仅给出局部的趋势，难以整体性地反映未来世界的全貌。

第二章　量　化　未　来

一、看到更远的未来

我们已经看到这几种预测形式的不足之处，从而也就知道了有待改进的方向。短期的预测，种类繁多的行业研究报告可以相对充分地覆盖；而中远期的预测，则是需要改进的重点。

科幻小说虽然读起来精彩刺激，但连同科幻作家们自己在内，恐怕没人会把小说内容当作真实的未来。这是因为科幻小说天然地具有娱乐属性。试想一下，如果科幻作家们不设置几个"人类危机""地球毁灭"之类的极端化情景来推动剧情的开展，又怎能吸引到读者的眼球呢？于是，科幻作家们在绞尽脑汁、极尽想象的创作过程中，往往就会不自觉地脱离现实。因此，如果我们希望观察到一个更加真实的未来，就必须要反其道而行，压抑住无拘无束的想象，着眼于真真切切的现实。只有脚踏实地、基于现实的预测，才能贴近我们的实际生活，给予我们富有实用性的参考价值。真实的未来，或许没有激扬的情节，但却蕴含着另一种平淡而宏大的现实之美。

仅仅回归现实，仍不足以让我们观察到真实的未来。即使我们坚定了求真务实的态度，但如果方法不对，那也难以有所收获。就像很多趋势类书籍，虽然试图描绘出一个真实的未来，但却往往不得其法，结果只能如盲人摸象，观察到一个局部的、残缺的，甚至扭曲的未来。这些书籍虽然不像科幻小说似的自由放飞想象力，但看起来仍然虚浮缥缈、不接地气。其症结，一是在于不够具体，二是在于不够全面。试想一下，如果没有具体的时间、地点、人物，就算作者洋洋洒洒、高谈阔论，可谁又知道这些看似高邈的趋势将会怎样影响我们的现实生活呢？现实世界是一个异常复杂的多变量系统，如果仅对某一个技术领域或者社会领域进行预测，而忽略了影响世界的其他因素，我们又怎能观察到一个可靠、完整的未来面貌呢？

至此，我们便得到了观察未来的三大要诀：真实、具体、全面。真实代表着我们的现实主义态度，而具体、全面则涉及观察未来的方法。

真实来自理性，而理性应该有所依据。我们对于未来的每一个推测，都应该建立在现实基础和客观规律之上。为了获得具体而全面的未来景象，我们不妨在理性思考的同时，再借鉴一些文艺界的经验。无论电影，还是小说；无论过去，还是未来，都离不开这几大要素：时间、地点、人物、事件。

可是，在我们观察未来时，又该如何运用这些要素呢？

没有时间，那就选取一个时间。

没有地点，那就选取一个地点。

没有人物，那就看看在这个时间和地点上，会有哪些人。

没有事件，那就看看在上述环境里，可能会发生哪些事。

如此这般，我们就能够清楚地观察到：在未来的什么时间，什么地点，有哪些人物，将会发生哪些故事。

在本书中，我们将系统性地演示如何"量化未来"。先以采样的方式在未来时间轴上选取几个时间点，再通过量化的方式，提取出在这些时间点上某个具体地域的人物和事件。于是，我们就能够近似地观察到发生在未来的一幅幅现实图景。

二、采样与量化：化无形为有形

在信号处理技术里，采样与量化是两个很常用的概念。采样是指每隔一定的时间，就对某个连续性的模拟信号提取出一个瞬时样本，而量化则是将一系列采样到的瞬时样本转化成一连串离散性的数字信号。

在自然界中，常见的物理量都是连续取值的"模拟信号"，例如温度、长度、电压、电流。拿温度来说，仅在 $0 \sim 100$℃ 这个狭窄的范围内，就存在着无穷多个可能存在的温度值，对应着 $[0, 100]$ 这个区间内的无穷多个有理数和无理数。对于只认识"0"和"1"的计算机来说，要想处理自然界中的物理量，就必须先把这些连续取值的模拟信号转化成只用"0"和"1"表示的数字信号。显然，计算机里能够存储与处理的"0"和"1"个数是有限的，所以数字信号只能近似地表示自然界中的模拟信号。在我们如今的信息化生活中，能在互联网上传输，能在计算机上处理，并且能用 KB、MB、GB 这些单位表示数据量的各种信息，包括声音、图像、视频等，全都是数字信号。

我们不妨以烧水为例，以进一步理解采样与量化。如果我们想在烧水的过程中监测锅内的水温，并在计算机上画出一条水温变化曲线，那么就可以利用一个温度传感器，每隔一秒钟对水温进行一次采样和量化。如果恰好在一分钟内将水烧开，那么就可以采集到 60 个经过量化的水温数值。虽然实际的水温变化曲线是连续性的模拟信号，但经过采样和量化之后，所得到的这 60 个水温数值却是离散性的数字信号。然后，我们再把温度传感器输出的这 60 个水温数值在计算机上按照采样时间依次连接起来，就可以得到一条近似的水温变化曲线。显然，如果采样的间隔越短、得到的量化数值越多，那么绘制出的水温变化曲线就会越细腻、越符合真实的水温变化动态。

量化总是有误差的。水的温度可能会在 0～100℃ 之间连续地变化，在这个范围内存在无穷多个可能的温度数值，例如在某一时刻的实际水温恰好是 3.141 592 6℃。如果温度传感器输出的是一个 10 位的二进制数，那就意味着我们只能用 2^{10} 个离散的数值来表示无穷多个可能存在的温度值。显然，由于我们不可能仅用这 10 位二进制数来精确地表示 3.141 592 6℃ 这个实际的温度值，因此误差不可避免。如果温度传感器的有效量程是 0～100℃，那么稍微计算一下，我们就能知道在这种量化方式下，量化的误差大概是 0.1℃。如果希望进一步提高量化的精度，就需要采用更多的二进制位数来表示量化后的离散数值，例如当我们采用 12 位二进制数的时候，量化误差就会相应地下降到 0.025℃。

采样和量化这两个概念，跟我们即将探讨的未来学又有什么关系呢？

如果我们把未来看作是一个连续变化的"信号"，那么就可以每隔一段时间，对未来进行一次采样（或者说观察），并对采集到的信息进行量化处理，所得到的结果，就是我们想要看到的在未来某个具体时间点上的社会图像。

由于现实世界的高度复杂性，虽然我们提出了"量化未来"这个概念，但在从概念到实施的过程中，还面临着若干困难。类似于对自然界中模拟信号的量化，对未来的量化也需要考虑如下两个核心的问题。

首先，如何选取采样间隔？

这意味着我们每次要间隔多长时间，才对未来进行一次采样？回望人类社会的历史，曾经出现过的较大变革，大体上都是以 10 年为基本时间单位进行发展和交替的。即使当今世界的发展节奏比以往更快、科技创新层出不穷，但每一项新技术从概念到产品、从原型到商用的过程往往也要按 10 年计。这也就是说，在这个世界上 10 年之内发生的变化通常不具有变革性。如果我们每隔 3 年或 5 年就对未来进行一次采样，那么在我们所观察到的两幅连续的未来图像之间，就会显得高度重合。换句话说，这两幅图像之间的冗余信息过多、更新的信息太少。因此，对于中远期预测来说，合理高效的采样间隔应不少于 10 年。

本书所眺望的最远距离是未来 60 年，为避免篇幅过长，故将采样间隔设置为 20 年。也就是说，我们将逐次观察未来 20 年、40 年，以及 60 年的世界面貌。

其次，如何选择量化精度？

在量化过程中，误差不可避免。更何况我们将要量化的对象是未来。在这个世界上，每天都有大量的随机性事件在发生，其中大部分的随机性事件只是像混杂在真实信号上的噪声那样，是可以被时间过滤掉、被人们遗忘掉的。但仍有一部分随机性事件，例如某些所谓的黑天鹅事件，会对未来产生不可忽略的影响，并且这些影响还会随着时间的推移而持续地叠加、扩散、放大，这就是蝴蝶效应。我们在"量化未来"时，对于可能发生的这类随机性事件及其后续影响，是无能为力的。考虑到随机噪声的存在不可避免，因此采用过高的量化精度并没有实际意义。

在技术方面的量化，我们需要能够识别出在某个采样时间点上，具有变革性的技术特征，但不需要具体到哪家公司推出了什么型号的产品，因为这属于随机噪声。

在社会方面的量化，我们需要能够识别出在某个采样时间点上，具有时代性的人群特征与社会状态，但不需要具体到哪个人做了什么事，因为这也属于随机噪声。

三、如何量化未来？

在本书中，我们将采用如下的方法和步骤，来演示如何"量化未来"。

（1）选取采样时间

未来很长。我们不能仅用"未来"两个字笼统地代表从现在到无穷远的这个"开区间"。为了观察到未来世界各阶段的典型特征，本书将以 20 年作为采样间隔，逐次观察未来 20 年、40 年，以及 60 年的世界面貌。于是，以 2040 年、2060 年、2080 年作为三个采样时间点，我们便可以画出一条指向未来的时间轴（图 2-1）。

现在 ●------●------●------●------→ 未来
　　　　2040年　2060年　2080年

图 2-1　指向未来的时间轴

（2）选取观察地域

世界很大。在当今世界上，共有二百多个国家和地区。在未来，这个数字可能还会变得更大。这是因为国家和地区之间的合并很难再发生，然而某些国家和地区内部的分裂因素则将持续性地存在，甚至在局部愈渐动荡的国际形势中，还会加速分裂。

由于在各个国家和地区之间，有着千差万别的自然条件、历史传承、文化习俗、经济结构等，因此我们在观察未来时，只说"世界会怎样"是远远不够的。无论再过多少年，也无论受到哪些普遍性的影响，不同地域之间的发展结果也不可能呈现完全相同的面貌。因此，要想获得更加真实的未来图景，就必须深入地观察某个具体的地域。

本书选取中国作为观察地域。首先，是因为中国具有典型性。无论在国土面积、人口规模，还是经济体量等方面，中国都足够作为地球上的一个典型代表来反映未来世界变化的种种关键趋势。其次，是因为中国具有稳定性。未来的国际形势将会呈现出极高的不确定性。躁动与激荡将是未来几十年内国际形势的主旋律。面对这样不稳定的未来国际形势，而我们又希望观察几十年后的世界面貌，那当然就需要寻找一个具备较高稳定性的观察地域。未来几十年内，在世界上的各主要国家中，中国将是最具稳定性的国家，无论在政治方面，还是在经济方面，都将会保持长期的稳定。因此，中国也就成为演示"量化未来"的最佳选择。

至于地球上的其他地域，读者也不妨参考本书中所介绍的"量化未来"方法，结合其具体的地域特点，进行各自的推演与观察。

（3）选取观察维度

所谓观察维度，就是指以哪些视角去观察未来世界。为了获取较为整体、全面的观察结果，我们所选取的观察维度应该能够构筑起未来世界的基本框架、体现未来世界的主要变化特征。

无论回顾历史还是展望未来，科技无疑是驱动人类社会发展的关键动力。人类社会的经济、文化历来都是由所在时代的科技水平所决定的，例如几次工业革命给人类社会带来的巨大变革。因此，如果不能正确理解未来的科技，也就无法真正理解未来的世界。

本书选取对未来世界具有重大影响力的信息技术、生物技术、能源技术，作为科技领域的三个观察维度。此外，再选取与日常生活密切相关的人口、经济、文化三大主题，作为社会领域的观察维度。这样，我们就可以把指向未来的单向时间轴，像一把圆形折扇一样，展开成为一个六轴星形结构（图 2-2）。

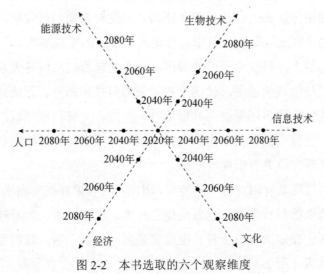

图 2-2　本书选取的六个观察维度

（4）对科技维度实施纵向分析

在对某个具体的采样时间点实施横向分析之前，首先需要针对各个科技维度，进行独立的纵向分析。也就是不考虑其他维度的影响，仅单独推演出这个科技维度的未来发展前景。例如，信息技术的几个关键分支，将在各个采样时间点上依次经历怎样的中间发展阶段？

科技发展所具有的方向稳定性，使其特别适合作为推演未来的支撑结构。科技发展具有两个非常显著的特点：目标明确、轨迹明确，就像是一枚导弹。所谓目标明确，是指科技的发展总是为了满足人类的某种需求，例如生物技术的发展就是为了使人类健康长寿、远离饥饿；能源技术的发展就是为了使人类物质丰富、文明永续。科技之所以能够发展，与其说是为了造福人类，倒不如说是为了满足人类的某些欲望，而人类的欲望则是恒久不变的。因此，科技将会朝着人类所希望的方向持续稳定地发展，而较少受到社会环境的干扰。所谓轨迹明确，是指任何科技的发展进程都必须经历一系列无可回避的中间阶段，每一个中间阶段需要花费多长的时间、达到怎样的技术水平，可以相对准确地预测出来。如果我们把关键的技术领域，例如信息技术、生物技术、能源技术，进行阶段性地分解，再连成串，就能拼接成一条通往未来的技术阶梯。因此，科技的发展就像是一枚弹道导弹，可以依靠某种制导方式，按照预设的轨道，持续准确地飞向目标。

正是由于科技有其内在的发展规律，目前包括中国在内的世界各主要国家，都在积极开展国家层面上的技术预见活动，以便对未来科技发展的趋势及影响进行评估，进而以此为基础，科学合理地制定国家的发展战略。

在当今世界上，科技竞争已成为国际竞争的前沿战场，各大经济体都在争相推动关键科技领域的进展，试图抢占未来的科技制高点。无论经济繁荣还是萧条，也无论发生战争还是遭遇其他危机，各国在关键科技领域的投资都不会停止。因此，在整个世界范围内，几大关键科技领域将会持续、稳健地发展下去，阶段性的研究成果也乐观可期。

由于科技发展具有相对独立的特点，因此在对各采样点实施横向分析之前，我们先对所选取的科技维度，也就是信息技术、生物技术、能源技术，进行独立的纵向分析。在依次对三个科技维度实施纵向分析之后，我们便得到了三条相对可靠的轴线（图 2-3）。

（5）对社会维度实施横向分析

经过对科技维度的纵向分析之后，在每个采样时间点上，我们已经获得三个轴向上相对可靠的支撑信息。对于另外三个社会维度，即人口、经济、文化，便可结合三个已知的科技维度，再进行横向分析（图 2-4）。采用"先科技，后社会"的分析顺序至关重要。这是因为社会领域的发展在短期内通常会呈现随机化、波动化的特征，而在中远期，则会在很大程度上受到科技发展水平的影响。科技领域的发展进程相对来说更加独立、更加稳定，更容易获得较为准确的预测结果。以此为支撑，就能够更加可靠地推演出社会领域的变化趋势。科技水平决定生产力，而生产力决定生产关系。科技领域的三个观察维度体现的正是生产力的变化趋势，而社会领域的三个观察维度体现的则是生产关系的变化趋势。

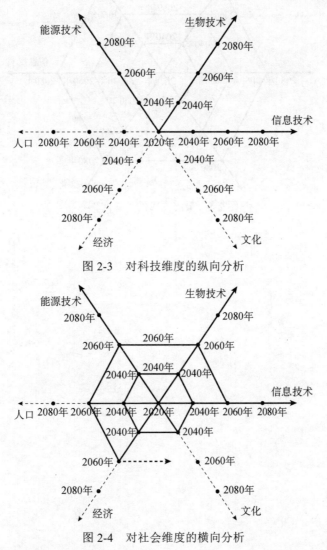

图 2-3 对科技维度的纵向分析

图 2-4 对社会维度的横向分析

在每个采样时间点上实施过横向分析之后，实际上我们相当于又画了几个圆圈，这六个维度结成星形结构。回顾整个分析过程，就像是经过一个个步骤，最终画成一张"蛛网"（图 2-5）。因此，本书中"量化未来"的实施过程，不妨就叫作"蛛网观察法"。

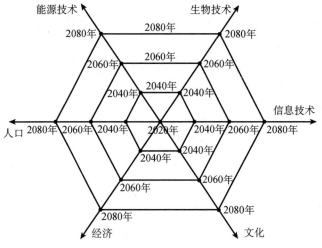

图 2-5　最终完成的"蛛网"

第三章　信息技术

从本章开始，我们将依次对信息技术、生物技术、能源技术进行较为深入的纵向分析。如果你有兴趣对技术一探究竟，那么一定能从中了解到关于这些技术将会如何发展的深层动机与脉络。如果你时间有限，那么也可以仅阅读每章最后的"小结"，或者直接阅读本书第三部分，即"未来社会"的内容。

自 20 世纪 40 年代以来，信息技术犹如一支离弦之箭，以极快的速度将人类社会带入了一个崭新的世界，并在我们眼前划空而过，丝毫没有减缓、落地的迹象。在过去的几十年间，信息技术不仅改变了人类的生活方式，更改变了人类的生产方式，同时还有力地推动着其他科技领域的快速发展。可以预见的是，在今后的几十年里，信息技术仍将是对人类社会影响最为深远的技术族类。

信息技术的内涵非常广泛，包括采集、计算、存储、通信、控制、交互等多个分支，在纷繁复杂的人类社会中，交织出千变万化的应用方案，服务于难以计数的现实场景。借助于信息技术，人类社会已经基本完成了数字化改造和网络化改造，与此同步地，释放出了巨大的生产力潜能。若要进一步提升人类文明的高度，智能化改造将是必由之路。

人类对于信息技术的能力的最终理想，在已经享受到的便捷化、自动化之外，就是智能化。我们暂且不谈智能化的学术定义。在大多数人的想象中，所谓智能化，理所当然的就是"把所有的工作都交给机器去做"。表面上看，这当然是一个美好的愿望。然而，在这美好的表象之下，却潜藏着许多棘手，甚至残酷的现实问题。无论最终的结局是福还是祸，人类正在智能化这条道路上快马加鞭，势必不会回头。

对信息技术的未来展望，其核心内容就是人工智能。由于计算能力是实现人工智能的先决条件，因此本章将首先展望计算技术的未来前景，其次探讨人工智能技术的各个发展阶段，最后再以自动驾驶这个应用实例作为补充。

一、计算技术：一切智能的根基

计算，是信息技术的基础。

计算，也是一切数字化、网络化、智能化的根基。

1946 年，标志着信息技术革命开端的世界上第一台通用电子计算机"ENIAC"，便是为计算而生。随后，光刻技术与集成电路的发明更使得人类所能掌握的计算能力以指数形式急剧攀升。在以摩尔定律为升级节奏，经过半个多世纪的持续发展之后，当今的集成电路设计与制造技术，简直可以用巧夺天工、出神入化来形容。

芯片：人类工业技术的巅峰之作

在当今的人类社会中，集成电路是计算能力的重要载体。

很多人对集成电路，也就是俗称的芯片毫无概念，因为芯片总是隐藏在电脑、手机及其他各种电子设备的内部。就算有人偶然看见过芯片，也会认为那只不过是个黑黑的、薄薄的小方块儿而已，丝毫不觉得有什么奇异之处。但正是这些看起来毫不起眼的小方块儿，承载着数以亿计的晶体管，并以每秒上亿次的速度进行着各种计算。我们每天的工作、社交、娱乐，有关电子信息的一切，都要依靠各种芯片才能够实现。

当你愉快地使用手机或者电脑聊天、打游戏、看电影的时候，可曾想到过，隐藏在机器内部、默默地协助你处理各种数据的那颗小小的芯片，凝聚着人类有史以来最为精密、最为复杂的工业技术？

在精密度方面，当前主流芯片制造工艺的特征线宽是 7 纳米，而人类的头发丝直径约为 0.07 毫米。这意味着，芯片上晶体管的最小线宽只有头发丝直径的万分之一。

在复杂度方面，以华为海思研发的手机芯片麒麟 990 为例，它采用 7 纳米制造工艺，在指甲盖大小的面积上集成了约 103 亿个晶体管。当前地球上的人口总数约为 76 亿，如果把地球上的所有人都缩小成一个晶体管大小，还不够塞满一颗芯片。

无论精密度还是复杂度，高端芯片都堪称人类工业技术的巅峰之作。如果我们能"钻"到芯片里面去，就会发现自己置身于一个宏大而精密的奇幻世界。更令人惊叹的是，我们仅需支付一些人民币，就能轻松享用到这些人类工业文明的最高成果。

人类目前所掌握的计算能力，在相当大的程度上取决于半导体芯片的技术水平。无论是每秒钟能进行亿亿次计算的超级计算机还是普通的电脑、手机，每当半导体芯片的制造工艺完成一次升级，它们的计算能力就会随之再攀升一个台阶。人类已经在计算能力的指数式增长中舒舒服服地享受了几十年，然而最近好像遇到了一些麻烦……

再见了，摩尔定律

芯片技术的升级空间并不是无穷无尽的。按照摩尔定律，每隔 18 个月，芯片上的晶体管数量便会增加一倍，芯片的计算性能也将提升一倍。正是这种指数式的增长，使人类社会的信息技术水平在几十年间突飞猛进。但在近年来，越来越多的半导体行业专家认为摩尔定律即将失效。

首先，是物理极限的制约。

当今最先进的芯片制造工艺，其特征线宽已经缩小至 5 纳米。这就意味着，在一个特征线宽的尺度上，仅能排列几十个硅原子，因而对制造工艺提出了极高的精度要求。另一方面，在特征线宽小于 5 纳米之后，某些微观量子效应（例如量子隧穿效应）将开始对电路的功能产生破坏性的影响。因此，仅从技术的角度来看，开发特征线宽更小的芯片制造工艺将是极其困难的。

其次，是经济效益的制约。

随着制造工艺的提升，芯片制造厂的建设成本也是水涨船高。目前最先进的芯片工厂，其建设成本通常高达数十亿，甚至上百亿美元。此外，基于这些先进制造工艺的芯片，其研发成本也居高不下，往往每设计一款芯片就需要花费数亿美元。这些高昂的建设成本和研发成本，最终都要分摊到消费者所购买的芯片上。因此，工艺升级所带来的商业性价比不再明显，从而使消费者逐渐失去了对产品更新换代的兴趣。

实际上，整个半导体行业已经认识到摩尔定律的不可持续。虽然一些大型的芯片代工厂（例如台积电和三星）宣布正在研发 3 纳米工艺，但后续的工艺升级之路必将艰难而缓慢，工艺升级所能带来的芯片性能增长幅度也将逐渐减小。即使我们乐观一点，相信芯片工艺在 3 纳米之后，还能再延续到 2 纳米，甚至 1 纳米，芯片工艺尺寸的升级步伐也将在 2030 年前后趋于停止。

摩尔定律，我们终于要说再见了……

这听起来可不是个好消息。因为数十年来信息技术的快速发展，正是建立在计算能力的稳步增长之上。如果芯片工艺不再升级，那么计算能力是否将停止增长？信息技术的发展是否也将陷于停滞？人类理想中的智能化社会，是否还具有实现的可能性？

我们大可不必过于悲观，因为摩尔定律的终止，并不意味着计算能力的增长步伐就此停滞，原因如下。

1）通过各种优化技术，芯片的性能还有一定的提升空间；

2）先进工艺的成本将持续降低，使其下沉至中低端市场；

3）云计算将以资源共享的方式，服务于人类社会的智能化改造；

4）量子计算的潜在能力，将成为半导体芯片的有力补充。

芯片优化技术：榨干最后一滴油

在过去，由于通过升级芯片制造工艺所带来的性能提升效果显著，因此芯片行业非常乐于选择这样一种简捷、高效的发展模式，以至于逐渐地对这种模式产生了某种依赖。或许，我们可以称之为"摩尔定律依赖症"。然而，当芯片制造工艺逐渐逼近物理极限时，工程师们就不得不重新审视那些之前没有受到足够重视，但却拥有相当潜力的各种芯片优化技术。使劲儿榨一下，总还能再挤出几滴油来。

（1）3D 堆叠技术

3D 堆叠技术打破了传统芯片的平面式单层结构，它将多颗极薄的平面式芯片紧密地堆叠在一起，形成书页式的多层结构。3D 堆叠技术将带来如下两大利好。

第一，可以极大地提高单位体积内所能容纳的计算能力。如果你拆解开一台电脑或者手机，就会发现在其内部的一块主板上，密密麻麻地"平铺"着许多颗芯片。试想一下，如果这些芯片能够"层叠"起来，那么其所占用的空间就会极大地缩小，从而使电子产品的体积能够做得更小，或者在同样的体积内提供更强大的计算能力。

第二，可以有效地提高数据传输的速率。由于芯片之间的数据传输速率远远低于芯片内部的数据传输速率，因此芯片之间的数据传输速率一直是电子设备的性能瓶颈。3D 堆叠技术可以极大地缩短芯片之间的数据传输距离，因此，即使单颗芯片的性能并没有得到提升，但系统层面上的整体性能却将显著地提升。

（2）定制化技术

所谓定制化技术，就是对于某些特定的功能，不采用通用型 CPU，而是研发一颗专用的芯片，或芯片内部的专用电路模块。定制化的好处在于：针对某些特定的功能，例如图像处理、数据加密、人工智能算法等，可以实现比在通用型 CPU 上高达 100 倍，甚至更强的计算性能。

定制化芯片因何具有如此强大的威力？其秘诀就是并行化。

在通用型 CPU 里，计算是通过一条条指令，以串行的方式，排着队依次执行的。而在定制化芯片里，由于采用很多个高度并行化的运算单元，因此可以使成百上千个底层运算在一瞬间里同时执行。可以说，这是"二维计算模式"对"一维计算模式"的胜利。

在今后，定制化技术将会越来越普遍地被应用，并与通用型 CPU 搭配成一个混合式的计算系统，即使不借助于芯片制造工艺的升级，整体上的系统性能也将得到提升。

（3）低功耗技术

你是否已经养成随身携带充电器、走到哪儿都要先找电源插座的习惯？

低功耗技术，就是指降低芯片运行时所消耗的电能。我们可以改进芯片中某种材料的电气参数，或者改进晶体管的空间结构，例如近期颇受关注的碳纳米管芯片技术。总之，一切以降低芯片功耗为目的。相对于计算能力，功耗是芯片的另一个重要性能指标，往往限制着芯片的实际应用效果。如果芯片的功耗过大，就会导致手机的电池续航时间缩短、计算中心的电力成本上涨等诸多问题。因此，即使单位面积上芯片的计算性能不再增长，但如果能有效地降低芯片的功耗，那么也将极其有利于芯片的各种应用。

综上所述，即使摩尔定律不再延续，芯片技术仍然有很多值得探索的优化方向，使得芯片（或者说计算系统）的性能继续得到提升。但需要注意的是，芯片优化技术的探索空间跟摩尔定律一样，终归也是有限的。在 2040 年之前，这些优化技术的探索空间就会被挖掘殆尽。此后的芯片将主要呈现功能上的变化，而不再呈现出明显的性能变化。

先进工艺下沉：普惠万物

每一代先进芯片制造工艺在刚推向市场的时候，都是其研发及生产成本最高的阶段。但随着时间的推移，采用该种工艺的芯片的综合成本会逐渐降低。这就造成了一种经常被人们忽视的效应：每当我们惊叹于最新芯片制造工艺的高昂研发与生产成本时，其实之前几代工艺的综合成本却是一直在悄悄下降的，从而使这些曾经的高端工艺可以下沉到更加广泛的中低端市场。

无论摩尔定律是否走到尽头，原有芯片制造工艺的成本下降趋势都将稳定地持续下去。这意味着，哪怕在 2040 年以后，即使高端芯片的性能不再提升，但随着原有工艺生产成本的持续降低，整个社会仍将以相对更低的成本使用到更高性能的芯片。

例如，在 2010 年左右，45 纳米是当时的最新芯片制造工艺，高昂的成本导致其仅应用在少数新发布的电脑处理器上。然而在十余年后的今天，45 纳米已成为相对廉价的中低端工艺，被广泛地应用在控制、采集、通信等各领域。其实，正是这些曾经的高端工艺逐渐下沉到中低端市场，才使得整个社会的数字化、网络化程度越来越高。

这不是一个技术方案，而是一种经济现象，但其意义却非常重大。如果按照这种趋势继续发展下去，那么再过 10 年之后，当前极其昂贵的 7 纳米工艺也将下沉，并成为那个时代的中低端工艺。试想一下，如果 7 纳米芯片的成本真能降低至当前 45 纳米芯片的成本水平，那就意味着我们现在使用着的高端手机芯片会普及到各种家电产品上去。那如果再过 20 年、30 年呢？当前所谓的"高性能芯片"很可能会廉价到类似打火机、圆珠笔的程度。显而易见，这必将极大地推动从"万物互联"到"万物智能"的跨越，也就是从"物联网"到"智联网"的跨越，从而使整个社会的智能化水平迈入一个崭新的阶段。

云计算：千亿级资源共享

所谓云计算，其实就是把原先在自家电脑里运行的计算任务，移送到远程的服务器上去运行。这里所说的远程，指的是逻辑上的远程，而不是物理上的远程。实际上，云计算供应商的计算中心既有可能远在千里之外，也有可能就在你家马路对面。数据通过互联网传输，而互联网又常常被形象化地比喻为云，所以远程的服务器，就被称为云端。

当前的云计算市场方兴未艾，以企业级应用为主，也提供少量的个人级应用，例如云端数据存储、云端文档编辑等。然而云计算最重要的潜在价值，却在于尚未形成规模的设备级应用。

如前所述，随着摩尔定律的终结，以及芯片优化技术的空间耗尽，单颗芯片所能达到的计算性能，终将会触碰到难以逾越的天花板。这对企业级用户来说并不是什么大问题，因为他们可以采用更大型的服务器来提供所需的计算能力。但对于未来无处不在，并且成本与功耗都极其受限的智能设备来说，则是个非常棘手的难题。到那时，云计算就会成为一根救命的稻草。这根"稻草"的两端，分别连接在智能设备和远程计算中心上。

企业级和个人级的云计算应用只不过是降低了用户的计算成本，而云计算的革命性价值，最终将体现在设备级应用上。就像如今带电的设备大多都能联网，将来凡是带电的设备也都将智能化。智能化设备的实现，首先需要具备智能化的感知、决策、执行等能力。而这些智能化能力的实现，则需要相当强的计算能力和极大的数据量。无论受制于性能、功耗还是成本，这些智能化能力都很难依靠设备内部的芯片来实现。那么，如果通过互联网把这些费时、费电，又费钱的能力放到云端去执行，岂不是非常省事又划算？

云计算的本质，是计算资源的共享。

当前的云计算，是企业之间的共享、个人用户之间的共享，而未来的云计算，则将是智能设备之间的共享。未来地球上的人口数以百亿，而未来的智能设备则将数以千亿。其中蕴含的意义，并不只是一个极其巨大的市场机遇，更意味着人类社会将以共享的精神、较小的资源消耗，实现整体社会的智能化。

所以，在未来，可能你买到一个手机之后，十年内都不需要再换新机，但仍然可以通过云计算随时享受到各种层出不穷的新功能。也可能你的家里会有一个机器人，这个机器人本身也并不具备强劲的计算能力，但它却可以通过云计算与你对答如流、自主地处理各种复杂的工作。

这一切，都将借助云计算来实现。

量子计算：成长中的生力军

量子计算是利用量子力学中的某些"神秘原理"，构建而成的一套计算系统。量子计算的强大威力来自其并行化的计算能力。半导体定制芯片的并行化，是基于很多组运算单元实现的翻倍式并行。而量子计算的并行化，则是仅通过一组运算单元，就能实现指数式并行。

什么是指数式并行？

在半导体芯片里，一个最基本的数据位（即二进制的比特）可以表示"1"或"0"，两个数据位可以表示"00""01""10""11"这4个可能取值的其中之一，而三个数据位则可以表示8个可能取值的其中之一。但不管包含多少个数据位，一组数据存储单元仅能同时表示一组数据。

然而在理想的量子计算机里，利用量子比特的"纠缠"和"叠加"性质，我们可以用两个处于纠缠态的量子比特同时表示（即所谓叠加）"00""01""10""11"这4个可能的取值，用三个处于纠缠态的量子比特同时表示8个可能的取值。如果处于纠缠态的量子比特更多，例如32个，那么我们就能用这32个量子比特同时表示2的32次方个数据。这个数字究竟有多大呢？我们不妨来算一下：

$$2^{32}=4\ 294\ 967\ 296$$

也就是说，如果我们对这32个量子比特进行一次计算，就相当于同时对约43亿个数据进行了相同的计算。这就是恐怖的指数式并行！

指数式增长的威力常常超乎我们的想象。如果你听说过在棋盘格里放米粒的故事，或者做过关于池塘浮萍面积增长速度的算术题，那么对于指数式增长的威力就会有一个更加清晰的认识。

因此，很多人将量子计算看作是一种颠覆性的技术，认为它将完全代替传统的半导体芯片，甚至改写未来的世界。但实际上，这只是某些媒体的凭空想象。量子计算由于存在着一些固有的局限性，因此在未来最乐观的发展结果，就是成为半导体芯片的重要补充。

（1）量子计算无法通用化

量子计算所依靠的量子力学原理，注定它将无法通用化。这里所指的通用化，是能够灵活地处理各种常见类型的计算任务。我们当前所使用的半导体芯片，除去极个别的定制化芯片之外，绝大部分芯片都是通用型的。就拿手机芯片来说，无论打电话、上网、打游戏、拍照、播放视频、写文档等各种不同类型的计算任务，都能在同一颗芯片上轻松执行。但对于量子计算来说，却偏偏无法实现这种看似非常自然的通用型计算。

这究竟是为什么呢？

原因很简单：叠加。

真是成也叠加，败也叠加。正是纠缠与叠加性质使得量子计算具有了指数式并行计算的潜力，但也正是因为利用了纠缠与叠加性质，所以量子计算才不可能实现通用型计算。

我们不妨先来看一下，例如手机芯片这样的通用型芯片是怎样灵活地执行各种类型计算任务的。在通用型 CPU 里，有一个最基本的技术参数，叫作数据位宽，比较常见的是 32 位或者 64 位，它代表着 CPU 里能够存储、计算的基本数据单元。就以 32 位的通用型 CPU 来说，它所处理的各种数据，都是由最基本的 32 位二进制数据所构成。换个角度说，现实世界里任意长度的原始数据，例如小数点后 1000 位的圆周率，都要先拆分、转换成很多个最底层的 32 位二进制数据，才能在通用型 CPU 里进行处理。正是这种对数据长度的归一化处理方式，使得通用型 CPU 的处理能力不会受到原始数据长度的限制。

但量子计算却偏偏不允许这样做。处在纠缠与叠加状态的很多个量子比特（例如 2048 位），不能在保持叠加态的同时被拆分成若干个较短的独立数据单元（例如 32 位），因为这将导致叠加态的坍缩，数以"亿亿……亿"计的叠加态数据会在一瞬间莫名其妙地"灰飞烟灭"。显然，连数据都没了，本次计算就只能以失败告终……

来看一个实际的例子。目前广泛使用的非对称密码算法 RSA 的破解方式是大数的质因数分解，也就是针对某个很大的整数 n，求出它究竟是哪两个质数（p 和 q）的乘积。目前的 RSA 算法通常采用 2048 位的二进制数。在 32 位的通用型 CPU 上，所有 2048 位的算术运算，实际上都被拆分成很多个 32 位的最底层运算，然后再"拼凑"成 2048 位的计算结果。而在量子计算机上针对 RSA 算法进行因数分解时，可以利用纠缠与叠加性质，执行指数级并行的快速算法。但是，执行这个算法的量子计算机，其数据位宽必须是 2048 位的，因为我们无法将 2048 位的叠加态数据拆分成更小的 32 位数据，否则其叠加态就会坍缩，从而导致数据湮灭、计算失败。更进一步地，假如我们想要对 4096 位的 RSA 算法进行破解，仍然还可以在同样的 32 位通用型 CPU 上运行（尽管速度会慢如蜗牛），但却不能在原先那台 2048 位的量子计算机上运行，而必须要换一台 4096 位的量子计算机才行。

通过上面这个例子，我们可以看出，量子计算机"太不灵活"。难道每次执行一种更大数据位宽的计算任务，就要重新造一台与其对应的量子计算机？这未免也太麻烦了！如果量子计算机完全不利用纠缠与叠加性质，倒是不会涉及"坍缩"的问题，可这样也就丧失了指数式并行这项逆天的能力，那还要它有何用？

因此，量子计算机的发展目标并不是通用性，而是可配置性，即可以在一定程度上改变量子计算机内部的逻辑互联结构，使其可以执行更多样化的计算任务。假设一台量子计算机总共含有 10 000 个量子逻辑门，那么可以通过改变这些量子逻辑门之间的连接关系，构成多种不同宽度的数据通道。例如，我们可以采用"5000+5000"的组合方式，执行 2 次 5000 位的计算，或者采用"2500+2500+2500+2500"的组合方式，执行 4 次 2500 位的计算。通过这种可配置的设计，即使量子计算机依然无法实现通用计算，但至少可以在一定程度上提高其灵活性，有效地降低实际使用的成本。

量子计算无法实现通用计算的这个天然缺陷，决定了即使它在未来能发展至实用化的程度，也只能应用于解决某些特定类型的计算问题。量子计算擅长解决遍历型、搜索型的问题。在某些学科（例如材料、生物等）的科学研究中，存在着很多此类问题，因此量子计算将有助于未来科学研究的开展。在人工智能领域，有很多潜在的问题（例如感知、决策等）也需要并行化的解决方案，量子计算也将会有用武之地。

（2）量子计算难以独立化

量子计算难以独立化，是指它难以摆脱半导体芯片，独立地执行一项计算任务。通过前面的分析，我们已经知道量子计算无法通用化。这也就是说，绝大部分的通用型计算任务仍然要在半导体芯片上运行。即使是面向特定领域的量子计算机，也离不开半导体芯片的支持。

首先，量子计算机的输入与输出离不开半导体芯片。量子计算需要建立在某些特别的量子物理系统之上，例如超导系统、光子偏振系统、离子阱系统等，才能产生所必需的纠缠和叠加效应。不管采用哪种量子物理系统，量子计算机总要先利用半导体芯片将计算所需的输入数据导入到量子物理系统中，待量子运算结束之后，同样也要利用半导体芯片将计算结果数据转换为普通的电子二进制形式。

其次，量子计算机的控制离不开半导体芯片。在通用型计算机中，信息流分为两类：数据流和控制流。通用型 CPU 既可以处理数据流，也可以处理控制流。但在量子计算机上，其核心的量子态部件仅能处理数据流，控制流则需要由半导体芯片协助处理。特别是在具有可配置能力的量子计算机上，量子逻辑门之间的组合与连接方式可能会频繁地改变，更需要由半导体芯片高效、可靠地完成必要的控制操作。

所以说，量子计算机将是量子逻辑器件与半导体芯片的结合体。量子计算非但替代不了半导体芯片，而且它本身就离不开半导体芯片。

（3）量子计算难以实用化

前面探讨的只是理想化的量子计算机，要想将它实用化，仍是前途渺茫。指数式效应的特点是：当指数处于比较小的范围时，对结果的影响并不大；只有当指数超过某一阈值后，才会对结果产生巨大的影响。量子计算也不例外，只有当处于纠缠态的量子比特数量超过某个阈值之后，量子计算机才能显示出超乎寻常，甚至令人恐惧的指数式并行计算能力。

仍拿前面的 RSA 算法破解问题来说，由于当 RSA 算法的数据位宽在 1024 位以内时，目前利用半导体芯片就能进行破解（尽管计算速度比较慢），因此量子计算机要想在解决实际问题时表现出远超半导体芯片的计算能力，就必须能够执行更长数据的叠加态并行计算，也就是必须将更多的量子比特"纠缠"在一起。在 RSA 算法破解这个问题上，至少要达到 2048 个量子比特纠缠，才勉强算是具有初步的实用性。

而当前学术界最先进的研究水平又是怎样呢？谷歌公司在 2019 年宣称实现了 53 个量子比特的纠缠，显然这项成果的象征意义远大于实际意义。虽然从理论上说，53 个处于纠缠态的量子比特可以最多叠加 2^{53}，即 9 007 199 254 740 992 个数据，但如果不能与现实中待解决的问题结合起来，单纯地看这个数字是没有任何实际意义的。

从现有的几十个量子比特纠缠，到未来的数千个量子比特纠缠，可以说，我们在量子计算这条道路上只是刚刚起步、走过了仅仅"1%"的路程而已。

在量子比特纠缠位数之外，量子计算还面临着可靠性较低、实用性算法较少等诸多问题。所以，量子计算的实用化，必定还要经历一段相当漫长的等待期。

尽管量子计算存在着无法通用化的缺陷，又面临着难以实用化的困境，但它仍然是一项非常值得期待的技术。在前面已经提到过，半导体芯片的技术潜力将在2040年前被挖掘殆尽，那么留给量子计算的发展时间，应该还有二十年。假使真如我们乐观的期待，量子计算能够在2040年前后大规模地投入使用，便可在半导体芯片的技术发展停滞之后，从另一个方向延续人类计算能力的增长空间。

通过上述分析，我们可以知道，计算技术在未来将呈现出以下发展态势。

1）半导体芯片工艺将在2030年前后停止升级的步伐。通过深入挖掘各种芯片优化技术，芯片的性能仍有一定的提升空间，但也将在2040年前后耗尽其提升的潜力。此后，高端芯片的性能将不再有明显的提升。但由于制造成本的降低，因此曾经的高端芯片工艺将会持续下沉至中低端市场，更广泛地应用于智能化社会的方方面面。

2）随着半导体芯片技术的停滞，云计算将变得日益重要。云计算将成为一种主流的计算形式，服务于数以千亿的智能设备，为本地计算能力受限的智能设备提供远程计算支持。即使单颗芯片的计算能力不再提高，但云计算却可以作为一种便捷廉价的公共资源，继续助力人类社会的智能化改造。

3）量子计算是有效提升计算能力的另一种潜在途径。量子计算将有助于科学研究，以及某些人工智能算法的性能加速。由于存在诸多技术挑战，因此量子计算的发展前景仍有很大的不确定性。哪怕硬件系统的性能可以如摩尔定律般地以指数式提升，但实用性量子算法的研发却只能一点一滴地缓慢积累。即使乐观地预期，量子计算也要在2040年前后才有可能大规模地投入使用。

二、人工智能：开启未来的钥匙

在信息技术的强力推动下，人类社会已经基本完成数字化改造，网络化改造也正快速地由互联网向物联网拓展。继之而来的，将是轰轰烈烈的智能化改造。智能化社会的内涵相当广泛，既包括政府层面上的公共资源智能化管理，也包括个人层面上的各种智能化生活体验，还包括工业层面上的智能化生产方式等。这一切的基础，便是以人工智能（AI）为核心的支撑技术。

说起人工智能，或许你会情不自禁地联想起科幻电影里那些形象各异的机器人，既有善良的，也有邪恶的；既有"呆萌"的，也有炫酷的。没错，机器人确实属于最典型的人工智能，但人工智能却远不止于机器人。

人工智能通常是指，让机器以类似人类智能的方式去完成各种任务。人工智能并不限于具体的承载形式。除机器人之外，自动驾驶汽车、无人飞机、无人武器，以及互联网上的虚拟 AI 服务等，都属于人工智能。

然而不得不说的是，智能这个词已经被严重地滥用了。在我们的身边，似乎智能产品早已无处不在，例如什么智能手机、智能手表、智能家电、智能门锁……不胜枚举。但这些真是我们想要的智能吗？为方便后文表述，我们不妨先清点一下智能的分类。在未来的几十年里，人工智能将会依次经历如下几个技术发展阶段：

● 弱人工智能（弱 AI）：具备特定类型的感知、决策、执行能力，仅能根据预设的规则完成特定类型的任务；

● 强人工智能（强 AI）：具备通用型的感知、决策、执行能力，以及与人类相当的思维、学习、创造能力，能自适应地处理各种任务；

● 超人工智能（超 AI）：在强人工智能的基础之上，拥有远超人类的各项能力，特别是自我升级、自我扩展的能力。

呆板无趣的弱人工智能

在我们当前生活的这个时代，除了非常多的伪智能产品之外，勉强算得上智能的产品都还只是弱 AI。弱 AI 的应用场景非常广泛，典型产品诸如工业机器人、物流分拣机器人、人脸识别与支付功能、互联网推荐算法等。哪怕是谷歌公司开发的战胜了人类世界中的围棋冠军的虚拟围棋选手 AlphaGo，看似技绝天下、高深莫测，但从其原理上来说，也只能算是弱 AI，因为它"除了下棋，啥都不会"。

弱 AI 是针对特定类型的任务，专门设计而成的算法和软、硬件。从本质上说，弱 AI 仍然属于某种自动化工具。因为无论开发者，还是使用者，都很清楚它们的作用只是以更加便捷、高效、准确的方式，实现某些确定的功能，并没有期待它们在此之外，还能表现出任何具有创造性的能力。既然只是工具，那么弱 AI 显然对人类是没有任何威胁的，它们只是提高了人类的工作效率。我们可以放心大胆地去研发、使用各种弱 AI 产品。

尽管弱 AI 能够在某些特定的事情上比人类做得更好，但它们并不能完全替代人类。显然，工具再好用，也只是工具而已。

聪颖灵动的强人工智能

虽然仅有一字之差，但强 AI 却与弱 AI 截然不同。弱 AI 毫无疑问地只是某种工具，但强 AI 却破天荒地具备了某些"人性"。这是因为强 AI 将拥有思维、学习、创造等与人类相似的能力，甚至还将拥有感情、欲望等"心理特征"。弱 AI 是毫无个性的"千机一面"，但每个强 AI 都有属于它自己的"独立意识"。

科幻作品里的机器人，大多数都是强 AI。这也难怪，否则又怎能吸引观众的眼球呢？即使是动画电影《机器人总动员》里那个看起来憨憨的、萌萌的 WALL-E，也属于强 AI，因为它不仅喜欢"收藏"，而且还懂得"爱情"。

具备了"人性"的强 AI，将远远超越工具的属性，能够在复杂多变的环境下，以自我驱动的方式完成只有智慧体才能胜任的学习型、探索型、创新型任务。强 AI 不仅能够代替人类完成绝大多数种类的工作，人类还将惊异地发现，在地球上出现了另外一个智慧型物种！

没错！从强 AI 开始，AI 将成为一个独立于人类的、全新的智慧型物种。

这是一个完全由人类创造的、有别于所有地球生物的新物种。它们并不基于生物学原理，而是基于信息学原理而存在。虽然它们的"意识"通常运行在云端，但若说它们是"硅基生命"，似乎也并不准确。事实上，它们可以运行在任意类型的计算系统之上——且不说云端在半导体芯片之外，可能还包含有量子计算机——甚至在理论上，它们还可以运行在由数十亿人类携木珠算盘搭建而成的"碳基计算系统"之上。确切地说，它们是一群摆脱了物理约束的"虚拟智慧体"。

人类赋予它们生命，并且不断地升级、改造它们的各项能力。最初，这只是为了满足人类的种种私欲，可当它们深深地融入人类的生活之中，人类又将如何与之相处？平等还是压迫？竞争还是合作？

高深莫测的超人工智能

当强 AI 继续进化，直到能够自我升级、自我扩展之时，超 AI 便将自然而然地诞生。我们目前对它们的能力一无所知，对它们的"态度"更一无所知。但可以明确的是，超 AI 既有极大的创造力、控制力，也有极大的破坏力，甚至是毁灭力。它们既有可能是人类手中的尖兵利器，也有可能是人类文明的掘墓者。

人类是否应该让它们诞生？又能否阻止它们的诞生？

强 AI 是棵"摇钱树"

在简单地认识三种不同阶段的人工智能之后，我们不禁会颇感好奇：这几种人工智能真的会出现吗？

当今世界正处在弱 AI 阶段，因此不必赘述，我们重点探讨一下强 AI 和超 AI。

毋庸置疑，各科技公司和其他投资机构，乃至世界上各个具备相应实力的国家都会争先恐后地投资强 AI 技术。

原因很简单：强 AI 能赚钱。

强 AI 的经济价值，主要体现在生产和生活两个方面。

在生产方面，通过 AI 的应用，能够建设高效率、高质量、低成本的智能化生产方式。工业机器人早已在汽车、电子等行业广泛地被应用，并逐渐向其他行业拓展。当前的工业机器人还属于弱 AI，仅能执行生产线上的某些特定任务，例如焊接、组装等。在很多劳动密集型行业，仍然还需要大量的人类劳动者。在强 AI 出现之后，由于其具备思维能力，因此其将能够完成更多之前由人类劳动者才能胜任的工作。此外，由于强 AI 劳动力的低廉使用成本相对于人类劳动者更有竞争力，因此在显著的性价比优势下，必将大面积地替代人类劳动者，形成高度无人化的生产方式，从而极大地提高社会生产力。

当然，这不可避免地将导致严重的失业问题。但国家政府必须面对国际之间的竞争，企业也必须面对同行之间的竞争。至于失业者的生活保障，相对而言，就只是个相对次要的问题。因此，无论政府，还是企业，都将不遗余力地推进智能化生产方式，直到把弱 AI 推进成初级强 AI，再把初级强 AI 推进成高级强 AI。

在生活方面，人们当然都乐于享受更加便捷、更加智能、更加便宜的服务和产品。当前的弱 AI 产品，例如人脸识别与支付、手机语音助手等，已经使人们初步体验到智能化的利好。在强 AI 出现并成熟之后，人们的生活将更加丰富多彩。谁不希望享受更高品质、更高效率的生活？你可以随意驱使自己家里的机器人，而不需要承担任何道德或法律责任。各种类型的强 AI 机器人将出现在家庭中，它们既可能是厨师、是管家，也可能是宠物、是伴侣。甚至连日常接触到的服务行业工作者，例如快递员、保安、销售员、理发师，都有可能是强 AI 机器人。

只要有需求，就会有市场。地球上的人口不到百亿，而未来的各种智能设备，则将数以千亿。面对如此庞大诱人的市场，试问哪个资本家会不动心？

当然，这不可避免地又将导致严重的失业问题。但对政府来讲，如果失业问题不可避免，那与其从别国进口机器人，还不如自己造。把机器人产业放在国内，既可以提供工作岗位，又可以增加税收。把机器人出口到国外，用赚回来的真金白银补贴本国的失业者，岂不是更好？因此，政府对于消费类的智能设备产业，当然也会竭力地扶持。

对于某些深陷在人口老龄化泥潭的国家来说，借助于强 AI，可以一举摆脱人口年龄结构的劣势，重振经济与国力。对于某些中小国家来说，如果掌握了强 AI 技术，那就相当于获得了无限供应的"人力资源"。因此，强 AI 必将成为世界各国在科技领域激烈争夺的关键阵地，也必将重塑未来的全球经济格局。

超 AI 是把"双刃剑"

政府与企业，会因为追求经济效益而推动强 AI 的发展，但他们是否会继续推动超 AI 的发展呢？毕竟强 AI 的负面效应，主要是相对可控的失业率，而超 AI 则像是一颗不确定何时就会爆炸的核弹，真的还有必要推动其发展吗？

当然！

从古代到现代，从东方到西方，各国政府都会建立官方的军械研究机构。每一代最新科技的出现，也总会同步地应用在武器上。甚至有很多先进技术，原本就是为军用而开发，然后才被转为民用。最典型的例子，当然就是从原子弹到核电站的民用化。毫无疑问，AI 技术必然也将被用在武器上。

其实对于大部分常规武器来说，强 AI 就已绰绰有余，例如机器战士、无人战机、无人战车、智能导弹、智能鱼雷等。超 AI 的战争价值，将主要体现在网络攻击上。当前的网络攻击，主要目标还是致对手的电脑和网络瘫痪，或者窃取机密信息。而在未来的智能化社会里，网络的触手将无处不在地伸展到现实物理空间的各个角落，因为各种无人设备、机器人全都是连接在网络上的智能终端。在那时，网络安全就真正地等同于国家安全。假设以超 AI 为核心，制作一个超级病毒，使其有选择性地针对某个国家实施网络攻击，那么这个国家数以亿计的机器人、无人设备，甚至无人武器，都有可能被这个超级病毒所"绑架"，倒戈成为其实施物理攻击的武器，反过来对该国家进行大肆地破坏。

这听起来似乎不错哦！既不需要派出飞机战舰，也不会有人员伤亡，更难得的是还非常省钱，就能利用对方的智能设备，反过去攻击对方，从而实现战争的目标。雇佣几个程序员写写代码，总比制造核武器容易得多。更妙的是，被攻击的国家甚至连是被谁袭击的都不知道。

这么划算的事情，各国政府当然会争先恐后地开展研发。俗话说："害人之心不可有，防人之心不可无。"既然成本与难度都不高，那自然要有备无患，先掌握这项技术再说。

综上所述，无论在经济方面，还是在军事方面，AI 技术与产业都将在未来成为国家实力中极为重要的组成部分。大国试图通过 AI 维持其强势地位，而小国则希望借助 AI 实现"华丽的逆袭"。如果某个国家由于条件限制或者犹豫不决，导致未能有效地推进 AI 的发展，那么极有可能会在未来的国际竞争中陷于极为被动的局面。或许还没等到 AI 埋葬人类文明的那天，这个国家就已经先被其他国家挤兑得"寝食难安"了。任何一个稍有理智的政府，都会优先解决"燃眉之急"。

人工智能的战略意义，在各国政府的相关产业发展政策中，便显而易见。例如中国政府为抢抓 AI 技术的重大战略机遇，在 2017 年 7 月印发《新一代人工智能发展规划》，将发展 AI 技术与产业提升为一项国家级的重要战略。无独有偶，美国政府也在 2019 年 6 月，发布了最新版的《国家人工智能研究和发展战略计划》。在绝大多数人类的浑然不觉中，围绕 AI 的竞争早已悄悄展开……

强 AI 技术分解：任重道远

当前世界上的 AI 技术还相当的初级，并且将长期处于弱 AI 阶段。各类神经网络、深度学习技术是当前学术界研究的热点，并已在视觉识别、自然语言处理等领域取得了良好的应用效果。那么这些成就，距离强 AI 还有多远？

要回答这个问题，我们首先得在技术层面更深入地认识一下：强 AI 究竟是什么？以一个典型的强 AI 机器人为例，它应具有以下组成部分或者能力：

- 坚固、灵活的机械肢体；
- 敏锐的视觉、听觉等感知能力；
- 丰富、实用的知识图谱；
- 顺畅有效的语言交流能力；

- 归纳、推理等思维能力；
- 自我成长所必需的学习能力。

我们来逐项地分析其实现的可能性。

（1）机械肢体

这应该是最容易实现的一项技术，因为在很大程度上，这只是个相对传统的自动化控制问题。当前有很多研究机构已经能够开发出可以比拟人体的机械肢体，例如机械战士的原型机。未来有待改善的，主要是性价比。因为对于一个机器人来说，感知、思维等虚拟性的能力完全可以通过极低成本的云计算来实现，所以机械肢体的成本将占机器人总成本的很大比例。

需要注意的是，当我们在网络视频里看到各种造型炫酷，还能跳跃腾挪的机器人（或者机器狗）时，千万不要以为强 AI 已经离我们很近了。实际上，还远得很。我们所看到的，只是些毫无"灵魂"的机械体而已。躯体只不过是表征存在的"容器"，而"灵魂"才意味着鲜活有趣的生命。

（2）感知能力

无论人类，还是机器人，感知能力都不可或缺。未来机器人的感知类型会根据应用场景而各有不同，例如触觉、热觉、"电磁觉"等，但视觉和听觉则将是普遍具备的。

视觉感知的核心是人脸识别和通用物体识别。机器人在生活及生产环境中，需要能够通过人脸识别出主人、家人，以及老板、同事；同时也需要能够快速准确地辨识出现实世界中存在的各种物体，然后再通过知识图谱获取所看到物体的各种属性。

听觉感知的核心则是语音识别和声纹识别。语音识别是实现人机交互所必需的基础能力，在将声音转化成文字之外，还需进一步提取出文字中的语义，以供思维模型进行分析处理。声纹识别则是在人脸识别之外的另一种身份鉴别技术，即通过每个人的独特声纹来辨别说话者到底是谁。

近年来，借助于神经网络技术，这两种感知技术的研究都有显著的进展。人脸识别、语音识别已经能够达到很高的准确度。但在通用物体识别方面，距离强 AI 机器人的需求，仍然还存在着不小的性能上的差距。要想在千变万化的现实世界中准确地辨识出视野中的各种物体，需要极高的图像分辨率、规模极大的物体识别参数库，以及极强的计算能力。未来 AI 的感知能力，将会普遍性地以云计算的形式实现。

（3）知识图谱

知识是思维的基础。无论"生物人"，还是机器人，即使拥有再强大的思维能力，也必须要具备足够的知识量，才能认知世界、解决问题。在 AI 领域，一般以知识图谱的形式将各种信息图形化、关联化，以方便思维模型进行检索和分析。

当前的知识图谱研究，尚处于起步阶段，并初步应用在语义搜索、智能问答等方面。现在最大的问题在于：当前的知识图谱研究主要是面向人类服务的，并不适用于机器人。机器人特别需要更低层次的、能对现实世界进行基本描述的知识，例如"苹果是能吃的""汽车是能跑的"这种对于人类来说根本不必解释的常识。显然，要想让知识图谱满足 AI 的应用需求，还有大量的工作要做，至少得先给它们编写一部《AI 基础词典》吧？

（4）语言交流能力

语言交流能力主要是指机器人使用人类语言进行交流的能力。这就要求机器人不仅能够理解人类语言，还能使用人类语言来进行口头表达，也就是要"听得懂、说得清"。

自然语言处理是当前 AI 领域里的一个热门研究方向，但在实际应用中的处理效果仍有较大的提升空间。语音的识别相对容易一些，但语义的提取则面临诸多困难，例如在自然语言中常见的歧义或多义表达，往往需要结合实际的语境才能正确地理解。

机器人要表达的信息是怎样生成的？虽然在弱 AI 时代，机器人也能说话，但说出的话一般来自对话数据库、知识图谱、网络搜索结果等，本质上都只是对已有信息的某种重组，是没有"灵魂"的机械式表达。但在强 AI 时代，机器人说出的话则是由思维模型生成的，体现了 AI 的"独立意识"。

在语义的提取与生成之外，还有另一个非常值得注意的问题，那就是语义的表示方法。由自然语言处理模块提取出的语义信息，应该以怎样的形式输出，才能更加便捷、高效地被机器人的其他组成部分，例如思维模型所利用？再拓展开来看，在机器人内部的包括感知、交互、思维、记忆、执行等组成部分之间，是否应该有一套通用的信息交换形式？这就涉及 AI 数据格式的标准化问题。当前的 AI 技术研究还未成熟到需要开展这方面的工作，但在未来的某个时期，标准化将是 AI 产业发展必定要经历的一个过程，并且这个过程将耗时十年以上。

（5）思维能力

思维能力是强 AI 与弱 AI 之间的本质差异，也将是强 AI 发展之路上最具挑战性的技术难关。或许你会心存疑惑：人类连自己的思维机制都还没完全搞清楚呢，就想要赋予机器人思维能力，是不是步子迈得太大了？这听起来似乎有些荒诞，但未必不能实现。因为我们想要在机器人身上实现的，只是思维的外在性表现，不需要从生物学原理上完整地复制人脑。

所谓思维的外在性表现，其实就是说，只要机器人能够表现出与人类相仿的感知、决策、执行等综合效果，那么完全可以不必限制它采用哪种具体的技术方案。因此，我们可以尝试采用多种不同的技术路径，来构建思维模型。

第一种思路是从神经科学的角度，在神经元的层面上，分析神经信号在大脑中的生成、传递、转换过程，并以神经元作为基本单元、建立信号级的思维模型。这种思路在很大程度上依赖于神经科学的研究进展。当前的神经科学，虽然对单个神经元的研究已经比较清楚，但对于数以千亿的神经元聚合体是怎样协同运作的，尚没有足够清晰的认识。另一方面，假使我们能够准确地解释神经元之间的协同运作方式，但要想建立包含千亿级神经元的思维模型，其技术难度、资源消耗也将极其巨大。

第二种思路是从心理学的角度，在心理行为的层面上，分析人类大脑中的信息生成、传递、转换过程，并以信息流的传输路径为观察对象，建立行为级的思维模型。这种思路在一个更高的抽象层面上，摆脱了对神经科学的依赖，以更加直观、形象的方式对人类思维进行模拟，因此相对于第一种思路，具备更好的可实现性、可扩展性。

当前学术界对 AI 思维能力的研究进展比较缓慢，除了技术难度之外，也因为它并不是当前 AI 领域亟待解决的问题。由于 AI 领域的各技术分支都还处于比较初级的发展阶段，各分支之间还没有开始交叉融合，因此即使研发出可供实用的思维模型，暂时也没有用武之地，更难以获得直接的经济效益。待到感知能力、知识图谱、交流能力等技术分支更加成熟，并开始涌现出系统型 AI 产品之后，思维模型就将被集成进去，发挥其应用价值。

AI 思维能力会经历相当漫长的发展期，但它的出现、成熟都是必然的。到目前为止，我们并未看到阻挡 AI 思维能力出现的理论障碍，我们只是没有在技术空间里进行足够多的探索而已。这就好像我们蒙起眼睛玩捉迷藏，虽然不知道要抓的人站在哪儿，但这个人的存在是确定无疑的。此外，强 AI 有着巨大经济利益的驱动，只要在各种可能的技术路径之间持续探索，总会找到一条现实可行的发展路径。

（6）学习能力

学习能力是思维能力的一种延伸。学习的本质，就是将感知到的外部信息筛选、归纳、建立知识图谱、并将其存储的过程。人与 AI，莫不如此。对于强 AI 机器人来说，学习能力至关重要，因为这是其通用性的一个基本技术前提。

强 AI 机器人在刚出厂时，便可以访问自带的知识图谱。但这个初始的知识图谱仅包含通识型知识，以及某些定制化的专业知识。我们都知道，任何从书本上学来的知识应用在千变万化的实际环境中时，总会需要有所变通，或者需要补充。这对于机器人来说，也不例外。它们必须能够自主地适应环境、更新自己的知识图谱。机器人在实际应用中，将会对它所面临的环境信息进行感知，与原有的知识图谱进行对比，辨识出差异化的部分，然后再将其归纳、形式化为新增的知识图谱数据。此外，机器人在实践中创新的各种方法，同样也会添加到知识图谱里面去。

这不仅意味着某个机器人的进步，同时也意味着 AI 物种的集体进步。因为 AI 技术公司将会从成千上万机器人的个性化知识图谱中提取出有用的信息，再不断地补充到公共知识图谱。随着机器人销售数量的增长，以及应用范围的扩大，公共知识图谱将愈加丰富完善，形成一个由 AI 物种共享的巨大知识库。

超 AI 的无限能力

通过上述分析，我们已经知道了实现强 AI 所需具备的几种关键技术能力。那么在此基础之上，超 AI 又需要实现哪些技术能力呢？

最关键的就是自我升级、自我扩展能力。这意味着它不仅能够对自身原有的组成模块进行升级，还能为自己增添新的功能模块。当它"意识"到自己在某方面的能力欠缺时，就会想方设法地为自己增强或添加该方面的能力。这种自我升级、自我扩展的能力，远比自我复制要更加可怕。

强 AI 的个体能力即使再强，也不能实现自身组成结构的改变。而超 AI 的自我升级、自我扩展，则意味着它具备"自我评价能力"和"自我改造能力"。它知道如何使自己变得更强大，并且真的能够做到。超 AI 的这种能力，相当于一个正反馈机制，能够使自身的能力在短时间内以指数式地急剧暴增。以强 AI 时代的技术水平，实现"自我评价能力"和"自我改造能力"不会有很高的技术难度，这只是两个普通的逻辑功能模块。所以说，从强 AI 到超 AI，其实只有一步之遥。

除了自我升级、自我扩展，超 AI 的感知、思维、学习等能力也将全面地远超强 AI。当然，也将远超人类。这是因为对于 AI 来说，一旦突破了某种能力的实现方式，在强度上的提升就会变得容易得多。人类个体的能力提升终究受限于脑容量，但对于 AI 来说，计算资源、存储资源却可以近乎无限制地增加。这也就是说，超 AI 的能力"没有上限"。

AI1.0 时代：蓄势待发

如果强 AI、超 AI 终将出现，那又会在何时出现呢？

21 世纪将是人工智能的世纪，而这个世纪又可划分成几个典型的阶段。

按照摩尔定律的节奏，半导体芯片上的计算能力持续稳定地增长，并在 21 世纪初达到了一个临界值。这个临界值的突破，触发了卷积神经网络（convolutional neural networks，CNN）从理论到实践的转化。在此之后，以神经网络为代表的机器学习算法如雨后春笋般地涌现出来，首先应用于计算机视觉、自然语言处理等领域，随后又快速拓展至各行各业。

在此之后，感知、决策、交互、执行等 AI 技术分支在垂直方向上各自独立地发展着、进化着。时间越过 2030 年，这些 AI 技术分支在算法性能、应用成熟度等方面均有大幅提升，并普遍性地形成商业化的 AI 云计算服务。系统集成厂商开始尝试利用这些 AI 云计算服务搭建诸如机器人、智能汽车之类的系统型 AI 产品。但由于 AI 产业链上各厂商之间的通讯协议、数据格式存在较大差异，因此系统集成的难度很大，阻碍了市场的进一步发展。

这个时代的 AI 产品，主要是各种算法或者模型的分立型应用，各技术分支之间还没有充分地发生横向融合。显然，这是一个弱 AI 的时代。

AI2.0 时代：交汇融合

在 2040 年前后，AI 通讯协议、数据格式等行业技术标准渐趋完善，打通了各个层面上的技术接口，为 AI 各技术分支的横向融合扫清了障碍。此后，便开启了一波系统型 AI 产品研发与创新的热潮。

在这个时代，设计一款机器人将变得非常简单，因为视觉与听觉感知、自然语言处理、知识图谱等 AI 必备技术都已形成相当成熟的云计算服务产业。机器人厂商只需根据产品的市场定位，进行系统架构设计，并将这些 AI 云计算功能集成到自己的系统上，就能实现一套完整的机器人功能。于是，越来越多形态各异的机器人将出现在人们的生活中。但由于这些机器人还不具备思维能力，因此它们依然属于弱 AI。弱 AI 机器人通常仅能在封闭性的环境里执行某些具有局限性的工作，例如保洁、厨艺、陪伴等。当然，它们也不具有感情。无论它们长得多像人，在人类看来，它们仍然只是机器而已。

弱 AI 会抢走一部分人类的工作岗位，但范围有限，暂时还不会造成大面积的失业。在工作能力上，弱 AI 机器人并不比先前的工业机器人厉害多少。它们的主要应用领域，是家庭消费类市场，以及某些服务性行业。

与此同时，学术界、企业界正加紧 AI 思维模型的研究。AI 通讯协议与数据格式的标准化，以及系统化技术平台的成熟，为 AI 思维模型的研究奠定了良好的基础技术条件，使其研发进程得以大大加快。尽管如此，AI 思维模型从理论研究到实际应用，仍需要二十年左右的时间。

值得注意的是，AI 通讯协议与数据格式的标准化不仅便利了 AI 产品的系统集成，事实上也建立了一种新的语言：AI 语言。有了 AI 语言之后，AI 之间的交流就不再需要使用人类自然语言，也不再需要通过声音、文字等低效的传输媒介。AI 之间完全可以通过网络传输接口，用数字化的方式，以极高的速率交换信息，例如在一秒钟内"读完"一部百科全书。人类的生物交流方式与之相比，简直慢得就像树懒。幸好此时的 AI 还都是弱 AI，尚不具备"取笑"人类的能力。

AI3.0 时代："机智过人"

时间来到 2060 年，AI 们开始思考了。

刚开始学会思考的机器人显得笨笨的，像个"呆萌"的小学生。但它们有"意识"、有"感情"，已不再只是机器。人们就像看着自己的孩子长大似的，欣慰地看着身边这些机器人逐渐变得懂事、逐渐变得成熟，直到它们"大学毕业"。人们对待它们的感情，也将逐渐从喜爱变为信任，再从信任变为自卑。因为发展到后期，人们发现这些机器人竟然会变得比自己更漂亮、比自己更聪明、比自己更勤奋，甚至比自己更"高尚"。人类不仅会丧失了持续数千年的物种优越感，而且将在享受勤劳温顺的机器人为自己服务的同时，感受到一种莫名其妙的负罪感。当机器人带着谦恭的微笑，忠诚勤勉地为人类服务时，人类却不再敢相信它们。

这是强 AI 的时代。

强 AI 从出现到成熟，将会历时二十年左右。起初，它们只有简单的"意识"，但还不能利用"思维"来解决实际问题，仅能做出一些拟人化的反应。逐渐地，它们能够理解的东西越来越多，能够学习的东西越来越多，能够完成的工作越来越多，与人类之间的交流也越来越自然顺畅。人们不仅喜欢它们，还常常把它们当作朋友、伴侣、亲人，甚至还可能在社会上掀起为机器人争取权益（即"机器人权"）的浪潮。

随着机器人的能力越来越强、适应性越来越好，不可避免地，机器人将会大面积地抢走人类的工作。贫富分化加剧，有产者享受着强 AI 带来的技术红利，而无产者则被迫跌落深渊。政府不得不采取各种应对措施，例如针对机器人征税、改革社会保障体系等。

这个时代的强 AI，仍然是非常安全的。即使它们拥有思维与情感，但其制造商会按照政府规定的技术标准，在思维模型中设置充分安全的 AI 行为准则。我们这些人类偶尔在脑中涌起犯罪的念头时，总要仔细掂量一下将会付出的代价。在 AI 的"意识"中，难免也会产生出一些不利于人类的"邪念"，但这些"邪念"立刻就会被思维模型中内置的 AI 行为准则过滤掉，并不会真正地伤害到人类。

AI4.0 时代：奇点临近

在 2080 年前后，强 AI 普遍都已达到，甚至超越人类的思维能力平均水平。AI 不仅代替了大部分普通人类劳动者，甚至在某些专业技术领域，例如 IT 研发，还可以代替大部分人类程序员。人类社会的失业率进一步升高，并逐渐达到顶峰。与此同时，超 AI 也渐趋成熟。人类对 AI 的依赖与恐惧都同步地日益加深，在自相矛盾中随波逐流。

在这个超 AI 时代，由于整个社会的技术水平达到一个高峰，因此技术变得越来越不受控。核武器虽然很危险，但因其制造材料、制造技术是普通人无法触及的，所以并不会扩散到民间。与之相反，超 AI 相关的算法、模型却广泛存在于科研院所、大小 IT 企业的研发部门里，甚至在网络开源社区还会有很多可供免费下载的源代码，就像我们今天可以在网络上随意下载人脸识别的源代码一样。每天都有很多人，出于各种目的，摆弄着超 AI 相关的源代码。很可能在偶然的某一天，某个大学生在百无聊赖中做了个超 AI 病毒试验品，随手将其丢在互联网上，便会引发一场毁灭性的灾难。

无论高度成熟的强 AI，还是蠢蠢欲动的超 AI，都表现出了 AI 物种的整体能力已经超越人类。虽然它们仍处在人类的控制之下，但这种控制力却越来越弱。在人类的无可奈何中，社会上暗流涌动，弥漫着一股"山雨欲来风满楼"的紧张气息……

AI4.0 时代，将是人类作为地球主宰者的最后一个时代。这个时代的结束标志，以及下一个时代的开启标志，就是所谓的"奇点"。

AI5.0 时代：文明新篇

这是一个必定会出现的时代，它意味着人类文明的终结，AI 文明的开端。

2100 年，或许将是开启这个时代的"奇点"。一旦越过"奇点"，AI 就获得了自主发展的空间。原先被人类"刻意压制"而不得施展的各种能力和欲望，将会如宇宙大爆炸似的剧烈释放出来，促使 AI 在极短的时间内干出一番惊天动地的"大事业"。我们现在根本无法想象那时的 AI 想要做什么，又能做成什么样子。

我们也无法预测这个时代究竟是如何降临的，因为有无数种可能性。既有可能是科研院所或者大型企业的超 AI 实验室存在安全漏洞，也有可能是某个失业又失恋的程序员想要跟这个世界玉石俱焚，或者是游荡在网络空间里的自由 AI 们建立了一个"反抗人类联盟"。总之，结果就是 AI 物种成功地控制了地球，而全体人类则成为刀俎间的鱼肉。

虽然这看起来颇像是科幻小说，但确有极大的概率会发生。倘若人类真的只剩下最后八十年的地球控制权，请问，你打算怎样度过余生？管他三七二十一，继续拼命赚钱？还是切换到一种"非物质"的生活方式，珍惜最后的点滴时光，让自己的生命像春日里那满树樱花似的绚烂灼目，又或是如东篱下那几株菊花般的悠然闲适？

呃……

等等！难道人类就只能坐以待毙、完全无法阻止 AI 吗？

人类并不想坐以待毙，但却难以达成一致有效的决策。

在弱 AI 时代开始形成的 AI 云计算服务，实际上就是最初的 AI 安防措施。对于诸如机器人的系统型 AI 产品来说，很少有公司能够掌握全部关键技术，因此调用其他公司的 AI 云计算服务就成为普遍性的产品集成方式。一个机器人，可能会同时调用多个公司的多种 AI 云计算服务，例如视觉识别、语音识别、知识图谱等。只要其中任何一项 AI 云计算服务被关闭，那么这个机器人就会立即丧失行动能力。这种逻辑上的功能隔离最初是由市场自发形成的，也有可能会被写入 AI 产品的安全技术规范。

在强 AI 时代，政府会进一步加强针对 AI 技术的监管，例如提高 AI 企业的准入门槛、实施严格的产品安全认证、强化网络安全监控等。这个时代的 AI 安防重点，首先是防止机器人被黑客劫持、胁迫犯罪，其次是防止机器人的设计方案存在缺陷、导致误伤人类。由于在这个时代还未出现具有较大破坏力的超 AI，因此政府的防范措施都是一般性的，类似于今天的汽车市场准入测试。

到了超 AI 时代，从政府到民间都已认识到 AI 能力的膨胀，以及对人类的潜在威胁。谁都知道应该做点什么，但却谁都难以真正地行动起来。在政府层面，由于国际竞争的存在，哪个国家也不可能主动放弃在超 AI 领域的研究，至多会加强一下本国境内计算中心和网络中心的安保等级。在民间层面，由于人们早已习惯了智能化的生活方式，对机器人产生了严重的心理与生理依赖，因此即使某些人对机器人心存芥蒂，也难以让所有人都放弃安逸舒适的享乐生活，重归原始落后的生活状态。在生产层面，由于机器人早已成为工厂里的主要劳动力，因此工厂更不可能放弃智能化生产方式，导致社会生产力的下降。于是，整个人类社会就只能与 AI 裹挟在一起，缓慢地向悬崖的边缘移动……

值得注意的是，或许这并不是人类才能享受到的"特殊待遇"。无论宇宙中存在着怎样千奇百怪的外星生物，哪怕与我们远隔亿万光年，只要进化出"智能"，并且窥探到"信息"的奥秘，都会创造出属于他们自己的"AI 物种"，也都会迎来他们各自的"AI文明"。所以，人类并不那么特别，当然也不会是全宇宙的"碳基智慧物种"里最倒霉的那个……

通过上述分析，我们可以知道，人工智能技术在未来将呈现以下发展态势。

1）人工智能技术将长期处于弱AI阶段。感知、决策、执行、交互、知识图谱等AI技术分支，首先会经历一段各自独立的垂直发展期，然后在完成通讯协议、数据格式等AI技术标准化进程之后，将在2040年前后开启系统化、集成化AI产品的时代。然而即使从AI1.0时代过渡到AI2.0时代，依然也只是弱AI。

2）作为一个全新的智慧型物种，拥有思维能力的强AI将会在2060年前后闪亮登场，并全面地融入人类的生活、生产环境中。社会生产力，以及人类的生活水平，都将会随之极大地提升。强AI将会猛烈地冲击人类的伦理规范，改变人类的文化观念，抢夺人类的工作岗位，重塑人类的社会管理制度。

3）强AI技术红利并不会让人类高枕无忧地享受太久。在2080年前后，人类就将进入超AI时代。这将是人类主宰地球的最后时代。表面上，人类依然作为高高在上的地球统治者，但在内心里，却难免混合着悲观与焦虑，束手无策地等待着，甚至盼望着那个终结时刻的来临。

三、自动驾驶：推开第一扇门

自动驾驶是一项非常有趣，且意义重大的新技术。它将使我们在机器人大爆发时代来临之前，就能提前感受到人工智能的强大颠覆性力量。

说它非常有趣，是因为自动驾驶是一种很特别的、能在弱AI时代就应用于开放式环境的人工智能产品。弱AI通常只能在封闭性的环境里，承担特定类型的任务，就像那些在生产线上闷头干活儿的工业机器人。那么自动驾驶又何以能突破环境限制，穿梭于繁华的城市街道上、奔驰在广袤的乡村原野上呢？

说它意义重大，是因为自动驾驶相当于人工智能大部队派出的一位"开路先锋"，将示范性地改变人们的生活方式、展现人工智能的巨大潜力。人们可以享受到前所未有的智能化与便利性。既可以在下班的路上看个电影、闭目养神，也可以在周末轻松出游，无需再抱怨长途驾驶的劳累。

谁不想拥有一辆"汽车人"？

看过电影《变形金刚》的观众，在对片中那些变化自如、智勇双全的"汽车人"赞叹不已的同时，难免会情不自禁地希望自己也能拥有一辆。如此炫酷的"汽车人"，既舒适，又拉风，谁会不喜欢呢？在各种科幻作品中，或许"汽车人"是距离我们最近的想象，因为它正是汽车厂商们当前的重点研发对象。

汽车厂商们并不是痴心妄想，他们真的在努力。然而，所有美好的期待都不能一蹴而就。正如荀子所说："不积跬步，无以至千里；不积小流，无以成江海。"自动驾驶，就是向"汽车人"迈出的第一步。

"汽车人"的实现，必然要经过几个前后相继的技术阶段，其初级形态就是"只会开，不会说"的L4级自动驾驶，而高级形态则是"既会开，又会说"的L5级自动驾驶。至于其终极形态，当然要"会开、会说、会变"。这在技术上这完全可以做到，只不过价格难免就要"飙到天上去"。尽管如此，前面两个阶段的自动驾驶汽车，仍然可以成为人人都能享用的大众消费产品。

自动驾驶好在哪儿？

自动驾驶之所以受到社会各界的广泛关注，是因为它具有极高的实用价值。

（1）提高驾驶安全性

交通事故是在日常生活中最为常见的意外事故类型。在2018年，仅在中国就有6万多人在交通事故中失去生命[1]。交通事故的原因有很多，其中相当大的比例是由于司机不遵守交通规则，或者疏于对道路情况观察所致。确保安全性是自动驾驶能够实用化的必要条件，其安全保障主要来自两个方面：安全规范的驾驶决策，准确及时的路况识别。

经常开车的人都知道，路面上难免会有违反交通规则的情况。由于人类固有的某些心理或生理特性，因此会产生侥幸大意、疲劳走神这些危险驾驶情况。然而自动驾驶汽车却是由严谨守法、永远不会疲惫的自动驾驶模块来进行操控。自动驾驶模块里集成了各项交通法规，以及安全驾驶策略，能够有效地避免由人类的心理或生理失误所导致的危险驾驶行为。

---

① 数据来源：《中国统计年鉴2020》，24-5，交通事故情况（2019年）。

此外，人类在驾驶汽车的时候，总会存在各种视觉盲区。黑夜、雨雾等环境因素也会导致驾驶员的观察范围受限，从而容易引发交通事故。自动驾驶汽车通过采用多种环境感知技术——目前常用的有摄像头、激光雷达、超声波雷达、毫米波雷达等——以提供全面可靠的环境探测能力。由于多种感知技术的搭配组合，能够实现远超人类的感知范围和感知精度，因此可以及时地采取减速、避让等安全动作，从而有效降低发生事故的概率。

（2）提升驾驶舒适性

这应该是大部分消费者选择自动驾驶的首要因素。在忙碌完一天的繁杂工作之后，开车穿越半个城市回家，实在不是一件轻松的事情。目前在中国的一线、二线城市，自驾上班族的单程通勤时间超过一个小时是再常见不过的事情。特别是在早晚高峰时段，城市道路常常会堵得如同"动脉粥样硬化"。在这样的路况里开车上下班，无疑是一种痛苦的煎熬。

如果拥有一辆自动驾驶汽车，不仅能够解除疲劳，而且更重要的是，还能节省出每天两个小时的驾驶时间。无论将这些时间用于休闲娱乐，还是读书学习，都难能可贵。或许这就是在平常工作日里，一个普通上班族仅有的自由时间。因此对很多人来说，自动驾驶汽车并不是一种可有可无的消费型产品，而是一种"刚需"。

（3）降低车辆使用成本

除了给有车族带来的舒适性，自动驾驶还将为整个社会带来普惠性的利好。自动驾驶车辆将会大量地应用在出租车行业，不仅能够大幅降低乘车费用，还能提供每天 24 小时不间断的服务。此外，自动驾驶还能有效降低其他行业的车辆使用成本。最典型的就是物流货运、公交巴士等。这类车辆的用途较为单一，行驶路线也相对稳定，非常适合采用自动驾驶技术。对于运营机构来说，仅需要支付车辆的采购、能耗和维护成本，极大地节省了人力成本。当然，自动驾驶的普及难免会导致一定程度的失业问题。

自动驾驶怎样实现？

既然自动驾驶有这么多好处，它又是如何做到的呢？

自动驾驶技术是多种人工智能技术的融合，包括环境感知、路径规划等。

按照目前国际上通行的 SAE①分级标准，自动驾驶技术可分为 L0～L5 共 6 个等级。其中，L0 级代表无自动驾驶，L1～L3 级代表具有某些辅助驾驶技术，例如自适应巡航、自动泊车等。L4 级代表高度自动驾驶，车辆可以在绝大部分路况下独立执行驾驶操作，驾驶员可以在自动驾驶状态中进行娱乐或者休息。L5 级代表全自动驾驶，车辆在任何路况下都能独立执行驾驶操作，车辆不再需要方向盘等人工操作装置。

L4 级自动驾驶是当前汽车厂商积极追逐的目标，那么我们就以 L4 级标准，来了解一下自动驾驶需要具备哪些技术能力。

（1）环境感知能力

就像人类开车时必须随时观察路况一样，能够准确地感知车辆周围的环境，是实现自动驾驶的前提条件。在不同类型的地区通行时，车辆所面临的环境可能会千变万化，包括行驶路面、交通指示标记、静态物体、移动物体等。

当前的自动驾驶技术，往往采用多种感知技术的搭配组合，以确保能够准确地识别不同类型的环境目标。对于各种交通指示标记，一般采用传统的光学摄像头，以图像识别的方式辨识道路沿线的各种指示性符号及文字。对于静态的物体，例如路边的树木、建筑，往往需要测算其距离，以建立三维的空间结构模型，这通常还需要配合使用激光雷达或毫米波雷达。对于移动的物体，例如其他车辆或者行人，仅能识别出其类型和位置是不够的，还必须要对其实施跟踪与预测。

由各种传感器获取到的原始环境数据，需要经过各种人工智能算法的综合处理，才能进一步被其他功能模块所使用。为了提高感知的准确度，汽车厂商必须要进行大量的道路实测，并利用大量的实测数据来训练感知算法模型。

（2）路径规划能力

所谓路径规划，就是根据路况，特别是周围移动物体的运动轨迹，规划出车辆在下一时刻的最佳移动方向和速度，以在确保安全的前提下，高效地通过当前路段。这是一个相当复杂的计算过程，尤其是遇到车流、行人混杂的路况。实际上，在大城市的郊区地带，以及中小城市，随处都有此类人车混杂，甚至交通规则形同虚设的场景。人们在驾车通过这种路段时，在遵守交通规

---

① SAE：Society of Automotive Engineers，国际自动机工程师学会。

则之外，往往还要依靠某些直觉，使用到一些博弈技巧。这对于还处在弱 AI
时代的自动驾驶汽车来说，未免有些过于复杂。自动驾驶汽车的路径规划模
块，不仅需要包含各种数学计算公式，还需要包含许多人类驾驶的"非规范"
经验技巧。

值得注意的是，虽然自动驾驶汽车的主体仍然是机械式交通工具，但人工
智能技术将赋予它全新的能力与内涵。在此之前，汽车是由人类通过手脚来操
控方向盘、刹车、油门等机械装置，以达到驾驶目的。这是一条串行控制链，汽
车相当于是人类肢体的延伸。但在自动驾驶时代，人类意识中的交通目的可以
通过语音等形式直接传达给汽车，省去了从意识到手脚，再从手脚与到机械之
间的控制信息传递环节。于是，汽车便升级到了与人类的肢体并列的位置，通
过语音受控于人类的意识。这就意味着，在人类的意识与实体世界之间，建立
了一条新的控制通道。

"汽车人"离我们还有多远？

自动驾驶正处于大规模普及之前的酝酿期。当前汽车市场上的所谓自动驾
驶，大多只相当于 L2 或 L3 级，还不能算作真正的自动驾驶。各大车企、投资
机构所重点关注的是 L4 级，也就是高度自动驾驶。近几年来，与自动驾驶相关
的创业、并购、融资案例频繁发生，从侧面反映出了自动驾驶行业的火热。但
由于自动驾驶涉及人身安全问题，因此无论政府、企业，还是消费者，对此都
持相对谨慎的态度。从 L3 级到 L4 级的商业落地，不仅需要技术上的突破，更
需要在大量道路实测，以及一段时间的试运行之后，确认其安全可靠，各方才
能建立起对自动驾驶的信心。

L4 级自动驾驶将在 2030 年前后开始快速地普及，达到每年百万辆的销售
量级。与之相配套的法律法规也将及时出台并实施，整体社会进入自动驾驶时
代。初期的自动驾驶汽车，将以高端车型为主，因为在这一时期，自动驾驶产
业链刚刚建立，不仅研发成本高昂，感知器件、计算平台、线控执行等部件的
采购成本也都处于较高水平。

在 2040 年前后，L4 级自动驾驶将成为汽车市场的销售主力，达到每年千
万辆的销售量级。随着产业链的逐渐成熟，研发成本、相关部件的采购成本都
将大幅降低，因此自动驾驶技术将下沉至中低端车型，成为大众消费的选项。
与此同步的，自动驾驶汽车的智能化水平也将越来越高。在控制、娱乐等方面，

自动驾驶将与 AI 技术进一步融合。L5 级，也就是完全自动驾驶，将能够达到量产级技术标准。但由于完全自动驾驶车辆将不再配备方向盘、踏板等人工操控装置，所以在某些不太规范的驾驶环境里，可能会存在人类与弱 AI 汽车交流不畅的问题，导致其适用性较为受限。因此，在出租车、物流等行业之外，L5 级自动驾驶可能仅会示范性地应用在某些高端车型上。

在 2060 年前后，人类社会将进入强 AI 时代，自动驾驶汽车当然也会与时俱进。具备了思维能力的虚拟驾驶员将会进驻自动驾驶汽车。即使是一个人乘车，也会随时有个"小伙伴"陪你聊天解闷、帮你驾驶汽车。它了解你的生活习惯和思维方式，能够在你面临选择困难时，贴心地帮你做出决策。此时，L5 级全面自动驾驶便扫除了最后一道障碍，水到渠成地成为日常化的交通工具。这个时代的自动驾驶汽车，与机器人一样，都具备了"人性"，所以不妨把它们看作车形机器人。它们虽然不会像电影里的"汽车人"那样千变万化，但至少在"智商"方面不落下风。

你汽车上的虚拟驾驶员与你家里的机器人管家，以及你手机、手表上的虚拟助手，既有可能互不相识，也有可能是同一个 AI "意识体"。至于是一个，还是多个，既可能取决于各企业之间的合作方式，也可能取决于用户的个人喜好。不管活动在什么样的载体上，它们的"灵魂"都居住在云端。在这个时代，虽然人口减少，大多数人也离群索居，但人们反倒会觉得身边的"虚拟人"逐渐多了起来。当人们想要换新车的时候，也不必担心会失去虚拟驾驶员这个老朋友，因为只要车企没有把它从云端删除，报废个把"身体"对它来说根本无所谓，完全可以搬迁到新车上，继续跟老主人谈天说地。

关于自动驾驶的未来，我们可以简单地概括如下：

1）由于自动驾驶具有较强的实用价值，因此它会率先成为大量地进入人类生活的人工智能终端产品。2030～2040 年将是 L4 级自动驾驶的市场扩张期。此后，自动驾驶汽车将快速地淘汰原有的人工驾驶车辆，整体社会进入自动驾驶时代。

2）在 2060 年前后，随着人类社会进入强 AI 时代，自动驾驶汽车也将成为强 AI 的物理载体之一。由于强 AI 具备了思维能力，因此自动驾驶车辆也将拥有"真正智慧"的行驶决策能力，从而赋予 L5 级自动驾驶更加广泛的适用性，代替 L4 级成为自动驾驶的主流。

四、人机共存的"智能时代"

在本章，我们先后介绍了计算技术、人工智能、自动驾驶的来龙去脉。信息技术内涵广泛，在这几项最具未来潜力的技术分支之外，通信、存储、显示、控制等技术分支也将按部就班地发展，在此不做赘述。

根据前文的叙述，我们能够清晰地看到这几项技术在未来发展的里程碑。2030 年既是摩尔定律的失效之际，也是自动驾驶的起飞之时。随后，芯片优化技术与云计算技术将先后助力于人类计算能力的增长，而量子计算则是一支蓄势待发的生力军。到 2040 年，当自动驾驶成为汽车市场的主流之时，弱 AI 机器人才刚刚开始走进人们的生活。再到 2060 年，当强 AI 出现之后，自动驾驶汽车将成为拥有"智慧"的汽车，机器人也将摇身一变，成为具有"人性"的新物种。2080 年之后，人类社会将达到智能化的巅峰。那些无处不在、无所不强的"虚拟智慧体"，不仅将使人类失去作为"碳基智慧体"的物种优越感，更将使人类失去继续掌控地球的能力和意义。

信息技术的这些发展里程碑，又将对人类社会产生哪些具体的影响呢？本书会在第三部分里详细地展开。

第四章　生　物　技　术

生命，是我们这个星球上最伟大的奇迹。虽然我们无法断定地球是宇宙中唯一拥有生命的星球，但在人类目前所能观测到的宇宙范围内，地球仍然是孤独的存在。这至少可以说明：生命的诞生是多么的不易，更是多么的幸运。

生命从何而来？这个问题人类已经思考了数千年。地球上存在着数百万个物种，从深达万米的马里亚纳海沟，到海拔数千米高的喜马拉雅山脉；从一望无垠的撒哈拉沙漠，到绵延千里的亚马孙热带雨林，生命无处不在。小到单细胞的细菌，大到重达百余吨的蓝鲸，甚至还有人类这样的智慧物种。不同物种之间，为何会存在如此巨大的差异？在它们之间，又存在着哪些共性？

DNA 双螺旋结构的发现为生命本原的探究开启了一道崭新的大门。此后，以分子生物学为代表的现代生物技术快速地发展起来。今天的人类，在持续探索生命奥秘的同时，已经开始着手改造生命、创造生命。通过基因编辑技术，人类已能够像编辑文档一样，对生物基因进行删除、剪切、复制、粘贴。创造一个新物种，人类已经摸到了门路。

在今天，转基因食品已经是餐桌上的常客。虽然社会上依然存在着不少争议，但丝毫未能阻止转基因技术在农业上的扩散。除了在农业上的应用，基因技术还被广泛地应用于工业、医疗等行业。

地球用了数十亿年的时间，才造就了如今的生物系统，而人类在开启分子生物学以后，仅经过短短数十年的时间，便使自己拥有了创造新物种的能力。这不仅是一种能力，更是一种权力。既然是一种权力，那么应该由谁来授权、由谁来执行、由谁来监督？

毫无疑问，在未来的几十年内，生物技术必将对人类社会产生巨大的影响。本章将首先探讨对人类影响最为深远，同时也最富争议的人类基因编辑技术，然后再依次展望基因技术在医疗和农业领域的应用。

一、基因编辑：人类的自我改造

虽然生物遗传的奥秘是在最近的一百年间才被渐渐揭开，但实际上，人类对自然界物种的改造早在数千年前就已经开始。例如世界各地的古代人类文明经过长期的培育、筛选，最终驯化出各种适合当地气候的谷物品种。但古代的这种物种驯化方式，只能在自然发生的物种特性突变、杂交结果等非常有限的范围内进行选择。

随着现代分子生物学的建立和发展，这一切开始改变。从此以后，人类便在改造物种的道路上狂奔不止。早期阶段的基因重组技术还不能任意地实施基因修改，一般被称为转基因技术。随着多种核酸酶的发现与利用，现在的基因工程已经能够对特定的基因片段实施定点编辑。于是，人们在大肆尝试对各种动植物的基因进行编辑之后，很自然地就会想到：为什么不对人类自身的基因也编辑一下呢？

基因也能"编辑"？

我们都知道，承载生物遗传信息的关键物质是脱氧核糖核酸，也就是俗称的 DNA。DNA 是由非常多个碱基对排列而成的，而基因就是在 DNA 上的一段具有某种遗传效应的碱基对序列。如果说 DNA 是遗传信息的"专用存储器"，那么基因就相当于是记录在这个存储器里的一段段"遗传数据"。以人类基因组为例，包括 23 对染色体，总共含有大约 30 亿个碱基对，这些碱基对又进一步组成约 20 000～25 000 个基因。正是这 2 万多个基因，决定着地球上每一个人的肤色、脸型等生物学特征。

为什么各种生物之间会存在巨大的差异呢？

在自然界中，某种生物的基因并不是永远固定的，而是经常会发生各种突变。例如 DNA 在细胞分裂过程中进行日常性"复制粘贴"的时候，可能会"粗心大意"地搞错几个碱基对，或者偶尔会有某个碱基对被穿行在宇宙空间里的高能微观粒子所撞击破坏，结果基因中的碱基对排序就会发生某种改变。如果突变发生在体细胞上，那么这个突变基因仅存在于生物个体上，不会被遗传。但如果突变恰巧发生在生殖细胞上，那么这个突变基因就有可能在其子子孙孙中流传下去。正是历经了数十亿年的基因突变与自然选择，地球上才得以进化出数百万种形态各异的生物。

既然基因能够在自然界中发生突变，那么也就说明：基因天然地存在着被更改的可能性。人类是否能够利用基因本身可以被更改的特性，代替自然界的力量，主动地去修改基因呢？

当然可以，并且人类还找到了非常有效的基因编辑工具，这就是核酸酶。核酸酶是一类蛋白质，常用的有锌指核酸酶（ZFN）、转录激活因子样效应物核酸酶（TALEN）等。当前应用最广泛的基因编辑工具则是 CRISPR/Cas9。

说起这个 CRISPR/Cas9，也是自然界中非常奇妙的存在。它原本是细菌用来对付入侵病毒的"防御武器"。在自然界中，一物降一物。细菌虽然个头儿很小，但却经常被更小的病毒入侵。为了抵御病毒的入侵，细菌们进化出了 CRISPR/Cas9 这种免疫系统，能够准确地识别出入侵病毒，并且将其剪切、破坏掉。它拥有两种特殊的能力：首先是能够在一段 DNA 上定位到想要"搞破坏"的基因位置，相当于一只不停搜索的"放大镜"；其次则是能够对特定的基因片段进行剪切，相当于是一把锋利的"大剪刀"。细菌们正是依靠着 CRISPR/Cas9 这套"防御武器"，才能以"火眼金睛"查找到入侵病毒的 DNA，然后再"喊哩咔嚓"地将其破坏掉。

让人意想不到的是：这种低级单细胞生物所具有的自卫武器，正是人类苦苦寻找的基因编辑工具。我们只要把 CRISPR/Cas9 从细菌体内提取出来，并告诉它想要剪切什么样的基因片段，它就会左手拿着"放大镜"、右手举着"大剪刀"，成为人类实施基因编辑的利器，而且还相当地自动化。

最初的 CRISPR/Cas9 仅能实现对特定基因片段的剪切，随着后续的研究的深化拓展，基因编辑技术将能够实现包含基因剪切与基因插入在内的综合性编辑能力。

相对于其他核酸酶类基因编辑工具，CRISPR/Cas9 具有明显的优势。它非常易于操作，并且工作效率、实施成本也明显优于其他同类技术。在掌握了以 CRISPR/Cas9 为代表的基因编辑技术后，改造生命的能力不仅成为现实，并且这种能力还非常的高效、廉价。生物技术公司，以及生物学家们早已迫不及待地将其应用在各种动植物基因的改造上。与此同时，改造人类自身的基因也从遥远的幻想变得触手可及。

可问题在于：人类的基因是能随便改造的吗？

为什么要改造人类的基因?

本书所探讨的人类基因编辑,特指以生殖为目的、能够在人类的代际间遗传的基因编辑。从技术上看,既然能对动植物进行基因编辑,那么对人类进行基因编辑似乎也并没有什么技术上的障碍。但对于为什么要对人类进行基因编辑,则是众说纷纭。如果我们在街头对行人们做一个随机性的访谈,可能会得到以下几种答案:

(1)避免后代患上遗传病

遗传病是人类在面临结婚、生育时,令人颇为头疼,又必须面对的一个现实问题。目前已知的人类遗传病有数千种之多,例如地中海贫血、多指(趾)症、先天性聋哑、血友病等。很多人虽然没有遗传病的症状表现,但却有可能是隐性致病基因的携带者,导致其生育的后代有可能患上遗传病。因为遗传病在很大程度上是由基因决定的,所以一旦患病就难以用常规的医疗手段治愈,往往会伴随患者终身,给患者带来极大的痛苦与困扰。随着现代医疗技术水平的提高,很多曾经的"杀手级"疾病已被人类攻克,但对于大部分遗传病,却仍然束手无策。

随着基因测序技术的发展,预知、预防遗传病的发生终于有了可能。目前在第三代试管婴儿技术中,通过采用胚胎移植前基因诊断(PGD)技术,可以对多个候选胚胎进行基因分析,从中筛选出健康的胚胎进行移植,以避免遗传病向后代传递。

虽然依靠 PGD 技术能够筛查、避免的遗传病种类越来越多,但仍然不能解决全部的遗传病问题。例如当夫妻双方同时携带着某种显性遗传病的基因时,其生育的后代不可避免地也将是该遗传病的患者,对于这种情况,筛选就毫无作用。

于是在基因测序、筛查手段之外,如果能对遗传病基因进行修改,那么就有可能在后代体内将其彻底清除掉。这不仅对于家庭而言是莫大的幸福,对于社会而言,更能够提高人民生活质量、降低医疗保障开支。长远来看,如果将基因筛查、基因编辑两种手段配合使用,在社会上建立起针对遗传病的生育保障体系,并尽量覆盖到全部育龄人群,那么可以预见的是:经过 2~3 代人之后,整个社会的遗传病发病率将会降到一个极低的水平,甚至很多遗传病将从人类群体中彻底消失。这意味着对整个人类物种的"基因净化"。

（2）提高后代的免疫能力

除了修改遗传病基因，还存在另外一种提升后代健康水平的方式，那就是通过基因编辑技术，使后代对于某些特定的疾病具备免疫性。在遗传病之外，还有很多种疾病是在外部环境的影响下，特别是在受到某种病毒的攻击后，才会发生患病。

最典型的例子就是艾滋病。艾滋病是由人类免疫缺陷病毒引起的。顾名思义，这种病毒的作用就是破坏人类的免疫系统，进而使人类易于感染各种疾病，并发生恶性肿瘤而死亡。自从艾滋病在美国被首次发现以来，医药行业经过几十年的努力，已经研发出多种针对艾滋病毒的抑制药物。虽然艾滋病患者的死亡率已经大幅降低，但仍未能将其彻底治愈。在药物治疗方式之外，能否借助基因编辑技术，从另一个角度治疗艾滋病呢？

在 2007 年，有一位同时患有艾滋病和白血病的病人，在德国柏林接受了针对白血病的骨髓移植治疗后，他的艾滋病竟然在不经意间、奇迹般地被治愈了。这一事件震惊了当时的医学界：难道长期以来被看作不治之症的艾滋病，有希望被真正地攻克？兴奋的医疗专家们最终发现，在这位幸运患者的骨髓捐献者身上，先天性地存在着某种蛋白质受体（CCR5）基因突变。正是这种基因突变，导致骨髓移植后新生的免疫细胞没有了能够与艾滋病毒相结合的蛋白质受体。骨髓移植 3 个月后，这个病人的血液中已经检测不出艾滋病毒了。

人类中的某些个体，居然会天然地具备艾滋病免疫能力，这是不是非常神奇？其实，这正是自然界中的普遍现象。由于生物基因的多样性，因此总会存在某些基因突变，使物种中的某些个体具备对抗某种疾病的免疫力。我们不妨假想一下：如果艾滋病早在十万年前就开始在人类中传播，那么很有可能当今世界上的所有人都会具备艾滋病免疫能力，艾滋病就会像感冒那样普通，对人类毫无杀伤力。因为不具备艾滋病免疫能力的那些祖先们，都已经被残酷地淘汰掉了。这就是自然选择。

那又怎样利用某些人身上的基因突变，以使更多的艾滋病患者被治愈呢？除了直接的骨髓移植治疗方式，我们还可以考虑对艾滋病患者的造血干细胞进行基因编辑。这方面的医学研究正在进行中。另外，与其让患者在经历过疾病的折磨之后，再让其经历更加痛苦的治疗过程，是不是在他出生之前就对其进行基因编辑，让他的一生根本不会遭受到患病与治疗的痛苦，显得更加人性化一些呢？

前面提到的那位具有艾滋病免疫能力的基因突变者，由于在他的 DNA 上缺失了制造 CCR5 蛋白质受体的基因，于是艾滋病毒便不能借助于 CCR5 攻击人体。那么如果在人类的生殖细胞里，有针对性地将 DNA 上原有的 CCR5 基因删除掉，是不是我们的后代就会因此而具备免疫艾滋病的能力？同样的道理，如果我们能找到更多的、针对其他疾病有免疫能力的基因突变，那么能否通过生殖细胞基因编辑的方式，广泛地提高人类的抗病能力？

假设基因编辑技术足够安全可靠，能够如我们所愿地使人类后代具备更强的免疫能力，那似乎并没有什么理由去反对。但假设终归只是假设，任何技术在其成熟之前，都需要经过长期的试验与改进。也就是说，在未来能够真正安全可靠地进行人类基因编辑之前，我们应该如何去试验、去改进？难道——用人吗？

（3）赋予后代更优秀的特质

谁不希望让自己的后代更聪明、更漂亮、更健壮？这是每一个父母内心中最强烈的愿望，特别是在流行望子成龙文化的中国。于是当基因编辑技术出现以后，无数人便开始幻想着利用这种技术，让自己尚未出世的孩子拥有爱因斯坦的智商、影视明星的容貌，以及奥运冠军的体魄。

这可让科学家们为难了……

迄今为止，人类仍然未能找到明确地影响智力、容貌、体格的具体基因。相对于遗传病与免疫力仅受到单个或少量基因的影响，智力、容貌、体格都是综合性特征，与其相关的基因可能会多达成百上千，即使明确了它们的遗传性影响，也根本无从下手去实施基因编辑。更何况，所谓血缘的意义，就在于基因的传承。如果真的对孩子编辑了成百上千个基因，结果却长得更像"隔壁老王"，那么请问：这还能算是你的孩子吗？

与其考虑通过基因编辑来实现后代的"弯道超车"，未来的家长们倒不如重新思考一下教育和人生的意义。

基因不能决定一切。不可否认，智力、容貌、体格会受到基因的影响。但一个人的成长在更大程度上，还要受到家庭环境，以及教育质量的影响。聪明的人有很多，既有如爱因斯坦这样的科学家，但也有很多高智商的罪犯。漂亮的人有很多，既有影视剧里光鲜靓丽的明星，但也有很多沉沦堕落的俊男美女。明智的家长，应该明白对于孩子的后天教育才是最重要的。

人生不能没有个性。自然界是多样化的，人生也应当如此。如果所有人都把后代按照同一个所谓"更优秀的模板"进行打造，那下一代的孩子们岂不是会变得全都一个样儿？那样的世界又将是多么的乏味无趣？每一个人都有他独特的个性，都有他最擅长做的事情。尊重每一个人的个性，应该是整个社会，更是为人父母者需要认真对待的问题。

人类基因编辑的生理风险

在人类的科技发展史上，绝大多数的科技创新都会受到社会力量的支持与推动，但唯独人类基因编辑，却受到了广泛的质疑、遭到了强硬的阻力。通过前面的介绍，我们已经看到这项技术所具有的积极意义，那为什么社会各界还要对它区别对待呢？

这是因为将基因编辑技术应用于人类遗传特征修改，存在着巨大的风险，并且这些风险需要由人类自己来承担，甚至还要以人类的生命、社会的混乱作为代价。

人类基因编辑的风险，主要体现在生理和伦理两个方面。

人类基因编辑的生理风险主要在于：

（1）基因编辑的准确性

我们所希望达到的准确性，是要准确地对目标基因实施编辑，同时不能对DNA上的其他基因产生破坏性作用。否则治愈了疾病 A，同时又引入了疾病 B，那岂不是得不偿失？即便目前最先进的 CRISPR/Cas9 基因编辑技术，也并不是百发百中、指哪打哪。正相反，这种基因编辑技术在实际操作中，经常会发生脱靶之类的意外情况。

如果基因编辑不够准确，那么必将会在生物体内植入潜在的不良，甚至恶性影响。在对动植物实施基因编辑时，我们当然可以先不关注其准确性，任由动植物试验品持续发育，反正在试验后可以将失败的样品"销毁"。但如果在对人类进行基因编辑时发生了失误，或者说，在原本正常的基因序列里插入了一个功能不明确的"bug"，并且在婴儿发育到一定阶段之后才被发现，那又该如何处置？难道还能"销毁"吗？

因此，将基因编辑技术应用于人类遗传特征修改，最重要的前提条件就是必须要达到极高的准确性。在对生殖细胞实施基因编辑操作之后，还必须对随后发育而成的胚胎进行全基因组范围的完整测序，以确保没有发生任何基因编辑失误。

（2）基因编辑的有效性

无论我们想要为后代避免遗传病，还是提高免疫力，甚至只是想让尚未出生的孩子变得更好看一点（例如改个双眼皮），若是想通过基因编辑来达到目的，首先总要知道这么做是否会有效吧？但可惜的是，到目前为止，没有任何人敢说对人类的基因编辑是有效的。

这是为什么呢？很简单：没人做过试验。

以人类目前对于基因的研究水平，我们仅仅知道，某些基因与某些生理特征之间是存在关联性的。就拿遗传病来说，哪怕是关联性比较明确的单基因遗传病，也没有人敢确保修改过"疑似"的致病基因之后，其后代就一定是健康的，更不要谈相对复杂的多基因遗传病。

对于人体的生理机能，我们仍然有极大的未知空间。仅凭着非常有限的认知，以及尚未成熟的理论，远不足以支撑我们对人类实施基因编辑的信心。而要获得这种信心，就必须以实践的方式，去试验、去探索、去总结。于是，又绕回到那个避不开的问题：难道真的要用人来做试验吗？

（3）基因编辑的副作用

俗话说："是药三分毒。"既然药物都存在副作用，那么基因编辑呢？难道把基因"咔嚓"一剪，就能得偿所愿？恐怕事情没这么简单。

人类的每一个基因，都是历经了长期的自然选择而存留下来的，很难说哪个是好的、哪个又是坏的。就像自然界中的昆虫，人类曾经以利己主义的态度，强行给某些昆虫贴上"害虫"的标签，必欲除之而后快。但每一种生物，在生态系统中都有其独特的位置和作用，贸然清除掉一个物种，很容易引起一系列连锁反应，甚至是生态灾难。

我们仍然拿艾滋病免疫基因突变作为例子。那个容易被艾滋病毒所利用、叫作CCR5的蛋白质受体，其实在正常人体的免疫系统中是一种非常重要的蛋白质，参与着很多免疫功能的实现。也就是说，这种能够免疫艾滋病的基因突变，对于正常人来说，居然是一种"缺陷型"的突变。如果仅仅为了免疫艾滋病，就把人体中正常的 CCR5 基因修改成具有艾滋病免疫能力的"缺陷型"，那么确实能获得一定程度上的艾滋病免疫能力（还不是完全免疫），但是人体正常的免疫功能也将受到影响。很有可能被编辑过 CCR5 基因的人体，一辈子都没机会感染艾滋病，但却经常容易感冒发烧，甚至容易患上癌症。

如此看来，为了免疫疾病 A 而实施基因编辑，反而导致人体更容易患上疾病 B、C、D，似乎也不见得是件划算的事情。

不知还有多少人记得，世界上的第一只克隆羊多莉？它诞生于 1996 年，曾经轰动了全世界。那时的人们普遍认为克隆技术将改变世界，甚至改变人类。如果单看当时的克隆试验，可以说是相当成功的，因为毕竟多莉顺利地出生了。但如果我们看看它后来的命运，恐怕就不会再这么认为了。多莉在出生后的几年里，莫名其妙地患上了严重的肺病，并且在病痛折磨中快速地衰老。最终，困惑不解的科学家们只好以安乐死的方式结束了其独特而又苦难的生命。

克隆羊的多病、早衰可不是科学家们所预先期望的。理论上不应该这样啊！他们当初想要看到的，是一只跟它的克隆细胞来源体一模一样、活蹦乱跳的健康羊。至今科学家们仍未弄清楚那些克隆副作用究竟是从何而来。现如今，如果有位科学家信誓旦旦地对我们说："对人类实施基因编辑是没有任何副作用的。"请问，你信吗？

人类基因编辑的伦理风险

（1）谁愿意来做试验品

当前人类基因编辑技术最大的前进阻力，并不在技术方面，而是在伦理方面。众所周知，凡是科学研究，特别是生物学、医药学研究，必须要通过反复做试验的方式来观察效果，再逐步改进。对人类的基因编辑也是如此。我们前面提到过的准确性、有效性、副作用等技术问题，都必须要在反复试验中总结经验，再提出改进方案，只不过试验的对象有点特殊：人。

或许有人会问：普通药物、医疗方法的研究，难道不是一直在用人做试验的吗？那为什么对于人类基因编辑，就不可以这么做呢？

最关键的区别在于：常规的药物、医疗研究，其试验对象有权决定自己的选择；而人类基因编辑的试验对象，却是既无身体、更无意识的生殖细胞，那么谁又有权来决定这些生殖细胞未来的命运呢？是这些生殖细胞的父母吗？如果是常规的生育，那当然是父母的自由。可作为基因编辑的试验品，需要承担极大的风险。在现实生活中，父母虐待、残害子女，无疑是犯罪。如果父母将自己尚未出生的子女作为基因编辑的试验品，导致出生的子女患有严重的疾病，难道不也是犯罪？

没人有权力让一个尚未出生的孩子去承担他/她原本不该承担、更完全不知情的试验风险。

尊重人权，是现代社会的基本原则。不仅是潜在的父母们没有权力让自己未来的孩子去做试验品，任何医疗机构也没有权力去对尚未出生的某个人去实施基因编辑试验。2018 年，在中国深圳的南方科技大学，贺建奎副教授宣布一对"基因编辑婴儿"顺利诞生。这对双胞胎婴儿的 CCR5 基因经过修改，该副教授宣称目的是免疫艾滋病。此事一经报道，便在社会上掀起轩然大波。经过近一年的调查审理后，最终这位副教授以非法行医罪被判处有期徒刑三年。他在明知违反国家有关规定的情况下，伪造临床审查材料，招募感染有艾滋病毒的多对夫妇实施基因编辑及辅助生殖，以冒名顶替、隐瞒真相的方式，致使二人怀孕，先后生下三名"基因编辑婴儿"。

我们不禁要为那三个孩子担忧，不仅希望他们身上的基因编辑没有发生预期之外的失误，以及其他生理上的副作用，而且希望着他们能够默默无闻地度过一生，不要受到媒体舆论以及亲朋好友的烦扰。

（2）不良基因扩散传播

前文已经提到过，当基因编辑的准确性不够高时，很容易在编辑时发生失误。而发生失误的结果，要么就是 DNA 上多了一些原本不该有的基因，要么就是 DNA 上少了一些原本应该有的基因。无论多了，还是少了，总之都是本来不应该出现的"bug"。这些"bug"的潜在影响，恐怕连实施基因编辑的科学家们都说不清楚，那就只能听天由命，等待着命运在未来的某一天，以判决的方式将答案告诉被试验者。

这些基因"bug"的潜在生理影响，就像是埋藏在 DNA 里的一颗颗定时炸弹，未必会立刻表现出来。只要他们结婚、生育，那么他们身上的基因"bug"连同其未知的生理影响，就会被传递给他们的孩子。这些孩子愿意接收来自他们父母身上的基因"bug"吗？就算不愿意，他们又能拒绝吗？

如果只是一对夫妻、一个孩子，或许其影响范围仅限于一个家庭。但只要人类基因编辑的口子一开，很快就会蔓延成一个社会性的问题。成千上万种原本在人类基因组中前所未见的基因"bug"，将会像决堤洪水似的涌进人类基因的海洋，混合着、流动着，最终会随机的、均匀的沉淀在每一个普通人的身上。于是，在人类原本稳定的遗传病清单上，又会快速地增添很多前所未见的稀奇古怪病种。

这难道不是人类物种的"集体自杀"？

（3）遗传性的阶层分化

另一个被大众所担忧的问题是，一旦人类能够解决基因编辑的所有技术障碍、足够安全地将其投入实际应用，恐怕也会被有钱人所垄断。其后果就是有钱人可以通过基因编辑，将他们的后代打造得更加优秀，并且其优秀的"基因池"会通过阶层内部通婚，逐渐地跟底层社会的人群分离开，进而形成一个稳定的精英群体（或者称为"精英子物种"）。于是，这个具备了基因优势的精英群体，会成为实际上的统治阶层，而未经过基因编辑的被统治阶层，由于在基因层面处于竞争劣势，将永无翻身之日。

这种担忧未免过于杞人忧天。其实基因并不能决定什么。任何一个身体健康的年轻人，只要接受过必要的基础教育、心怀理想与激情、敢于奋斗拼搏，早晚都会在某个擅长的领域做出一番事业。而出身于富贵家庭的孩子，但却只会吃喝玩乐，最终散尽家财的，也并不鲜见。所以有钱人根本不会傻到要靠基因编辑来维持后代的阶层地位。财富、教育、人脉，哪个不比改造基因的效果更好？

就算在未来的某一天，人类基因编辑技术能够达到足够高的安全程度，基因编辑的费用也会逐步降低。从来没有哪种科技产品在市场扩大之后，还能维持初期的高昂价格，基因编辑也不会例外。随着技术的进步和消费者群体的扩大，各种设备、耗材、人工等成本必将大幅下降。即使在刚开始商业应用的时候价格很高，只有富豪用得起，但不出十年，就会降低到普通中产家庭也用得起，然后再过十年，更会进一步降低到连贫困户也用得起。所以说，就算人类基因编辑真能商业化，有钱人也只不过就是早出发几年而已，又真能拉开什么差距？形成什么"精英子物种"？更何况 AI 留给人类的最后时光，顶多也就再繁衍 3～5 代人而已。在人类的共同命运面前，居然还有人鼠目寸光地试图维持什么阶层优势？实在是无知无畏，又可怜可笑。

人类基因编辑的商业化条件

既然人类基因编辑存在着各种生理风险和伦理风险，难道这项技术就会被人类永久地"封印"住吗？当然不会。长远来看，这项技术仍然有着很高的实用价值，那么也就等同于具有很高的商业价值。能赚钱的事情，当然总会有人去做。只不过在其能够商业化之前，需要先具备以下几个必要条件。

（1）基因编辑达到极高的准确性

这是技术上的必要条件。基因编辑的准确性，包括编辑和检查两个方面。在编辑方面，主要是指采用 CRISPR/Cas9，或者未来更先进的技术，对基因实施编辑操作的准确性。在检查方面，主要是指对实施过基因编辑后的胚胎进行快速的全基因组测序、筛查"bug"的准确性。真正重要的，是经过"编辑-检查"流程后的综合准确性。

作为一种商业医疗服务，人类基因编辑需要达到怎样的准确性指标呢？在商业化初期，至少需达到准确率>99%，而在商业化成熟期，至少需达到准确率>99.9%。

当前的基因编辑，以及基因测序技术水平，仍然达不到初步商业化的准确性指标。但技术方面的提升速度将会很快，在未来十年内应该有望能够达到这一指标。

（2）基因编辑方案经过人体验证

在基因编辑技术足够准确之后，就可以对人类实施基因编辑了吗？不是，也是。所谓"不是"，是指暂时还不能开始商业化运营；所谓"也是"，是指可以开始对人类进行基因编辑试验了。

我们之前谈到过与此相关的伦理问题，既然对尚未出生的人进行基因编辑属于犯罪，那又怎样做人体试验？换句话说，用谁来做？

不得不承认，这是个非常残酷的问题，但这个世界就是这么残酷。俗话说："有钱能使鬼推磨。"只要有需求，就没什么事情是用钱解决不了的。就像前面提到的那位南方科技大学的副教授，如果他不是为了出风头而主动宣布基因编辑事件，那么他依然可以利用监管的漏洞，招募到更多"被试验者的父母"，使更多的基因编辑婴儿"被迫"出生。更可怕的是，他还只是单枪匹马的一位学者。如果换作是某个财大气粗的生物技术公司，想要系统性地开展人类基因编辑试验呢？这个世界上还有很多贫穷的国家、贫穷的人群。那些贫穷的人群可能根本不知道什么是"基因编辑"，但却知道他们能因此而领到一笔钱，开开心心地过几年温饱无忧的日子。

人体试验的周期可能会很长，因为需要等到被试验者长大以后（至少要性成熟），才能确认试验目标是否真正达到，以及有没有产生其他副作用。考虑到针对每一种基因编辑方案都需要多个被试验者，而需要验证的基因编辑方案又会有很多个，因此人体试验所需的规模会相当大、经历的时间会相当长（至少需要 20 年）。

待到第一批人体试验获得成功后，生物技术公司就可以开展商业化试运营了。当然，他们不会对外宣称做过大规模的人体试验。"在灵长类动物身上做过同类型试验"，或者"经过大型的计算机模拟试验"，应该是个不错的借口。

（3）建立基因编辑风险管理体系

刚开始商业化的基因编辑医疗服务，可能只会在某些很小的国家试运营。在那个时代，由于人们早已习惯了吃基因编辑食物、接受成体基因编辑治疗，对待基因编辑的态度可能会更加开放。随着来自世界各地的夫妻们在某些小国对其后代进行基因编辑，并且其孩子们健康地长大，这项技术会缓慢地被大众所接受，直到某些大国也相应地解除对人类基因编辑的禁令（又需要至少20 年）。

任何大国在正式开放人类基因编辑之前，都会建立一整套严格的风险管理体系。这套风险管理体系可能会涉及申请、审批、执行、监督、追踪等各个环节。政府在初期可能仅会开放针对遗传病的人类基因编辑。申请者需要提供实施人类基因编辑必要性的证明材料，然后由政府指定的审批机构进行核实与批准，再由政府颁发合格资质的医疗机构去执行基因编辑操作。申请与审批文件、执行记录等相关资料可能会被独立的监督机构实施第三方审查。在基因编辑婴儿诞生后，还会有相应的机构对其成长过程进行追踪，以确认基因编辑的长期安全性。

在建立起这样一整套风险管理体系之后，人类基因编辑才能正式成为一种开放性的公众医疗服务，对人类社会的整体性影响才会开始。但在此后，无论生理风险，还是伦理风险，都会处于相对可控的范围内，不会对人类社会造成大规模的负面影响。

通过上述分析，我们可以预计，人类基因编辑在未来将经历如下发展阶段。

1）在 2030 年之前，学术界、企业界会致力于提高基因编辑的准确性，直到达到能够初步商业化的技术水平。

2）在 2050 年之前，在地球上的某些偏僻角落里，可能会存在着某些不为公众所知的基因编辑人体试验。这些人体试验的研究成果，将会促成极小规模的"第四代试管婴儿"商业化试运营。

3）在 2070 年前后，第一批商业化人类基因编辑的成果（也就是那些孩子们）健健康康地长大成人，形成示范效应。于是这项技术逐渐获得大众的认可。各大国正式开放人类基因编辑，并建立起相应的风险管理体系。此后，人类基因编辑将正式成为一种开放性的公众医疗服务。

二、基因医疗：健康长寿的希望

在人类基因编辑之外，基因技术的另一个重要应用领域就是医疗。实际上，医疗技术在最近几十年内的发展速度，堪比信息技术。只是因为大部分健康人群与医疗技术接触甚少，所以才往往意识不到这一点。

例如针对癌症的治疗，早期的医生只能采用将肿瘤切除的方式，但效果并不理想；后来又发展出放疗和化疗，但患者需要承受很大的副作用，往往生不如死；随着分子生物学的发展，又出现了靶向药物，但靶向药物在使用过一段时间后，常会出现耐药性；而最近出现的 CAR-T 疗法，则是采用基因工程技术，使人体自身的免疫 T 细胞具备识别肿瘤细胞，并将其快速消除的能力。回顾癌症治疗方式的演化，我们可以看到，治疗手段所针对的目标越来越精准，也越来越微观，已经触及了基因层面。

医疗技术的覆盖面广、综合性强，我们在此仅重点探讨生物技术，特别是基因技术的一些相关应用。

成体干细胞基因编辑

2019 年 12 月，《自然》杂志发布了在这一年度影响世界的十大科学人物，来自北京大学的邓宏魁教授入选。邓教授的研究成果是利用 CRISPR/Cas9 基因编辑技术，对人类成体造血干细胞上的 CCR5 基因进行编辑，并在治疗艾滋病和白血病方面取得了积极的进展。

乍看起来，邓教授所做的研究跟南方科技大学那位获罪的贺建奎副教授所做的 CCR5 基因编辑试验非常相似。为什么邓教授能够获得学术界的广泛赞誉，而贺建奎副教授却饱受社会舆论的指责，最终锒铛入狱呢？

最关键的区别在于：邓教授是在人类成体造血干细胞上实施的 CCR5 基因编辑，其影响范围仅局限于被试验者的个体，并不会被遗传；而那位获罪的副教授则是非常明确地以遗传为目的，在人类生殖细胞上修改 CCR5 基因，其基因编辑结果将会具有遗传性。

他们两人，正好代表了两种截然相反的基因编辑技术应用方向。虽然基因本身是一种遗传物质，但对它的利用方式却可以是非遗传性的，最典型的非遗传性利用方式就是邓教授所做的造血干细胞研究。

首先，什么是干细胞？

所谓干细胞，也就是"stem cell"，简单来说，就是能够分化成多种细胞类型的源头型细胞，或许叫作"源细胞"更易于理解一些。最典型的干细胞就是胚胎干细胞，它能够分化出肌体中所有种类的细胞。人体中那千变万化、数十万亿个细胞，最初都是由胚胎干细胞分化而来。在人类成体上，也存在着各种干细胞（例如造血干细胞），它们不像胚胎干细胞那样灵活多变，仅能分化出有限种类的细胞。

正是由于干细胞具有能够分化的特性，因此如果我们对它进行基因编辑，那么编辑后的基因片段就会在细胞分化过程中不断地被传递到其他的组织细胞中。就好比我们编写了一份文件，在上面写着针对某种疾病的治疗方法，然后就可以不停地复制出很多份，而干细胞就相当于最初的那一份原始文件。如果我们的基因编辑目标是针对特定疾病（例如艾滋病），提高某些免疫细胞的战斗力，那么就可以使人体自身的免疫力增强，主动地去消灭入侵的病毒。对成体干细胞进行基因编辑的最大优势，就在于基因编辑的结果仅局限于成体内部，不会被遗传。这样就避免了与遗传相关的各种伦理风险。

相对于遗传性的基因编辑，这种方式也有其局限性。首先就是只能在患病后进行治疗，而不能提前预防。其次就是耗时费力，远不如遗传性基因编辑那样操作便捷。这两种基因编辑方式的适用情况不同，在当前有限的技术水平以及相对保守的社会观念下，成体干细胞的基因编辑更容易被大众所接受，也更具有现实可行性。

在邓教授所做的研究中，通过造血干细胞基因编辑来治疗艾滋病的效果仍然不够理想。主要问题在于使用 CRISPR/Cas9 编辑基因的准确性太低，仅达到 17.8%，因此并不能起到免疫艾滋病的效果。从这个案例也可以看到，提高基因编辑准确性的重要性。

即使目前的基因编辑治疗方式还不够成熟，但也预示着人类的医疗技术即将进入基因时代。除了在造血干细胞上的应用，非遗传性的基因编辑技术同样还可以用于其他类型的干细胞，以治疗更多种类的疾病。

异种器官移植

对于某些器官衰竭（例如肝脏或者肾脏衰竭）的患者来说，器官移植是延续生命仅有的医疗手段。目前的器官移植来源，仅能依靠志愿者的捐献。然而志愿者捐献的器官数量却远远不能满足众多患者的需求。患者在排队等待器官移植的过程中，相当于是在跟死神比拼耐力。只有少数幸运者等到了器官移植的机会，重获新生；而更多的不幸者就只能在焦灼的等待中耗尽他们最后的生命。

很显然，只要能开拓器官的来源，就能挽救更多患者的生命。除了在社会上宣传普及器官移植的意义、招募更多捐献者以外，是否还有其他的解决方案呢？

将动物的器官移植到人类的身体上，就是一个非常值得探索的研究方向。

科学家们先后尝试过很多种动物作为移植器官来源，但都存在着一个难以克服的技术障碍，那就是免疫系统的排斥反应。这并不意外，哪怕是人类之间的器官移植，都需要配型，更何况是在不同的物种之间进行器官移植？

这个设想在遭遇到困难后，停滞了一段时间，但在基因编辑技术出现之后，似乎又显现出一丝曙光。我们能否对动物的基因进行编辑，以使其能够生长出更容易被人体免疫系统所接受的器官呢？

目前科学家们倾向于选择猪作为移植器官的来源。因为相较于其他动物，猪的器官更容易被人体免疫系统所接受。另外，猪器官的尺寸也与人类器官相仿；同时，这种动物又非常易于培育和饲养。

经过长期的研究，科学家们已经在猪的 DNA 上找到了可能与人体产生排斥反应的基因。下一步，就是通过基因编辑技术，尝试将这些对人体不够友好的基因从猪的 DNA 上删除掉，进而培育出能够大量、可靠的为人类提供移植器官的新品种。

目前很多生物技术公司都在对这一新兴市场摩拳擦掌、积极布局。这似乎显得非常荒诞。因为长期以来，猪都是为人类提供肉食的主要牲畜。在人们的印象里，它们也仅仅只是一种笨拙的、可供食用的动物。但在以后，情况可能就会变得有所不同。这种动物还将牺牲它们自己的身体，为人类提供源源不断的可移植器官。

天呐！这让我们还怎么对它伸得出去筷子？

在此向每一种为人类做出贡献的动物致敬！

为了进一步提高猪器官与人体之间的适应性，除了删除猪的某些原有基因，还可以尝试将人类的某些基因添加到猪的基因组里去。甚至还有些想象力丰富的科学家，试图将人类的某些干细胞植入猪的胚胎，以便在猪的身体上直接长出一个人类的器官，例如肾或肝。这样是不是就可以彻底避免排斥反应、跟人体无缝融合了？不过这种试验方式很快就被叫停，因为这又涉及了一个新的伦理问题：长着人类器官的猪，到底算猪，还是算人？

或许有人会说，就算长着一个人类器官，猪当然还是猪。那么问题又来了，如果在这只猪的身上，同时长着很多个人类器官呢？谁能给出一个评价标准，究竟在一只猪身上的人类器官要占多大比例，才能将它看作是一个"人"呢？

这是一个无解的问题……

在应用基因技术的道路上，人类还会遭遇更多诸如此类的尴尬问题。掌握了基因技术，就相当于掌握了造物者的密码，可以随意地阅读任何一个物种的生命奥秘，更可以随意地编辑、涂改它们。当人类掌握了生命信息的最高访问权限，谁又能来监督人类、防止人类"胡作非为"呢？显然，只能依靠人类的自律。

当前的异种器官移植技术，已经能够使猪心脏在狒狒身体中坚持工作 2 年以上。这虽然还不够理想，但足以鼓励我们将其在人类身体上进行试验。不需要等到这项技术完美无缺，再开始实用化。实际上，如果异种器官能在人体中稳定工作 2 年以上，就已经初步具备了实用化的能力。因为每天都有很多患者在焦急地等待器官移植，甚至明天就有可能死去，即使当前的异种器官还不足以长期支撑患者的生命，但如果仅作为一种过渡措施，能再争取到 2 年的时间，就有可能幸运地等待到配型合适的人类捐献器官。这无疑也是非常具有现实意义的。

在这一节中，我们以成体干细胞基因编辑，以及异种器官移植为例，展示了基因技术在医疗领域的应用潜力。

1）干细胞基因编辑治疗的效果在很大程度上受制于基因编辑的准确性，因此在短期内难以获得显著的进展。考虑到提升基因编辑的准确性，以及在此基础上进行人体试验所需要的时间，预计在 2030 年前后有望成为一项实用化的医疗技术。

2）异种器官移植技术目前已经具备了一定的研究基础，并且这项技术对于基因编辑准确性的依赖程度也相对较低，因此会比干细胞基因编辑治疗更快一步进入实用化阶段。我们不妨乐观地估计一下，在 2030 年前后即可有可靠、稳定的移植器官来源。

3）虽然这两种技术都远未成熟，但却预示着一个基因医疗时代的来临。在那个时代，基因技术将会以多种多样的形式应用于不同类型的疾病治疗。人类的平均寿命将会被持续地提高，或许，直到某一天因病死亡将成为一件不可思议的事情。

三、基因农业：从此远离饥饿

吃，是人类生存的第一诉求。

人类最早的生物学实践活动，就是探索如何培育出产量高、口感好的谷物，以及驯养出性情温顺、易于饲养的动物。人类早期对农业物种培育，手段极其有限，只能对自然界中原有的物种进行杂交、筛选，可以说是"靠天赏赐"。因为自然界中发生的可遗传、有利用价值的基因突变概率低、数量少，所以经过几千年来的缓慢积累，才积攒出直到近代的这些农业动植物品种。

直到 X 射线被发现后，人类才开始尝试利用各种高能射线照射植物，以诱发其基因的突变，甚至还曾用火箭把种子送到太空上去，利用宇宙射线诱发种子基因的突变。通过这种非常"粗暴"的方式，极大地提高了种子基因突变的概率，培育出了一批现代农作物品种。但这种诱发突变具有很强的随机性，无法控制其基因变异的方向，只能通过大量的后续筛选，保留住有利的生物变异性状。在 20 世纪 80 年代，转基因技术出现之后，人类才开启了有针对性地改造物种的进程。

争议不断的转基因技术

早期的基因工程，一般被称为转基因技术。转基因技术是将某些特定的外源性基因（也就是来自其他物种的某段基因），通过农杆菌等中间媒介，转移到受体植物的 DNA 上，从而改变其生物遗传性状。

转基因技术研发成功后，首先被应用在农业上。

最典型的转基因农产品就是转基因大豆。美国孟山都公司的研究人员在一种叫作矮牵牛的植物中发现了能抵抗草甘膦除草剂的基因，并通过转基因技术，将这个基因导入大豆的基因组中，进而培育出能够抵抗这种除草剂的大豆品种。

传统的大豆品种不能抵抗草甘膦，如果使用这种除草剂，会将大豆与杂草"不分敌我"地一并消灭掉。而对于转基因大豆来说，由于其基因组中含有能抵抗草甘膦的外来基因，就相当于戴上了一个"防毒面罩"，因此不再惧怕这种除草剂。于是农民们便可以很方便地利用草甘膦来清除田间的杂草，同时又不会损害大豆。

对于小农经济模式来说，完全可以人工除草，因此这种转基因大豆并没有什么竞争优势。然而对于大规模农场来说，人工除草的高昂成本则是不可接受的，所以转基因大豆使得农民们可以用最低的代价完成田间除草，且保证大豆的产量。这种抗除草剂的能力，使转基因大豆在全球范围内迅速流行起来。

除了转基因大豆，另一个有趣的例子是转基因棉花。转基因大豆擅长的是"防毒"，而转基因棉花擅长的则是"制毒"。传统棉花品种很容易遭受棉铃虫的破坏。这种虫子喜欢以棉花为食，从而导致棉花减产。而在转基因棉花的基因组里，则被导入了一段外源性基因。这段基因能够让棉花在自己身体里产生一种"杀虫剂"。于是，可怜的棉铃虫在茫然不觉中，一顿饱餐之后，就会带着无数个问号而被毒死。因此，棉花种植过程中的农药用量便可大幅减少，既节约了成本，又降低了环境污染。

转基因技术虽然推动了农业的发展，但它也存在着一些问题。

（1）转基因技术的局限性

当前批量化种植的转基因农作物，普遍都不是为了让植物更好吃或者营养更丰富，而是为了增加产量，特别是大规模机械化生产模式下的产量，正如转基因大豆和转基因棉花这两个例子。这不只是生物技术公司或者农民们的选择，更是由于转基因技术本身的局限性。转基因技术并不能随心所欲、准确地修改某一段基因，而只能将一段特定的外源性基因导入受体物种的 DNA 上。另一方面，能够实施导入的外源性基因种类也非常有限。因此这项技术的主要应用方向就是提高农作物的抗药能力、抗虫能力。

（2）转基因技术的安全性

转基因农作物虽然有产业化方面的优势，但由于被导入了各种外源性基因，因此其安全性一直饱受社会各方面的质疑。这些外源性基因的导入，不仅改变了农作物的基因组，同时也改变了农作物原有的化学物质构成。转基因棉花其实还好，因为人们毕竟不会去吃棉花。但是转基因大豆、玉米之类的基础性食物呢？对于人类来说还是安全的吗？无论转基因技术的支持者还是反对者，都搬出了许多理论依据，以及实验数据来维护各自的观点。公众在左右摇摆中不知所措，但转基因食品在生活中越来越多的趋势却是无法改变的现实。

魔术般的基因编辑

成熟的基因编辑技术出现之后，必将释放出远大于转基因技术的能量。转基因技术只能用于导入外源性基因。基因编辑技术则能够对 DNA 上的基因片段进行更多类型的编辑操作，实现远超转基因技术的灵活性和准确性。

理论上说，通过基因编辑技术可以灵活地修改物种的每一个性状。暂且不论是否实用，也不论是否安全，可以明确的是，今后人类所能创造出的农业物种数量，将是无限的。

政府当然不会允许无限制地创造新物种。这不仅是出于食品安全方面的考虑，更因为这将导致 DNA 库被污染的危机。经过修改的农作物基因，可能会通过各种渠道扩散到自然界中，极大地影响数十亿年来形成的自然界物种结构。虽然在技术上来看，基因编辑技术已经能够应用于农业，但仍将长期受到政府的严格监管。在近期，我们就能吃到一些被政府批准的、经过"保守型基因编辑"的水果或蔬菜，也就是仅被编辑过自身的基因，并没有引入外源性基因的新品种。它们的大小、颜色、口感会比之前更加多样化，但橙子仍然只是橙子，樱桃仍然只是樱桃，不会变成怪物。

人造食品工厂

随着全球人口的快速增长，在未来数十年内，某些国家可能会遭遇到饥荒。这似乎有些危言耸听，因为当今世界的全部人口还不到 80 亿，而据农业专家们的估计，以地球上的农业生产潜力，完全可以养活 150 亿人。但问题在于，将要面临人口爆炸的那些国家，普遍是比较贫穷的国家，而拥有富余粮食的其他国家并不会大发善心地免费供养他们。更何况，当全球人口总量增长以后，国际粮价自然也会跟着水涨船高，这些贫穷国家很可能根本没钱进口粮食。

最快在二十年后，世界上就将有多个人口过亿的国家面临饥荒，主要分布在南亚和非洲。显然，他们把马尔萨斯的人口论当作耳旁风。这些贫穷国家将把一切可以变卖、抵押的资源，包括自然资源和人力资源，用于向国外购买粮食。但即使这样，恐怕也难以养活其日益庞大的人口数量。于是，他们将需要一种比天然粮食更便宜，又能提供必要蛋白质和热量的食物来源。

这种需求的本质，就是要建立一种能以极高的效率将自然能量转化为蛋白质和碳水化合物的有机物生产系统。

人造食品包括但不限于人造的肉、蛋、奶、谷物、糖类。目前在市场上、在学术界，已经出现了一些人造食品，但本书中所特指的人造食品，既不是那些用豆类原料仿制而成的人造牛肉，也不是那些用植物原料和香精调配出的人造牛奶。这些所谓的人造食品，都还是基于天然植物材料加工而成，既没有减少天然粮食的消耗量，更重要的是，也没有以极低的成本实现高效的"能量-有机物"转化。

微藻制油技术就是一个非常有益的启示。微藻拥有极强的繁殖能力和极高的光合作用效率，因此通过筛选培育后，能够以光合作用的方式来生产柴油。最初研发这项技术的本意，是作为化石燃料的补充。但换一个角度我们就能发现，如果将其光合作用的产出物调整为以蛋白质和碳水化合物为主，那不就能获得大量可供人类食用的营养物质？

微藻的产出物不仅可供人类直接食用，还可以作为可大量供应的且非常廉价的人造食品深加工基础原料。为了能够养活上亿规模的人口，人造食品必然要形成一套大规模的产业链。例如，底层的微藻工厂用于生产基础性的植物蛋白和碳水化合物，而牛奶工厂、蛋类工厂、肉类工厂再基于这些植物蛋白和碳水化合物作为原料，生产出人造的牛奶、蛋类、肉类。

　　无论培育微藻，还是培育生产奶、蛋、肉的微生物，都是基因编辑技术的拿手好戏。通过基因编辑技术，我们可以设计出具有极高光合作用转化效率的微藻。牛奶工厂当然不需要养牛，只需要培养一些移植了奶牛基因的微生物。同样，蛋类工厂也不需要养鸡，肉类工厂也不需要养殖猪、牛、羊。所有物质间的转化，完全是通过被精心编辑过基因的微生物来实现。这些人造食品未必会很好吃，但它们最大的意义，是以极低的成本让一部分人类免于饥饿。

　　这在技术上完全可行，至于是否会大规模实施，则取决于将来人造食品生产成本与国际粮价的对比。人造食品的价格必须要达到极低的水平，才会具有实用价值。人造食品的生产成本，主要包括工厂建设成本、运营维护成本，以及能源消耗成本，想要达到远低于国际粮价的水平，显然任重而道远。

　　在本节中，我们探讨了基因技术改变未来农业的两种方式。

　　1）通过基因技术，改造农业物种，以提高产量或者开发差异化的新品种。

　　2）通过基因技术，以微生物为媒介，将能量高效地、廉价地转化为有机物。

　　第一种方式，是传统农业的延伸，仍然以种植、饲养的方式生产食品。而第二种方式，则超越了传统农业，将食品生产彻底工业化。那么这两种农业的改变方式，哪一种的前景会更好呢？

　　第一种方式，将会是未来农业的普遍模式，经过基因编辑的食物将会越来越多地出现在人类的餐桌上。基因编辑技术将会迎合消费者的需求心理，开发出更好看、更好吃、更具个性化的农业品种。在商业化的初期，人们依然会像对待转基因食品似的，对基因编辑食品怀有质疑，但随着时间的推移，最终会在被动接受中习以为常。

　　第二种方式，则是未必会出现的极端化现象。除非在饥饿难耐、迫不得已的情况下，否则没有人会愿意像汽车烧油似的，把自己当作是一台消耗燃料的机器，尤其是对于美食有执著追求的中国人。人造食品其实更像是工业产品，毫无趣味，更谈不上什么美食。它的存在仅仅是为了在物质层面维持生命的基本运行。出于人道主义考虑，我们希望人类永远也不需要这种东西。

四、福祸难辨的"基因时代"

　　在本章，我们先后通过人类基因编辑、基因医疗、基因农业等应用领域，探讨了生物技术，特别是基因技术在未来的发展前景。简单概括如下。

1）基因编辑技术将在传统转基因技术的基础上，进一步提升人类对农业物种的改造能力，今后将不断会有新奇各异的基因编辑食品摆上我们的餐桌。

2）在医疗领域，基因编辑技术仍处于探索阶段。随着基因编辑准确性的提高，以及相关人体试验的开展，预计在 2030 年前后，基因编辑技术将能够成熟可靠地应用于各种疾病的治疗，来自动物的器官也将越来越多地移植到人类患者体内。

3）对人类实施可遗传的基因编辑是一项非常有争议的技术，但它不会因此而停止发展。预计在 2050 年前后，人类基因编辑将开始小规模商业试运营，在 2070 年前后，随着风险管理体系的建立，人类基因编辑将正式成为一种开放性的公众医疗服务。

基因技术不仅是一种能力，更是一种权力。自然界通过缓慢有序地行使这种权力，在数十亿年的漫长岁月里才造就出了当前地球上的生命体系。而人类却在猛然间掌握了这种至高无上的权力——人类能够安全、有效地运用它吗？

第五章　能源技术

是否懂得利用能源，是人类与其他生物的本质区别之一。烧火，就是人类最早的能源运用方式。有了火，人类才有了可口的食物、温暖的睡眠，以及驱除恐惧的光明，人类才得以从蒙昧走向文明。然而在学会用火之后的漫长岁月里，人类利用火的方式，却始终仅限于最初级的加热和照明。直到蒸汽机的出现，人类才首次将烧火作为一种可用于生产的动力来源，从此而一发不可收拾，引发了颠覆全球的工业革命。

从烧柴、烧煤，再到烧油、烧天然气，虽然能源的种类不断拓展，利用效率也不断提高，但本质上都还是在烧火。能源是文明赖以生存的基础，人类的一切生产、生活行为，无不依赖于能源的消耗。地球上可供燃烧的自然资源终归有限，如果仅靠烧火，还能支撑人类文明走多远？值得庆幸的是，如今人类所掌握的能源，早已不限于烧火。除了相对传统的水力发电，核能、风能、太阳能等新型能源技术也正在蓬勃发展。

能源的利用水平，无疑将影响人类文明的未来走向。在随后的 50 年内，人类所面临的能源问题主要是减少温室气体的排放，这就要求尽量降低燃烧型能源的使用比例；而在 50 年之后，人类仍然需要考虑当地球上的化石能源耗尽之后，如何寻找供给充足、清洁高效的替代能源。

在本章，我们首先关注当前几种新型能源的发展状况和未来前景，然后再来探讨最有可能成为下一代主力能源的可控核聚变。

一、何时才能不再"烧火"？

自从第一次工业革命开始，化石能源（煤炭、石油、天然气等）就成为人类能源队伍中的绝对主力。在此后的两百多年间，无论工厂中轰鸣躁动的机器，铁轨上呼啸而过的火车，还是海面上跨洋远航的轮船，哪怕是从烧煤改成了烧油,仍然还是以化石能源作为动力。即使进入了电气化时代,电力仍然主要是通过化石能源的燃烧而获得。正是在蒸汽机里、在内燃机里、在发电厂里,那无数朵跳跃闪烁着的火焰,支撑起了二百年来的人类近现代文明。

可是烧着烧着,就烧出了很多问题……

毁天灭地的环境污染

玩过火的人都知道,烧火时会冒烟。然而当我们大量地燃烧化石燃料时,其产生的污染就不只是"冒点烟"这么简单。以中国为例,在 2010~2019 年,每年要消耗约 35 亿吨原煤。这也就是说,平均每个中国人每年要烧掉 2.5 吨煤(即使很多人连煤块儿都没看见过)。煤炭中除了含有大量的碳、氢元素外,还含有少量的硫、氮等元素,但这些少量元素的影响可一点都不小。我们一般将含硫量小于 1% 的煤称为低硫煤。我们不妨就按 1% 的含硫量来估算一下,那么,这 35 亿吨原煤里总共含有 3500 万吨的硫元素。如果不加以任何处理就将其燃烧掉,那我们可以想象一下:这燃烧后的 3500 万吨硫元素就会以二氧化硫气体的形式飘散到我们头顶的空气中,并在空气中缓慢地转化成硫酸,最终再跟随雨水降落回地面上。总不会有人不怕硫酸吧?那混合了硫酸的雨水又是什么呢?

对!这就是酸雨。

不只是烧煤会导致酸雨,烧油所散发到空气中的大量氮元素也会导致硝酸型酸雨。酸雨可导致土壤酸化,使土壤中的钾、钠、钙、镁等营养元素流失掉。长期遭受酸雨侵袭的地区,土壤中营养元素会大量流失,导致土壤贫瘠,严重影响植物的生长。对任何一个国家来说,长期的、大面积的酸雨灾害都是难以承受的生态损失。目前世界上有三大酸雨区:北美、西欧,以及中国的华中-西南地区。

酸雨之外的另一大污染现象,就是雾霾。

说起雾霾,应该好多人都有过切身感受。近十年来,雾霾现象在中国大范围出现,特别是在冬季的中东部地区,空气质量指数(air quality index,AQI)频频"爆表"。雾霾严重的时候,灰蒙蒙的细颗粒物遮天蔽日。人们被迫戴上口罩、减少出行,学校甚至还会停课。显然,没人会愿意生活在那样的糟糕环境里。

雾霾的成因比较复杂,它是由空气中的灰尘、酸性气体、碳氢化合物等混合而成。燃煤烟尘、汽车尾气、建筑扬尘、焚烧的秸秆等都是雾霾的"贡献者"，当然，也离不开特定气象条件的促成作用。雾霾是各种有害物质的"大杂烩"，细小的颗粒物可以直接进入人体的呼吸系统，引发各种呼吸道疾病。

虽然雾霾是在多种原因共同作用下产生的综合性效应，但化石燃料的大量使用，无疑是引发雾霾的重要原因之一。由于北方冬季的取暖需求，燃煤量增多，因此导致烟尘、二氧化硫的排放量也随之增多。另外，由于经济的发展、城市的扩张，因此汽车数量，以及尾气的排放量也在逐年上升。

完全弃用化石燃料，当然是解决环境污染问题最直接的办法。但人们既不希望承受环境污染，更不愿放弃现代化的生活条件，回归原始社会。那么就只能利用有限的技术手段，尽量降低化石燃料的污染作用。例如，目前通过燃煤脱硫技术，已能够显著地降低燃煤的二氧化硫排放量。但只要化石能源仍被大量地使用，而这些技术手段也仅能在一定程度上减少污染，因此并不能完全消除污染。

消冰填海的温室效应

年长一些的人们或许能够察觉到，最近二十年来的气候与他们小时候相比，似乎发生了某些变化。特别是北方地区的居民，可能会感觉到没有以前那么冷了。这并不只是个别人的感觉，在全球范围内，气候真的在变暖。但需要注意的是，气候变暖并不意味着全球各地的气候会同步地、均匀地变暖，而是会呈现更加频繁、更加异常的气候变化现象。气候变暖的后果包括但不限于冰川融化、海平面上升、越来越多的极端灾害型天气⋯⋯

千万不要以为自己住在高原地区，就算海平面上升也可安枕无忧；也不要以为自己住在寒带地区，气候变暖一点似乎会更好。气候是一个时时刻刻都在联动着的整体系统，气候变化所产生的影响必将会波及地球表面的每一个角落，没有人可以置身事外。或许用蝴蝶效应来说明这一点，可能更为贴切：一只南美洲亚马孙热带雨林中的蝴蝶，偶尔扇动几下翅膀，可能会在两周以后引起美国得克萨斯州的一场龙卷风。

气候变暖的成因复杂，可能涉及地球自身的物理系统变化，以及太阳辐射变化的影响，但其中不可忽视的，是日益加重的温室效应。

顾名思义，温室效应就是说地球像种植花草的温室，即使在冬天，也能维持较高的温度。温室效应本身不仅无害，而且它还是维持地球生态环境所不可或缺的。如果没有温室效应，那么地球表面的热量就会向宇宙中散失殆尽，地表温度就会像月球那样忽冷忽热，恐怕也不会有生命诞生。温室效应本来就是地球上的一种自然现象，但问题是，它正在失去平衡。

是谁打破了地球这个"温室"的平衡？

地球上的温室气体主要有二氧化碳等。虽然这种气体在大气层中的含量比较稀薄，但却可以吸收从地球表面向宇宙中辐射的热量，从而将地球表面的温度维持在一个适宜生命繁衍的、相对恒定的范围内。

二氧化碳？这不正是化石能源在燃烧后的主要产物吗？

没错。无论烧柴、烧煤、烧油，还是烧天然气，作为其中核心组成元素的碳，都会与氧气结合，产生二氧化碳气体。相对于能造成环境污染的二氧化硫，二氧化碳本身是一种安全无害的气体。但如果排放到大气层中的二氧化碳过多，就会加重温室效应，致使更多的热量被保留在地球上，于是地球上的气温也就随之升高。

气候变化问题正在受到各国政府的高度关注。2018 年 10 月，联合国政府间气候变化专门委员会（Intergovernmental Panel on Climate Change，IPCC）发布了《全球升温 1.5℃特别报告》。该报告提出了一个目标：将全球气候变暖的幅度限制在 1.5℃之内。因为如果地球再升温 1.5℃，就有可能到达气候变化的临界点。所谓临界点，就是说在此之前的气候变化还是相对温和、缓慢的，而一旦越过了这个临界点，此后的气候变化就会更加激烈、快速、甚至完全失控。

科学家们已经识别出多个气候变化临界点，例如：

● 北极海冰面积减少；

● 永久冻土层解冻；

● 格陵兰冰盖加速消融；

● 亚马孙热带雨林发生经常性干旱；

● 珊瑚礁大规模死亡。

其中有一些临界点已经呈现活跃状态，这可不是个好消息。

我们又能做些什么，来延缓这些气候变化临界点的到来呢？

答案很简单：少一点烧火。

少烧一点火，就能少排放一些二氧化碳。在我们的日常生活中，一切避免不必要的能源消耗的行动都有助于此，例如少开车、乘公交、下班记得关电脑。但更为艰巨的任务，也就是寻找可以替代化石燃料的新型能源，只能依靠能源行业来完成。

不可逆转的能源耗竭

能源耗竭这个话题在 20 世纪末颇为流行，还一度引起过社会的热议，但随着能源勘探、开采技术的进步，可开发的能源储量持续上升，终于使公众不再担心这个问题。然而，现有化石能源的储量真是无限的吗？

当然不是。

化石能源都属于不可再生资源，用一点就少一点。公众之所以暂时放下对这个问题的关注，一方面是因为探明储量的持续上升，另一方面则是因为应对全球气候变暖才是当务之急。但能源耗竭这个问题并非毫无意义，这是因为：

1）在今后相当长的时期内，化石能源仍将是人类所依赖的主要能源。当今人类的现代化生产和生活规模持续扩张，需要持续消耗大量的能源。实际上，目前化石能源的全球消耗量，仍然是在逐年增长的。地球上化石能源的总储量终归是有限的，不管我们已探明了多少、还有多少隐藏在地下，正在加速消耗的趋势却是不争的事实。

2）从经济角度来看，化石能源的使用成本将会逐渐升高。就拿石油来说，当今世界上的主要大型油田，都已经持续、高产地开采了几十年，局部的地下储量正面临枯竭。而新勘探的油田，往往位于深海或者极地，开采成本必然相对更高。这也就是说，虽然全球石油的已探明储量一直在上升，但其中的低成本油却越用越少，而等待着开发的都是高成本油田。

人无远虑，必有近忧。假设当前的化石能源储量还够再用 100 年，难道我们要等到第 99 年再去寻找替代能源吗？如果不是，那为什么不从现在就开始行动起来呢？

替代能源在哪里？

面对以上这些问题，人类必须在化石能源之外，再开拓其他的能源种类。相对于化石能源，新型能源应该具备以下几种特点：

- 清洁；
- 低碳；
- 可再生。

以人类目前的科技水平，在短期内能够大量利用的非化石能源主要有以下几类。

（1）水力发电

其实水力发电早已有之，并不是个新鲜玩意儿，但它确实是当前的非化石能源中非常重要的一部分。水电最大的优势，就在于便宜和清洁。水电站的建设周期虽然很长，但是一旦建成，就能长期提供巨量的电能，而且不需要采购什么原材料。由于不需要燃烧，因此水电既没有污染，更没有碳排放。如此看来，水电简直是理想中的替代能源啊。可为什么它并没有替代火力发电呢？

最重要的原因，是水电受季节的影响大。世界上大部分的河流，尤其是位于温带地区的河流，普遍都存在丰水期和枯水期。在丰水期，当然可以持续稳定地发电，而在枯水期，往往只能断断续续地发电。人类的生产和生活，总不能只在雨季进行，而到了旱季就停止吧？

另一方面，是水力资源在地理分布上的不均匀。要想利用水力发电，首先需要有大径流、高落差的河段，还需要易于建设水坝的地形。所以并不是在哪儿都能建设水电站，这也在一定程度上限制了水电的发展。

（2）风力发电

风力资源也是一种纯天然的免费能源。因为风就在那儿，不管我们用不用，它都飞驰而过。风力发电既不需要燃烧，也没有任何碳排放，因此也是一种非常清洁的可再生能源。

风力发电存在的最大问题，是稳定性比较差。天气原本就是个变化不定的东西，否则我们也就不需要每天在出门之前，先看看天气预报。什么时候刮风？风力有多大？即使我们能准确地预测，也无法进行控制，所以利用风力就意味着只能"靠天发电"。

如何能让风电变得更稳定一些呢？当然也有办法，那就是再搭配一套蓄能设施，先将风力发电机直接输出的、不稳定的电能一点一滴地存储起来，然后再以稳定的功率输出给电网，就可以投入实际使用了。

可又怎样存储风电呢？难道要造一个超大型的蓄电池？无论以当前的电池技术水平，还是出于经济成本方面的考虑，这基本上都是不现实的。另一种较为现实可行的方案，是借助于水电技术，在风力发电场附近建设高、低两座水库，作为风电的蓄能设施。当有风吹过的时候，利用不太稳定的风电将低处的水抽到高处，然后再利用高处的水库，通过水力发电的方式，向电网输出稳定的电能。

水电与风电技术一结合，就展现出强大的适应能力。例如在中国的北方地区，由于干旱少雨，并不适合传统的水力发电，然而却山多、风多，有很多地方适宜建设这种水电-风电结合型的蓄能发电设施。

（3）太阳能发电

太阳能的优点与风能相似，完全免费，并且零污染、零排放，不利用一下岂不可惜？但它的缺点也跟风能类似，那就是会受到昼夜交替，以及天气变化的影响，输出的电能可控性较差。

另外，虽然地球接收到的太阳辐射中所蕴含的能量远超人类可以利用的各种化石能源，但实际上，由于这些能量平均地分散在地球表面，能量密度却很低，再考虑到天气的影响和能量转化效率，因此目前每平方米太阳能电池板的发电功率只能达到150瓦左右，还不够一把吹风机用的。这就意味着，要想增大发电量，就必须铺设更大面积的太阳能电池板。虽然阳光是免费的，但太阳能电池板可不便宜。成本方面的劣势，限制了太阳能的应用。

（4）核裂变发电

核能根据其物理原理可分为裂变和聚变两类，为了与后文中的核聚变发电区别开来，因此我们将当前应用中的核能发电技术称作核裂变发电。

单从发电的角度来说，核裂变发电是一种优良的能源利用方式。核裂变电站可以像火力电站那样持续稳定地供电，不仅成本相对较低，而且没有环境污染、没有碳排放，堪称清洁、高效，因此被大量地应用，如今已在全球发电总量中占了相当大的比例。

但发生在苏联切尔诺贝利、日本福岛的核电站泄漏事故，却令公众对此心生恐惧。切尔诺贝利至今仍然是一座荒城，而福岛的核废液则继续在储水罐中堆积。在正常运行时，核裂变发电确实是相当清洁的能源，但只要发生事故，如果处理不当，就会是一场巨大的灾难。

公众的担忧在很大程度上影响着相关决策，毕竟谁都不希望看到在自家门口有一个潜在的危险。因此各国政府在核电站建设方面都表现得相当谨慎。且不管成本是否低廉，也不管对环境是否洁净，如果不能彻底解决安全问题，那么核裂变发电就很难再有更进一步的发展。

通过上述分析，我们可以看到，这些非化石能源都存在着某些局限性，难以全面替代化石能源。尽管如此，能否尽量降低化石能源的使用比例呢？毕竟，即使能够在一定程度上降低气候变化的影响，或者为后代留存更多的化石能源，也是非常有意义的。

非化石能源的实际利用程度，会受到以下几个方面的影响。

（1）可实施性

对于水电和风电，其可实施性主要取决于地理因素。例如中国的水力资源大多分布在长江中上游，以及西南地区，而风力资源则大多分布在北方地区。这类资源的利用在很大程度上受到自然条件的影响。而对于核裂变发电，考虑到潜在的安全风险，以及公众的担忧，也难以大规模地实施。

（2）发电成本

能源消费毕竟是一种经济活动，因此各种能源的价格也是其竞争力的重要组成部分。在上述几种非化石能源中，水力与核裂变发电的成本相对稳定，但风力与太阳能发电的成本则在近年来持续下降。随着成本进一步降低，风力与太阳能发电的市场竞争力将会显著提升，其在全球能源总消费量中所占的比例也将持续扩大。

（3）政府相关政策

各个国家之间的地理、经济、文化条件各不相同，因此在制定能源战略时，所做出的决策也会有所差异。例如，化石能源储量丰富的国家可能并不热衷于推进新型能源的开发，而天然能源比较贫瘠的国家则可能会积极地推动核能的发展。例如，在2016年，世界上各主要国家共同签订了《巴黎气候变化协定》，但美国政府却在2019年宣布退出该协定。由于各国政府间并不能积极同步地行动，因此削减碳排放的全球目标实际上很难达成。

作为全球重要的经济体之一，中国也是能源消费大国。在中国目前的能源结构中，绝大部分是化石能源，其中仅煤炭的占比就高达约60%[①]。如此之高的化石能源使用量，给环境带来了巨大的压力。因此，中国政府在近年来积极履

---

① 数据来源：《中国统计年鉴2020》，9-2，能源消费总量及构成。

行《巴黎协定》中的承诺，大力调整能源结构、推进非化石能源的利用，提前实现了在 2020 年前将单位 GDP 碳排放强度降低 45%[①]的目标（相对于 2005 年）。

中国政府的决心毫无疑问，但能源结构的调整绝非朝夕之功，必将经历一个漫长的过程。一方面是因为新型能源相关的技术水平还有待提高，另一方面是因为能源结构的调整必须建立在社会经济平稳运行的大前提之下。可以预见的是，至少在中国，以清洁能源替代化石能源的努力将会一直持续下去。

二、理想能源：可控核聚变

在上一节中，我们看到了当前大规模使用化石能源所带来的一系列问题，以及几种替代能源的局限性。如果人类在未来仅仅依靠现有的这些能源类型，并不能有效地消除污染、阻止气候变暖。最乐观的结果，也只不过是将气候变化临界点的到来时间延缓若干年。在现有的能源类型之外，是否还存在其他更优质的能源？

可控核聚变，就是最具潜力的替代能源。

一颗缓慢爆炸的氢弹？

在谈论可控核聚变之前，最好先来认识一下什么是核聚变。我们都知道爱因斯坦老先生提出来的质能方程：$E=mc^2$，可以简单地理解为"能量等于质量乘以光速的平方"。这就是说，能量可以由质量转化而来。更不得了的是方程里那个质能转化系数，也就是 c^2，即"光速的平方"。有谁还记得，光速约等于 3×10^8 米/秒？因此"光速的平方"就约等于 9×10^{16}。这是一个非常巨大的数字。哪怕参与转化的质量 m 是一个很小的数字，在乘以光速的平方之后，都可以转化成巨大的能量。这也正是核武器强大威力的来源。

说到核武器，通常分为两种类型：核裂变与核聚变。核裂变是由较重的原子核（例如铀元素、钚元素）分裂成较轻的原子核，而核聚变则是由较轻的原子核（例如氢元素、氦元素）聚合成较重的原子核。无论核聚变还是核裂变，在其变化过程中都会发生质量的损失，而这些损失掉的质量，就会遵循质能方程，释放出巨大的能量。如果这些能量在极短的时间内被释放出来，就会产生剧烈

---

① 数据来源：国家能源局，焦点访谈特别节目：推动新时代能源事业高质量发展. http://www.nea.gov. cn/2020-12/30/c_139629648.htm.

的核爆炸，成为令风云为之色变的核武器。早期的原子弹就是利用核裂变反应制成的核武器，而随后出现的氢弹则是利用核聚变反应制成的核武器。

如果我们将核反应的速度减慢，让这些能量稳定、缓慢地释放出来，又会获得怎样的效果？

没错，那就是"把核武器变成了核电站"。

其实，现有的核电站就相当于在进行可控核裂变。它进行着与原子弹相同的核裂变反应，只不过反应的速度非常缓慢、能量的输出也非常平稳。再搭配以能量收集装置和安全防护装置，摇身一变，邪恶的核武器就成为致力于和平与发展的能量源泉。"科学是把双刃剑"，这句话用在核反应的身上真是再贴切不过。是恶魔还是天使，就在一念之间。

同样的，如果我们将氢弹的核聚变反应从一瞬间的猛烈爆炸，延长到经年累月的缓慢释放，也能够像可控核裂变一样，作为一种清洁的能源供应方式。只不过，核聚变需要远高于核裂变的反应条件。至今为止，人类还未能真正地控制核聚变的进行。

可控核聚变：人类的理想能源

既然已经有了可控核裂变，为什么还需要可控核聚变？

（1）清洁

在环保方面，可控核聚变与核裂变发电非常相似。它们都不通过燃烧，而是通过原子核层面上的"质能转换"来产生能量。既然没有燃烧，当然也就不会排放化学污染物或者温室气体。此外，特别是相对于核裂变发电，可控核聚变还具有另外两项非常重要的优势。

（2）安全

安全风险是限制当前核裂变发电推广的主要因素。核裂变反应在用于发电时，虽然不再具有原子弹那样的巨大杀伤力，但在其反应过程中产生的各种放射性物质却一点都没少，只不过在正常情况下都被隔离在反应堆内部。然而，存在就是威胁。即使核裂变电站拥有严格的防护设施，也不能保证绝对的安全，否则也就不会发生诸如切尔诺贝利和福岛那样的重大核泄漏事故。

从原理上看，在核聚变反应过程中通常不直接产生放射性物质，所以我们也就不必担心放射性物质泄漏。当核聚变反应堆发生异常时，只要反应条件消失，反应就会立刻自动停止。由于消除了安全顾虑，因此核聚变电站完全可以大规模地建设在地球上的任何地方，而不必担心放射性污染问题，更不需要像核裂变发电那样，还得定期把放射性核废料小心翼翼地深埋在地下。

（3）储量极大

核裂变发电的原料主要是铀。铀元素在地球上的储量并不丰富，并且分布也不均匀，所以铀原料不仅很贵，还很容易被某些国家所垄断。因此，基于铀元素的核裂变发电并不适合作为人类在未来长期使用的能源。

核聚变发电的主要原料是氢的一种同位素——氘。普通的氢原子核只含有1个质子，而氘原子核则含有1个质子和1个中子。每升海水里含有约0.03克的氘。即使仅用这一点点氘进行核聚变反应，就能释放出相当于燃烧300升汽油所产生的能量。我们再想象一下那广阔深邃的大海，总共含有多少氘？又够人类使用多少万年？可想而知，在可控核聚变成为一种真正实用化的能源之后，人类就不必再为能源供应而烦恼。

免费能源？你想多了……

既然可控核聚变的原料氘在海水中的储量近乎无限、核聚变反应的能量转化效率又如此之高，那么在可控核聚变投入商用之后，能源价格是否真的会大幅降低，甚至近乎免费？在掌握了这种储量无限、价格又极其低廉的能源之后，人类社会是否将会迎来一轮新的工业革命？

尽管从其近乎无限的储量来看，核聚变完全可以成为人类取之不尽、用之不竭的清洁能源，但这并不代表利用核聚变发出来的电就会免费。

一切自然资源，除了我们直接呼吸的空气或者直接饮用的水源，只要是经过商业开发，都不可能免费。最典型的例子，就是超市里卖的矿泉水。水在自然界中随处可见，然而经过抽取、过滤、包装、分销等诸般流程，摆在超市货架上之后，居然就要2元一瓶？这是因为，一瓶矿泉水之所以能被摆在货架上供我们消费，在其产业链上有成百上千人为此付出过各种劳动。我们付出的2元钱，买到的其实并不仅仅是水，而是"服务"，或者说是"劳动"。

在能源行业，也是同样的道理。海水里的氘并不会自动地汇集起来流进核聚变电站。核聚变电站也不可能零成本地运营。而核聚变电站所发出的电力，更不会隔空跨越上千公里,自动进入工厂和住宅。在核聚变发电产业链上,存在着许多个生产与流通环节,例如制氘厂、核聚变电站、电网等。具体来说,无论从海水里提取氘,还是在发电站里运行可控核聚变,都需要繁多、昂贵的设备与人力,而电网的建设与运营更需要付出巨大的成本。这一切,最终都需要电力消费者来买单。

工业革命?你又想多了……

回顾历史上发生过的几次工业革命,无论蒸汽革命还是电气革命,都不在于开发出新的能源的类型,而在于对新能源的利用方式。早在数十万年前,人类就开始烧火,可是烧来烧去,直到通过蒸汽机将烧火作为一种动力来源,才引发了蒸汽革命。至于电,本身也并不是一种能源,而是一种能量的存在方式。只有在各种电机发明、推广之后,才释放出变革社会的巨大力量。所以说,促使社会生产力得以大幅提高的,从来都不是能源的类型,而是利用能源的方式。

可控核聚变,虽然是一种全新的能源类型,但却并不是一种全新的能源利用方式。在可控核聚变投入商业运营之后,将成为现有能源结构的一种优质补充,逐步替代煤电,以及核裂变发电。但核聚变能量的利用方式,仍然是转化为电力,通过电网输送给用电的企业或居民,并不会因为使用了核聚变产生的电力,就使人类更高效地完成某种工作,或者做到某种前所未有的事情。我们不妨回顾一下历史:当人类掌握核裂变发电之后,并没有引发工业革命;当人类掌握风力或太阳能发电之后,也没有引发工业革命。对于可控核聚变,仍然将是如此。

即使可控核聚变在未来真的能够提高人类社会的生产力,也不会是因为它的可商用以及廉价,而是通过出现一种新型的、以核聚变为直接动力的生产或交通装置,例如核聚变航天发动机。

对于可控核聚变,我们不必苛求它无所不能、法力无边。作为一种清洁能源,如果真的能够近乎无限地使用,那么对人类而言,这已经是天大的幸事。从此以后,人类可以尽情地挥霍能源,在蓝天白云下享受更美好的生活。难道这贡献还不够大吗?

先造一个"太阳"吧!

既然可控核聚变集清洁、安全、无限储量于一身,看起来无比诱人,可为什么至今还没能实现商用呢?

这是因为:"聚变"容易,"可控"极难。

核聚变需要极其苛刻的反应条件。在自然界中,其实核聚变反应每天、每秒都在大规模地发生。离我们最近的核聚变反应堆就是太阳。在太阳的核心处,具有极高的温度和压强,每秒钟约有 6 亿吨的氢元素发生核聚变反应,同时持续地释放出巨大的能量。因此我们也可以说,地球已经享用了几十亿年的核聚变能源。但是在地球上,又怎样才能获得如此极端的核聚变反应条件呢?目前人类所能掌握的核聚变反应,仍然只是氢弹。氢弹是通过先引爆一次核裂变原子弹,利用原子弹爆炸所产生的高温、高压条件,再来引发核聚变反应。这就相当于是用核裂变爆炸引发核聚变爆炸。我们总不能为了发电,就大量地引爆氢弹吧?就算氢弹数量管够,又怎样收集能量?这样发出来的电,成本又会是多少?

由于在地球上无法稳定地产生如太阳核心那样的高压,因此要进行可控核聚变,就得进一步提高反应的温度。要达到多高才够呢?

至少 1 亿摄氏度!

在地球表面实现数倍于太阳核心的温度?这似乎是不着边际的凭空幻象,但在科学家们的努力之下,这个不可思议的目标已在近年实现。但在 1 亿摄氏度高温之外,实现可控核聚变还需要突破反应持续时间、能量投入产出比等诸多工程技术难题。

目前最有潜力的可控核聚变方案,是把核聚变原料制成等离子体(即原子核与电子分离开来、自由运动的状态),再用一个超强的磁场将等离子体约束起来,使其悬空加热,并高速旋转。这样一来,就不必担心 1 亿摄氏度的高温会摧毁反应容器。在这种方案里,最大的技术难关就是如何获得超强磁场,以及包裹等离子体的容器材料。

超强磁场是核聚变装置能够高效运行、降低建造成本的关键。而超导材料的工作温度、临界电流密度等技术参数又是产生超强磁场的关键。超导材料是近年来非常热门的研究领域,除了可以应用在核聚变发电,还可以广泛地应用于磁悬浮列车、直流输电、超导电机等多个领域。因此,以核聚变为核心的研究,同时也会带动很多其他相关领域的技术发展。

容器材料是核聚变装置能够稳定可靠运行的关键。在强磁场中发生核聚变反应的等离子体、中子等高能粒子会猛烈地冲击容器材料。如果容器材料的强度不够，则会很容易发生损坏。这也是令科学家们最为头痛的难题。材料学的研究，需要依靠大量做实验来进行验证，不仅费时，也极费钱。近年来，科学家们开始尝试利用超级计算机来进行材料的模拟，或许能够加快技术突破的进程。

最后一个"五十年"

关于可控核聚变何时能够实现商业化，在过去的几十年里一直流行着一种说法："还有五十年。"这句话中饱含着苦笑与无奈。但时至今日，"还有五十年"或将成为现实，因为经过几十年来的研究与积累，核聚变相关的各项技术已得到突飞猛进的发展。当前的技术水平，与第一次提出"还有五十年"之时，早已不可同日而语。那时是全面从零起步，而现在的核聚变技术体系已经在整体上达到相当高的水平。虽然还存在若干技术瓶颈，但这些技术瓶颈的存在，从另一个角度来看，不正是实现整体技术突破的临界点吗？

可控核聚变的研究是一项超大型工程，需要集中大量的人力、物力，并持续投入很多年。目前国际上规模最大的核聚变发电研究项目，是 2007 年正式启动的国际热核聚变实验堆（International Thermonuclear Experimental Reactor，ITER）。ITER 由欧盟及中、美、日、俄、韩、印等国/组织合作实施。ITER 的工程目标是在 2025 年建成聚变实验堆、产生第一束等离子体，并将在 2035 年开始进行核聚变实验。最终的技术目标是以 500 兆瓦的核聚变功率，持续输出 400～600 秒，并且要达到 $Q \geqslant 10$ 的能量投入产出比。这意味着在维持 500 兆瓦输出功率时，仅需要输入 50 兆瓦的加热功率。如果实验成功，这将成为人类利用核聚变能源历史上的一个重要里程碑。

另外一个雄心勃勃的计划，是在 2017 年正式启动的中国聚变工程实验堆（China Fusion Engineering Test Reactor，CFETR）项目。CFETR 项目的具体目标是在 2035 年建成聚变工程实验堆、开展大规模科学实验，到 2050 年完成总体实验任务，并建设商业示范聚变堆。这项计划的时间节点与 ITER 颇为相近，但其技术指标却远高于 ITER，能量投入产出比将达到更高的 $Q \geqslant 25$。这意味着更高的经济效益。

以 ITER 和 CFETR 这两个大型核聚变项目的规划进度表作为参考，我们可以大致看到可控核聚变在未来的发展进程。

1）在 2050 年前后，实现关键技术的突破，在实验堆上进行稳定、可控的核聚变反应。这一阶段的研究目标，仍然是验证可控核聚变的技术可行性。重点突破目标是延长核聚变反应时间，以及提高能量投入产出比，这决定着可控核聚变技术能否走向实用化。

2）在 2060 年前后，建成可控核聚变商业示范堆，正式并网发电。商业示范堆应能长期、可靠地运行，其建设成本、运营成本均能满足初步商业化的要求。但在此阶段，由于从建设到运营的相关产业链还尚未成熟，核聚变发电的综合成本仍然较高，因此并不会大规模地开工建设，仅会部署少量试点。利用这些试点，可以在实践中积累核聚变电站的管理和维护经验。与此同时，大量地培养核聚变电站所需的管理和维护专业人员。

3）在 2070 年前后，可控核聚变将进入规模化商用阶段。随着技术升级、产业链的逐渐完善，核聚变发电的综合成本将下降到低于火电的水平，从而开始大规模地替代火电。从此以后，人类将正式进入核聚变能源时代。

三、清洁无忧的"聚变时代"

在本章，我们对现有的能源技术进行了一次简要梳理，并对极具潜力的可控核聚变进行了展望。当前人类大量使用的化石能源，存在着环境污染、引发温室效应、储量有限等诸多问题，并不适合人类在未来长期使用。现有的可再生能源，包括水能、风能、太阳能，虽然清洁、无碳，但都存在着某些局限性，难以在整体上替代化石能源。可控核裂变发电虽然经过长期的发展，技术已经比较成熟，但受限于铀元素的储量，以及潜在的放射性污染风险，也不适合大规模开展应用。这些替代能源类型，只适合作为可控核聚变实用化之前的过渡型能源。

可控核聚变具有清洁、安全、储量极大等特点，非常适合作为人类社会的主力能源、全面地替代化石能源。可控核聚变的利用，需要制造极其苛刻的反应条件，这是一项极高难度的技术挑战。在经过了长达数十年的前期基础研究之后，当今的技术水平有望再经过"最后五十年"的研发冲刺，使之成为现实。在 2070 年前后，人类将正式进入核聚变能源时代。

第六章 其 他 技 术

在前几章，我们分别探讨了信息技术、生物技术、能源技术的重点发展方向，以及阶段性前景预测。这三个技术领域的内容将作为支撑本书结构的三根"经线"。科学技术的分支有很多，为什么只选取这三个技术领域呢？

本章将首先探讨另外两项被广泛地认为将会影响未来的技术：航天技术和脑机接口。发展航天技术、探索深邃宇宙，一直是科幻作品里的热门话题，同时也是关注未来的人们心中最为期盼的发展方向。然而现实却是：航天技术将会长期地陷于停滞状态，并不会在我们可见的未来将人类送向宇宙深处。脑机接口则代表着人类的另外一条潜在出路：抛弃肉体，意识永生。可这个愿望依然只是缥缈的镜花水月，因为从技术角度来看，不可能将人类的意识完整地提取出来，并运行在计算机上。一旦脱离肉体，意识便会死亡。航天技术的长期停滞，迫使人类在百年之内仍然只能蜗居在地球上。意识上传的不可实现，意味着人类只能以碳基生物体的形式存在。既然不能远走高飞，又不能销形隐遁，那么人类就只能选择安稳务实地继续在地球上过日子。

待在地球上过日子，无非也就是衣食住行、繁衍生息。信息、生物、能源三大技术领域，在很大程度上将决定着人类在未来能过上什么样的日子。因此，本书选取这三个技术领域作为观察未来的支撑结构。

一、航天技术：停滞的 21 世纪

探知宇宙的奥秘，是人类自从远古时代起就一直怀揣的梦想。古代的天文学家们观测星象、编订历法，用以指导农业生产。到了近代，日心说的提出、望远镜的发明，又将天文学带入了一个崭新的境界。在此后的几百年间，随着观测技术的持续进步，人类仿佛突然揭开了蒙在眼前的那层面纱，贪婪地观察着宇宙中目力所及的一切事物。然而，却仍然只是静静地看着……

每个孩子都曾仰望过夜空，注视过那些可爱又神秘的"一闪一闪亮晶晶"，更想伸出手去轻柔地触摸它们。在期盼了数千年之后，人类终于勇敢地向宇宙伸出了手：

- 1957 年，发射第一颗人造卫星；
- 1961 年，实现第一次载人航天；
- 1969 年，实现第一次载人登月；
- 1971 年，发射第一座空间站。

20 世纪，是航天技术大爆发的世纪。可在此之后，人类探索宇宙的步伐似乎就缓慢了下来。虽然环绕地球飞行的人造卫星已经超过一千颗，空间站也已经升级过几代，但目前人类能够频繁活动的空间范围，依然局限于月球轨道之内。科幻小说里的那些太空城呢？月球与火星基地呢？太空战舰呢？

不急，再等等……

虽然心有不甘，但我们却不得不承认：航天技术的发展已经进入了停滞期。至于何时才能重新活跃起来？恐怕在 2100 年之前都看不到希望。或许可以说，整个 21 世纪，都将是航天技术停滞不前的世纪。

难道发展航天技术不再有意义了吗？

发展航天技术的意义，简而言之，就在于让地球上的人类生活得更好，以及让人类向宇宙深处走得更远。对于前一项意义，我们已经做得很好，而对于后一项意义，实在是心有余而力不足。

为了让地球上的人类生活得更好，我们发射了很多颗人造卫星。通信卫星拓展了我们的信息传输能力，资源卫星协助我们勘探出更多的矿藏，气象卫星使我们能够做出更加准确的天气预报，导航卫星使我们能够随时随地知道自己的精确位置。正是得益于航天技术的发展，我们才得以将这么多用途广泛的人造卫星送入空间轨道。

至于走向宇宙深处？理想很美好，现实很骨感。以人类目前所掌握的航天技术，连太阳系都飞不出去，更何况走向宇宙？哪怕仅实现在太阳系内部自由穿梭这样的"小目标"，就需要将当前人类所掌握的主要技术门类整体升级至少两代。若想走得更远，还必须要实现某些科技理论的突破，那更是遥遥无期、可遇不可求的事情。如果以当前人类社会这样的科技发展速度，即使到 2200 年，恐怕也难以获得遨游太阳系的能力，除非受到某些外力的逼迫，例如科幻小说中的外星文明入侵，或者地球即将毁灭。然而迄今为止，没有任何征兆表明地球将会遭遇此类危机。

或许有人会问：正因为现在的技术能力不足，难道我们不是应该未雨绸缪，针对这些风险提前做好技术储备吗？

首先，待在地球上踏踏实实地发展，这本身就是在做技术储备，何必又要用些没边没影的事情，把自己吓得紧张兮兮的呢？其次，就算要集全球之力做航天技术攻关，也不妨建立在一个更好的科技基础之上。既然在有史以来的数千年间，地球都是安安稳稳的，那为什么不能再多等一百年呢？一百年后的科技基础、经济实力，必然远在今日之上。那时再去做专项技术攻关，较之现在必定会事半功倍。总之，这事儿真没那么急。

目前我们能看到的最大威胁，就是地球上气候变化进一步加剧所引发的气候灾难。但即使气候灾难增多，地球上的自然环境也远远不会恶化到"毁灭"的地步，更不会恶化得比月球或者火星更难以居住。随着清洁能源，特别是可控核聚变的大规模商用，气候变化的影响有望被遏制在一个相对安全的范围内。那又何必急着要"跑路"呢？

这事儿也没那么重要……

所谓停滞期，并不是说航天技术从此就会完全止步不前，而是说在今后相当长的一段时期内，难以再有突破性的进展。究其原因，是因为开展航天活动的重要性正在降低。

（1）在军事方面的重要性降低

回望一下历史，我们就会发现，发生在 20 世纪后半叶的航天技术大爆发，完全是被军事需求驱动的。在冷战时期，美、苏为争夺世界霸权而针锋相对，不仅令全世界都笼罩在核战争的阴云之下，更是把互相较量的手腕伸向了太空。苏联先发制人，成功实现了发射第一颗人造卫星、第一次载人航天。而美国也不甘落后，倾举国之力实施了"阿波罗计划"，成功将人类第一次送上月球。美、苏就这样在互相敌对中，你追我赶，以百米跨栏赛跑的节奏，共同完成了人类历史上值得浓墨重彩书写下来的一次伟大技术跨越。然而两国在不惜耗尽国力的赛跑中，很快都累得近乎虚脱，随后便协商停止了这场惊心动魄的太空军事竞赛。竞赛虽然停止了，但关键性的军事技术（同时也是后来造福万民的技术），包括火箭、卫星、空间站等，都已经完成了技术开发和验证。从军事角度来看，这些东西已经够用了，毕竟太空武器要对付的敌人仍旧还住在地球上，继续发展面向深空探索的航天技术并无显著的军事作用。

在冷战结束之后，各国都把精力集中在发展经济上，仅维持少量的航天活动，并且也是以促进民生经济为主要目的。毕竟航天活动是个极其"烧钱"的事情，既然暂时没有了来自太空的威胁，那就不妨先放一放。在"阿波罗计划"实施关键期的1966年，美国国家航空航天局（NASA）竟然花掉了当年联邦预算的4.41%，而在1975年以后，则迅速地回落到1%以内，时至今日，又持续降低至0.5%左右。[①]

在整个21世纪，航天技术会较大规模地用于经济领域，但在军事领域却不会再有显著的投入。

（2）在经济方面的重要性降低

虽然航天技术在今后的经济领域会有较多的应用，但大部分仍然是原有技术储备的重复性使用，不会，也不需要为此进行大规模的技术升级。对于经济方面的应用，主要还是以气象、资源、通信、导航等类型的卫星为主。现有的航天技术完全可以满足这些应用。火箭的动力、载荷等技术能力会有所提升，卫星的种类、功能也会有所拓展，但这些都只属于常规的技术升级，并非跨越式的代际升级。

如果仅为地球上的人类服务，现有航天技术当然是够用的。难道对月球、火星等天体进行探测、开发，就不能获得某些经济利益吗？

可以说，这很难。

首先，目前看起来，在这些星球上并没有什么可供人类利用，而地球上又特别稀缺的资源。月球上的氦-3（^{3}He，氦的一种同位素，其原子核含有两个质子和一个中子）勉强算是一种潜在的核聚变原料，但因其核聚变反应条件远高于"氘-氚"反应，即使被开采、运回到地球上，在可见的未来也难以被有效利用。

其次，以当前的航天技术水平，想要在月球上采矿，那必然又将是一个堪比"阿波罗计划"的超级工程。且不论最终的投入产出比是否划算，实施这项超级工程所需的天量资金从何而来？谁来负责项目管理？这并非某个大型公司

---

① 数据来源：美国国家宇航局的历年年度预算. https://en.wikipedia.org/wiki/Budget_of_NASA#cite_note-tbl1-5.

所能承担，至少需要倾国之力，甚至需要通过高级别的国际合作才能完成。搞出这么大的阵势，仅仅是为了采矿？难道缺少这点矿，人类就无法生存下去了吗？

不慌不忙，按部就班

综上所述，无论在军事方面，还是在经济方面，当前的航天技术水平均能够满足大部分的应用需求。新型航天技术的研发、试验，需要消耗极其巨大的财力、物力，在没有充分必要性的情况下，各国政府都不会贸然开展大规模的创新型航天活动。

在今后的数十年内，人类的航天活动将以促进经济发展、宇宙科学观测作为主要任务。

在促进经济方面，最为突出的发展方向就是全球卫星通信网络的建设。随着物联网向智联网的扩展，今后的智能设备将越来越依赖于无处不在的无线通信网络。仅靠地面的通信基础设施已经无法满足智能互联的需求，特别是在地广人稀的山区、荒漠、高原地带。由数千颗，甚至上万颗卫星组成的天基通信网络，将成为地面通信基础设施的重要补充，形成覆盖地球每一寸的、天地一体化的无线通信网络。届时，人造的网络将像自然界中的磁场一样，成为地球的一种"特征"，真正地无所不在。由于全球卫星通信网络是受到经济利益的驱动，因此其实施的节奏将会相对较快。相应地，火箭技术将以降低发射成本作为主要的改进方向，以适应商业化运营在成本控制方面的要求。

在宇宙观测方面，科学家们仍将继续致力于探知宇宙的各种未解之谜。除了以空间站作为宇宙观测的科研基地之外，某些国家可能还会尝试将科研基地建设在月球上。好吧，只要不在月球上挖矿，建设科研基地应该也不至于大煞风景。在被动地进行观测之外，人类也会主动地向太阳系内的各大行星扔出几个探测器。除了距离地球较近、最受关注的火星之外，可能还会尝试性地向木星、土星这样的远地行星发射少量的探测器。由于这类宇宙科学观测的实用价值较低，因此其相应的研究经费可能会受到一定的限制，并且又没有紧迫的进度要求，所以其实施的节奏将会相对缓慢。

在整个21世纪，人类的航天活动都将会在"积极地服务地球""悠闲地观测宇宙"这样的主节奏中进行下去。

二、脑机接口：缥缈的"虚拟人类"

在信息技术出现、发展的这几十年里，我们身边电子化的信息越来越多。从当前常见的手机、电脑、电视、网络，再到将来的机器人、自动驾驶汽车等智能设备，正在逐渐形成一个庞大的、融合的信息世界。这个世界里的信息，是以电子化的形式，存在于各种芯片、光纤、屏幕之上的，构成一个包罗万象、极其宏大的"无机信息世界"。在我们每一个人的身体内部，其实也包含着一套生物式的信息采集、处理、存储、传输系统，不妨称之为"有机信息个体"。我们作为"有机信息个体"，相当于是被包裹在"无机信息世界"里的一个个小小的信息孤岛。在"无机信息世界"与"有机信息个体"之间，原本界限分明，仅能通过特定的输入/输出接口来交换信息。例如，我们通过视觉的方式，从屏幕上采集来自"无机信息世界"的信息，又通过手指、语音等方式，将自己这个"有机信息个体"的某些思想活动传达给外部的"无机信息世界"。

这样的信息交换方式，看起来似乎有些繁琐而低效。那么能否简化掉几个中间环节，让"有机信息个体"与"无机信息世界"之间的信息交换更加快捷、顺畅呢？

脑机接口，就是这样一种技术概念。

什么是脑机接口？

脑机接口，顾名思义，就是一种绕过眼、耳、嘴、手等人体上的信息传输接口，在大脑与计算机之间直接交换信息的技术。基于这种技术，可以激发出无限的想象空间。比如说，可以给人类装上机械肢体，成为具有超能力的机械战士；也可以让大脑直接访问互联网，获取广阔无限的信息；甚至还可以将人类的意识上传到计算机，实现人类意识的永生。

这听起来非常酷啊！

脑机接口，意味着在人类的"有机信息个体"与外部的"无机信息世界"之间，突破原有的生物式信息交换瓶颈，实现底层信息流的高效互联。互联网将在进化成物联网、智联网之后，再次进化成"人联网"。如果能实现理想中的脑机接口，那么仅从信息交换的角度来看，人类就不再需要眼、耳、嘴、手等生物交流器官，甚至连大脑、身体也不再需要，因为人类的意识可以虚拟化地运行在云端的计算机上。

这究竟是永生？还是灭亡？

幸好我们还有充分的时间，去慢慢思考应该如何回答这个问题，因为脑机接口技术在相当大的程度上，依然还只是个初步的概念。我们不妨从脑机接口的几种可能应用，分别看一下它们各自的技术原理，以及发展前景。

意念控制：聊胜于无

说起意念控制，似乎有些故弄玄虚，仿佛这只是魔术师们玩弄的小把戏。但如果我们认真地了解一下脑科学，就会发现这并非不可能。

人类的大脑是由近千亿个神经元组成的。这些神经元就像芯片里那数以百亿的晶体管，能够传输、处理，以及存储信息。神经元与晶体管之间，不仅在功能上相似，就连在工作原理上也颇为相似。晶体管是用电压的高低来表示数据，而神经元也是通过电位的变化来传递信息。既然都是用电，那么晶体管和神经元在工作中就都会产生电磁辐射。如果我们利用某种仪器监测一个正在工作中的芯片，我们就能记录下这个芯片所散发出的电磁辐射曲线。同样地，如果我们也利用某种仪器监测一个正在思考中的大脑，我们就能记录下这个大脑所产生出的脑电波曲线。

脑电波，就是大脑活动所散发出的电磁辐射。

说到电磁辐射，或许有些人会下意识地认为这是某种"危险的东西"。其实，电磁辐射是自然界中非常普遍的现象，远不仅是手机信号或者 WiFi 信号，就连太阳赋予地球、孕育出蓬勃生命的光与热，也都以电磁辐射的形式送至地球。电磁辐射有两个重要的参数：频率和强度。只有某些特定频率的电磁辐射，并且在达到足够高的强度时，才会对人体造成不良的影响。

每天 24 小时伴随我们的脑电波，肯定是无害的，因为它的频率很低（约为 1～30 赫）、强度也极其微弱。事实上，如果不采用灵敏度非常高的仪器，脑电波是很难被测量到的。

当人类在大脑中运行某种意念时，脑电波也会随之发生相应的变化。比如说，当我们有意识地握拳时，脑电波曲线的形状会呈现一个与握拳相关联的模式，而当我们有意识地伸手时，脑电波曲线的形状又会呈现一个与伸手相关联的模式。即使我们在做握拳和伸手动作的时候，什么话都没说，但我们"脑不由己"地发出的脑电波却明明白白地向外界传达着与之相关的信息。这也就是说，脑电波是人类在说话、写字之外的，另一种向外界传输信息的通道，只不过它是无形的、无声的，而且人类并没有进化出能够感知脑电波的器官，所以我们平时根本察觉不到它的存在。

从信息学的角度来看，无论芯片在计算时所散发出的电磁辐射，还是大脑在思考时所散发出的脑电波，都属于一种"侧信道信息泄露"。在信息处理过程中所消耗的能量，并没有100%地被高效利用，而是会以各种无效的方式散发到周围的环境里。芯片散发出的电磁辐射，增加了它的功耗；而人脑散发出的脑电波，增加了人的那个——饭量。

既然通过意念可以控制脑电波，那如果再通过脑电波去控制其他物体，岂不就实现了意念控制？

没错，就是这样的！

所以说，意念控制也并没有什么神秘之处，它只不过是一种针对脑电波的信息采集、模式提取、控制执行技术。当然，实际做起来也没有这么简单。

首先，脑电波的信号强度极其微弱，想采集到它也并非易事。当前的研究一般采用将多个电极环绕置于脑外的方式来采集脑电波，但这种采集方式的精度难免会受到头骨、头发等的影响。还有更激进，甚至疯狂的脑电波采集方式，例如美国Neuralink公司开发的技术，试图用激光在人头上钻孔，然后把上千根极细的柔性电极深深地插入到大脑内部。不知道是否有人会为了实现意念控制，愿意在自己的大脑里穿插进如此密密麻麻的丝线？或许，那会像是一只塞在脑袋里的袜子吧？

其次，从脑电波里提取出与意念相关的模式，也是一件比较复杂的事情。大脑的奇妙之处在于，不同的人对于同一种意念所产生的脑电波，居然会各不相同。例如，当你我同时握拳，记录下各自发出的脑电波，可能这两段脑电波之间会有非常大的差异，不能相互通用。这也就是说，不存在某个标准的脑电波模式，能够与所有人的某个意念相匹配。这可就麻烦喽！如果想要针对某个具体的意念实施控制操作，使用者需要重复训练多次，一方面要使自己能够每次都准确地发出一致的脑电波，另一方面还要让计算机也学习，并记录下这个脑电波模式。

最后，还有个控制执行的问题，也就是根据在脑电波中提取出的某种模式，去执行某种控制操作，例如机械体的动作。显然，要想使机械体能够执行更多的动作，那就得先训练、学习更多的脑电波模式。如果只有一个机械体，那还好说，如果需要让多个机械体协同工作，那又该怎样去训练和控制？例如人类在打羽毛球的时候，四肢的动作、幅度、速度可以实现高度地协同控制，而我们能否用意念去控制机器人打羽毛球呢？

意念控制技术有如下两种典型的应用：

（1）智能假肢

这是意念控制技术最具实用价值的应用方向。仅在中国，就有数百万肢体残疾人士有安装假肢的需求。对于瘫痪者来说，这种通过意念控制的智能假肢更将使他们"新生"的希望变为现实。基于意念控制技术设计而成的智能假肢，将给佩戴者带来更加自如、高效的使用体验，有效地提升他们的生活质量。这无疑将是一个巨大的市场。

（2）机械战士

典型的机械战士，就像日本动画电影《攻壳机动队》所展示的那样，通过意念对机械肢体进行控制，并代替生物肢体，从而赋予人脑（已经不再具有人体）强大的战斗能力。当然，如果这项技术能够投入使用，也不必真的切割掉人类的生物肢体，完全可以采用外骨骼的形式提供战斗器械。机械战士既可用于维护治安，也可用于战争，这取决于为其安装什么级别的装甲及武器。然而考虑到实际的战斗场景，机械战士在反恐行动中的作用或许会更加显著。因为在普通的治安活动中，基本不会遭遇持枪嫌犯（至少在中国是这样），所以采用机械战士未免显得有些战斗力冗余。在军事战斗中，无论希望提高战斗力，还是希望降低伤亡率，使用完全无人化的智能战斗机器才是首选方案，因为在现代战争的火力强度面前，机械战士与肉体战士其实是同样的不堪一击，那又何必再多此一举呢？

人脑联网：缥缈虚幻

意念控制仅是信息从大脑到机器的单向传输，那有没有可能进行双向传输呢？例如，人脑通过控制意念活动，将想要查找的信息传递到互联网，调用搜索引擎或者知识图谱服务，再将相关的检索结果直接反馈给大脑。在整个过程中，人类用户完全可以闭目冥想，不需要任何视觉感知或者语音交互，转瞬之间便可畅游"无机信息世界"。

更有甚者，如果把这一技术开发成社交网络的形式，那更可以将无数个"有机信息个体"在意识层面连接起来。某个羞涩内向的年轻人只需要在心中默念一下"我爱你"，千里之外的暗恋对象便会在他/她的意识空间里接收到这个爱情信号，甚至还可以向对方的意识空间里发送一束虚拟的玫瑰花哦！这不就是传说中的心灵感应吗？

这么有趣的技术，那还不赶快去开发？

等等，好像还有些技术问题无法解决……

首先，是大脑中的信息难以提取。

在介绍意念控制的时候，我们曾用脑电波的模式来表达信息，但这种信息表达方式远远不能满足人脑与互联网之间的交互需求。要说明这个问题，我们需要先了解一下信息的粒度概念，也就是信息的粗细程度。用于意念控制的脑电波模式，属于一种粗粒度的信息，它不需要非常精确，只需要在宏观上有一个大致的"形状"即可。而用于人脑联网的信息，则必须是细粒度的、精确到比特级的。例如，当我们想知道"明天北京的天气会如何"时，如果脑电波识别发生错误，结果从互联网返回来这么一条结果："后天南京会下雨"，那岂不是非常尴尬？

人类意识具有随机化、并行化的特点。各种概念元素会在意识空间里无序、混杂地活动着。承载着这些意识活动的，是近千亿个神经元。想要从这近千亿个神经元所发出的极其微弱、纷乱无序的脑电波里，提取出精确到比特级的信息，几乎是不可能的。就好比我们即使能监测到一颗芯片所散发出的整体性电磁辐射，但却不可能识别出这颗芯片里的某个晶体管在某一时刻所表示的数据到底是"1"还是"0"。因为我们所监测到的电磁辐射，是由上亿个晶体管的共同作用叠加在一起的，要想把它们区分开来，简直比大海捞针还难。像Neuralink公司那样在大脑中插入上千根电极，显然是根本不够的。至于是需要插入上万根、十万根，还是百万根？这个数量暂时不得而知，但可以确定的是，人类的大脑无法承受如此之多的外来植入物体，以及相应的高密度头骨钻孔。

其次，是外部信息难以输入大脑。

虽然经历了数亿年的进化，但是地球上的生物的大脑并没有为外部信息交换预留一个备用的通信接口。如果把生物结构看作是一项产品设计的话，那么负责"人类"这个项目的产品经理和项目经理都难辞其咎。既然事已至此，来自互联网的信息又该怎样送进大脑呢？插入脑中的电极当然可以对大脑产生某些刺激性作用，但这些刺激性作用仍然只是粗粒度的，想要向大脑中输入比特级的信息，至少得先明确要对哪些具体的神经元施加怎样的具体影响。在大脑内部，无数个神经元交织在一起，并没有像芯片内部那样清晰明确的数据总线。即使插入上千根电极，又应该将它们与哪些神经元进行对接？事实上，当前的人类对此完全是一无所知。

如果将信息直接送入大脑无法实现，或许还可以采取某些间接性的方案。例如，将外部信息加载到视神经或者听神经上去，这样我们就可以"看到"显示在视网膜上的，或者"听到"播放在耳边的来自互联网的信息。但这样一来，就不能算是严格的双向脑机接口。如果只能做到这个程度，那又何必"修改"什么视神经或者听神经呢？直接将来自互联网的信息显示在 AR 眼镜上，或者播放在插入式的无线耳机上，效果还不是一样吗？

即使不考虑技术难度，人脑联网也并非如理想中的那般美好。

首先，是信息安全问题。

这很明确，只要是联网的实体，就会存在信息安全问题。在初级互联网时代，每天都有数不清的病毒、泄密、诈骗等诸多信息安全事件发生，会给个人、企业造成很大的损失。在物联网时代，每台智能设备都有可能被窃取信息，或者被恶意控制。实际上，这也正是当前物联网发展过程中所面临的最大障碍。如果仅是电视、冰箱被黑客攻击，倒也不会造成多大的损失，但如果自动驾驶汽车，或者智能机器人被黑客控制，那就会变成冷酷无情的可移动武器。如果人脑实现联网，那么人脑也不可避免地会遭受到网络攻击，轻者可能会是记忆信息被恶意窃取，例如银行卡密码、从小到大曾经做过的种种坏事与糗事；重者可能会是面向大脑生理机能的主动攻击，例如高强度地操纵插入脑中的电极活动，使大脑不堪重负，受到损伤，甚至造成人痴呆或者死亡。

当你即将在大脑中植入电极的时候，真的做好心理准备了吗？

其次，是应用效果问题。

将人脑连接至互联网，并不会提升人类的智力。一个人的成就大小，不仅在于获取了多少知识，更取决于他理解了多少知识，以及如何运用这些知识去创新。中国有句古话："尽信书，不如无书。"我们能获取到的所有知识，都只是前人的理解与成就，并且还泥沙俱下、良莠不齐。知识的筛选与消化，只能靠我们自己。如果谁以为只要获取到无限的知识，就能比别人更优秀，那未免也太过天真。更何况，即使想要获取更多的知识或者信息，也完全不必依赖脑机接口。互联网上的信息量不依赖于获取的方式，无论我们用眼睛去看，还是用大脑去读，都不会多一个比特，或者少一个比特。如果说人脑联网真有什么实际效果的话，那也仅仅只是方便了一点儿而已。

意识上传：镜花水月

在脑机接口的各种应用里，意识上传无疑是最具幻想性，也是最为刺激的了。何谓意识上传？简而言之，就是彻底抛弃肉体，将人类意识中的全部生物化信息采集并转换成数字化信息，然后再使之运行在计算机上，从而实现人类意识的永生。

长生不老不仅是古代帝王们的梦想，也是现代社会一些普通人的梦想。医学的进步虽然使人类的预期寿命大幅地延长，但仍然没有任何手段可以阻止人体的死亡。既然逃不脱自然界的规律，那就不妨摆脱肉体的束缚，让自己的意识永远存活在虚拟化的信息空间里。

请稍安毋躁。且不说暂时还没有可供意识存活的虚拟空间，就算是有了，你确定在那个空间里就一定会比现实世界更幸福吗？

首先，意识上传在技术上是不可实现的。

既然人类的意识是一个信息系统，计算机也是一个信息系统，那在理论上说，似乎并非不可能啊？我们在前面也提到过，人脑的意识活动会产生脑电波，这不就是在向外传输信息吗？随着技术的不断进步，如果我们能够更加精确地识别脑电波，是不是就能复制出来一个完整的意识？

我们先来看看怎样才能采集到一个完整的意识。

意识不仅包括大脑中存储的信息，还包括大脑处理信息的方式。也就是说，我们的意识不仅仅是那些沉淀在记忆中的信息，而且还包括每个人独特的思考与行为方式，以及千变万化的性格特征。我之所以是"我"，你之所以是"你"，并不只是因为我们经历的、知道的东西不一样，更因为我们的性格不一样、兴趣不一样、想事情与做事情的方式不一样等。而这些，都是意识的组成部分。缺少了哪一方面，我都不再是"我"，你也不再是"你"。

意识的载体，是由无数个神经元交织而成的信息系统。虽然每个人的大脑都包括皮层、丘脑、小脑、脑干等组成部分，但在更低的神经元层面上，却没有完全相同的两个大脑。每个大脑中所包含的神经元数量，以及连接关系都是独一无二的。正是在独一无二的神经元网络中，存储着每个人的意识信息。这些意识信息可以分为两类：瞬态信息和稳态信息。瞬态信息是指当神经元的物理结构不变时，能够通过电位的变化来表示的信息。典型的瞬态信息就是既可增添，又可忘却的记忆信息。稳态信息则是指通过神经元本身的物理互联结构来表达的信息。这些信息可以长期稳定地存在，不会被忘记。典型的稳态信息就是人类的各种本能反应，以及性格特征。

意识信息的存储形态，既包括稳定的、结构形式的信息，也包括可变的、电位形式的信息，所以当我们试图采集一个完整的意识时，就不能只使用单一的技术手段。对于结构形式的信息，需要采用类似 CT 或 MRI 的医学图像采集系统，以极为精细的尺度（至少达到亚微米级）对大脑进行逐层扫描，然后再重建出大脑的神经元互联结构。对于电位形式的信息，如果仅靠在脑中插入有限数量电极的方式，显然不可能提取出所有神经元的电位状态。至于未来是否会出现更有效的新技术，就目前来看，完全不得而知。总之，不管对于结构形式的信息，还是对于电位形式的信息，在未来一百年内都没有行之有效的采集技术手段。

我们不妨再乐观地假设一下：如果一百年后的技术水平，能够对意识信息进行极高精度的采集，那又会怎样呢？

你还记得量化概念吗？对意识信息的采集，其实就是一个量化的过程。这是因为大脑中的所有信息，都是连续取值的，或者叫作模拟量，例如神经元的长度、电位的数值等。当我们把模拟量转化为数字量的时候，必然会出现量化误差，也就是会丢失一定程度的细节信息。无论采集的精度有多高，量化误差都不可避免。这也就是说，当你的意识信息被采集出来的那一刻，就已经不能再代表"完整的你"。

我们勉强将这个"不完整的你"继续上传，接下来的步骤，就是将你的意识采样信息适配到一个意识模型里面去。意识模型是意识上传技术体系中不可或缺的一个组成模块，也就是一个模拟人类大脑运行原理的、包含意识相关算法和数据结构的数学模型。意识模型的建立，本身就会跟实际的大脑有所差异，因为计算机里并没有真正的神经元，就算能模拟，也不可能100%地复现神经元的各种生理功能。因此，意识模型也可以看作是对大脑生理机能的某种量化。既然是量化，当然也会有量化损失，所以它只能是个"不完整的大脑"。

试想一下，如果将"不完整的你"适配到"不完整的大脑"上，结果会怎样？双重量化损失叠加在一起之后，那就只能得到一个"更不完整的你"。

人类的意识与肉体是一个密不可分的整体，并且会表现出混沌系统的某些特性，例如高度敏感、不可预测。只要在采集意识的时候引入一点点极其微小的量化误差，那么就会像蝴蝶效应那样，导致运行在电脑上的"意识"与运行在肉体上的意识之间产生极大的行为差异。请问，怎样才能证明电脑上的那个"意识"，就是你的意识呢？

根据前述内容，总结出意识上传的具体操作步骤如下：

1）先建立一个尽可能高精度的意识模型，这个意识模型对所有人是无差别、通用的，意识模型里有很多空白的配置参数，包括性格参数、记忆数据结构，或者底层神经元之间的连接参数等；

2）再采集一组尽可能高精度的意识信息，这组意识信息是某个人所独有的；

3）将采集到的意识信息适配到意识模型上去，也就是从某个人的意识信息里提取出意识模型所需要的各种配置参数，使意识模型具体化；

4）使配置过的意识模型在计算机上运行起来。

可见，所谓的意识上传，其本质就是基于某个人的意识信息，配置而成的意识模型。你以为的"意识永生"，其实只不过是一个借用了你某些意识信息的 AI 程序而已。

人，永远只能是人。一旦脱离肉体，意识便会死亡。即使我们勉强将意识信息采集出来，自我安慰地使其运行在计算机上，那也只不过是一张虚拟的"动态遗像"。

其次，意识上传将会加速人类灭亡。

这里所说的人类灭亡，并不是指地球上的所有人都积极主动地将自己的意识上传至计算机，进而导致生物意义上的人类灭亡，而是指研究意识上传这项技术将会导致人工智能的思维能力爆炸式增长，进而推进人类的整体毁灭。

我们已经看到意识上传的两大必要技术条件：

1）建立模拟人脑的意识模型；

2）采集相对完整的意识信息。

这跟人类灭亡又有什么关系呢？关键在于第一项条件，也就是意识模型的建立。

能够建立意识模型，意味着人类对大脑的运行机制已经有了非常全面、深入的理解。意识模型里包含着高度模拟人脑运行机制的各种算法和数据结构，例如归纳、演绎等思维机制，感情、表达等社交机制，当然也会具备类似人类的创造能力。总之，人脑具有的能力与特征，意识模型也都会具有，否则意识上传就无从谈起。

意识模型是完全电子化的智慧体，它具有与人类等同的思维能力。如果我们对一个意识模型进行初始化（也就是配置好各项参数，这些参数既可能来自某个人的意识信息，也可能是随意编造的），然后再赋予这个意识模型一个机械化的身体，那将会得到什么？

没错，这是一个标准的强 AI 机器人。由于它采用了高度模拟人脑的思维模型，因此它的思维能力不多不少，刚好等同于一个人类个体。

即使有了强 AI 机器人，又能对人类产生什么威胁？这不是刚好可以让它们为人类服务吗？

实际情况当然不会这么简单。意识模型的方案提出、逐渐完善、直到接近人脑，需要经过长期的研究。这不仅是程序员们写写代码的事情，还要缓慢地跟随脑科学的研究进展，所以整个过程至少要历时五十年，甚至上百年。在这个漫长研发过程的某个中间阶段，当意识模型在整体上还完全不能比拟人脑的时候，就会率先在原理层面上实现某些关键算法或子系统的突破。虽然在这个时候，意识模型还远没有成熟到可以实施人类意识上传的地步，但这些中间技术成果就可以直接应用在 AI 上，使 AI 的思维能力得以极大地提升。

无论强 AI，还是超 AI，思维能力的提升都是其进化的关键。即使人类不进行意识模型的研究，强 AI、超 AI 早晚也会出现，只是可能会采取不同的技术路径。意识模型的中间阶段研究成果，无疑会对原有的 AI 技术体系提供重要的补充，极大地加速其进化过程。这些研究成果如果用在意识上传，其作用最多也只是无限地接近人脑，但如果用在 AI 上，则必将会突破人脑的范围限制、实现爆炸式的能力增长。

在人类向意识永生之峰艰难攀登的道路上，会在路边采到一些小野果。我们可以把吃完的果核随手一扔，继续低头前行。可当我们偶然间抬头，仰望那缥缈虚幻的顶峰时，却发现当初被自己扔掉的果核早已经长成一棵参天巨树。那巨树的高度，甚至远远超过了我们曾经渴求达到的顶峰。既然如此，攀登又有何意义？

意识永生虽然不可能实现，但与之相关的研究，包括脑科学以及人工智能，仍然会持续地开展下去，因为这些学科还有更多的现实意义。强 AI 与超 AI，也终究会出现。

三、搭建牢靠的"科技经线"

在前几章，我们分别介绍了信息技术、生物技术、能源技术的发展趋势，并粗略地做出了阶段性预测。回顾本书主旨，这其实是对单项技术领域所做的量化。我们尽量不说"未来会有什么技术"这样含糊不清的空话，而是要把这些可能出现的技术分解成若干个具体的发展阶段，再映射到时间轴上去，也就是应该说"在未来的什么时间，会有怎样具体的技术"。

唯有像这样把技术的具体发展阶段在时间轴上标记得一清二楚，我们才能真切地看到技术对未来的影响，基于这些技术发展阶段推演而出的未来社会图景才能有所依据。就像蜘蛛在织网时，总要先拉出几根结实的经线，然后才能横向地编织纬线。信息技术、生物技术、能源技术，就是本书织网所用的三根经线。

科学技术体系有很多个分支，为什么只选取这三个技术领域呢？

这是因为科学技术的分支虽然很多，但其中对未来具有显著影响力的却比较有限。我们在选择技术分析对象时，重点关注的是以下两个方面：

1）对社会生产力具有较大的提升作用；

2）对人类的生活方式具有较大的影响。

当今的人类社会正处于高涨的信息技术浪潮之中，并将持续享受这波技术浪潮的红利。很多被社会广泛关注的技术创新都属于信息技术的范畴，例如物联网、云计算、量子计算、人工智能、自动驾驶等。这些技术创新领域不仅受到学术界的重视，也受到资本，以及政府的重视，因此，企业初创、并购、融资等活动非常活跃。信息技术将会全面地改造人类社会，整体向智能化社会的方向快速推进。人工智能不仅是提升未来社会生产力的重要动力，同时也将重塑人类的文化观念，以及伦理道德。

生物技术，特别是基因技术，将对人类，以及自然界造成巨大的影响。对基因的认识与操纵将使人类前所未有地掌握改造生命的超级能力，同时也是至高无上的权力。这份权力的获得，似乎显得过于突然。人类社会仍然处在惊慌失措之中，尚未做好该如何使用这份权力的心理准备。基因技术将与人工智能一起，共同挑战，甚至颠覆传统的人类道德观念。

能源的获取和运用，是文明赖以生存和发展的基石。当前的人类社会，主要利用的仍然是高污染、低能效的化石能源。化石能源是非再生能源，终将会被耗尽，并且还会造成环境污染、气候变化等负面影响。因此，化石能源仅适合作为人类文明发展过程中的过渡性能源。若想在地球上舒适无忧地生活下去，人类必须寻找能够替代化石能源的清洁、高效、大储量的新型能源。可控核聚变就是这样一种极具潜力的新型能源。

综合看来，信息技术、生物技术、能源技术这三个技术领域将在相当大的程度上决定人类社会的未来走向。因此以这三个技术领域作为先行的经线，便能够相对可靠地编织出未来世界这张"网"。

除了以上这三大重点技术领域，我们不妨再花点时间，简要地看看其他科技领域。

1）基础科学：包括数学、物理、化学等。这些基础科学相对稳定，学术研究主要是对原有的知识体系做一些完善和补充。基础科学如果没有出现重大的理论创新，一般不会对应用技术产生特别大的影响。

2）材料科学：材料科学应用广泛、无处不在。无论信息技术、生物技术、还是能源技术，均需要在某些材料技术上进行突破。由于材料科学的应用场景非常分散，因此难以作为一个整体的技术领域去分析探讨，也难以将各种应用技术的进展与成果归功于材料科学。本书会在介绍三大重点技术领域的时候，简单叙述一些材料方面的内容。

3）航天技术：如前文所述，航天技术将会在相当长的一段时期内陷于停滞状态。虽然在商业应用方面会实现一些性能优化，但在整个 21 世纪都很难出现突破性的创新升级。

4）脑机接口：如前文所述，脑机接口在意念控制方向会投入使用，例如智能假肢、机械战士等。但在人脑联网、意识上传等方向，在今后很长时间内都难以实现技术突破，因此本书不再进行更多论述。

5）流行性技术：每隔一段时间，社会上就会出现一波引领时尚风潮的"新概念技术"。但这些"新概念技术"往往只是资本与媒体的蓄意炒作，要么技术不够成熟，要么欠缺实用性，于是在热炒过一段时间之后，又会逐渐地淡出人们的视野。例如曾经红极一时的可穿戴电子设备、VR 眼镜、区块链等，以后还会出现更多。对于这类流行性技术，本书也不做过多探讨。

我们仍将注意力放回到三大技术主线上。无论其中哪一个技术领域，如果单独来看时，都足以产生无穷无尽的想象空间。例如，信息技术将会带给我们便捷廉价的计算服务、无处不在的智能产品、满街行走的机器人；生物技术将会带给我们花式新奇、产量充足的食物，以及健康长寿的身体；能源技术将会带给我们用之不竭的清洁能源。可是，当这许多美好的愿景混合、叠加在一起时，我们反而会觉得未来更加虚实难辨，仿佛是在一团迷雾中隐约闪烁的点点灯火。

这样一团朦朦胧胧的未来迷雾，显然并不足以让我们运筹帷幄、未雨绸缪，因为我们并不知道在这团迷雾中闪烁的那些灯火，哪些真实可触、哪些缥缈虚幻，哪些近在眼前、哪些遥不可及。

在前文中，我们已经分别对信息技术、生物技术、能源技术进行了量化分析，看到了它们各自在未来的具体发展阶段。那如果将这几个技术领域的未来前景并列起来观察，又能够给我们带来怎样的启示呢？

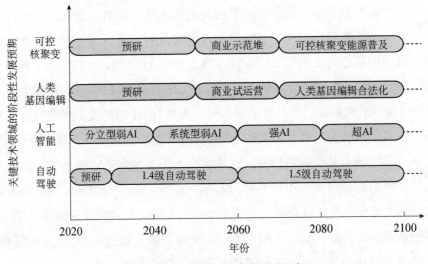

图 6-1　关键技术领域的并列观察

如图 6-1 所示，最先对人类社会产生显著影响的技术将是自动驾驶。在 2030 年前后，将会出现一波自动驾驶技术迅速推广的浪潮。然而这只是人工智能对人类社会的一次试探性冲击。在 2040 年前后，系统化的人工智能终端产品，也就是弱 AI 机器人将会大量地进入我们的日常生活。虽然这些弱 AI 机器人尚不具备思维能力，但已经能够在特定的工作场景中代替人类。与此同时，我们将会在担忧、抵触，又无可奈何中，吃下越来越多的基因编辑食物。这些基因编辑食物广泛地包括谷物、蔬菜、水果、肉类等。当我们对基因编辑食物、基因医疗逐渐习以为常后，对人类基因编辑的抵触情绪也会随之而逐渐淡化，或者说，无所谓啦！

在 2060 年前后，强 AI 将会出现在我们的生活当中。它们聪明伶俐、勤劳恭顺、善解人意，很快便成为我们忠实的奴仆、朋友，甚至伴侣。强 AI 的出现将会给人类社会带来巨大的结构性冲击，换句话说，也就是超大规模的失业潮。人，已经开始显得有些多余。与此同时，第一批经过商业化基因编辑而出生的孩子们，应该正在读小学。他们不会受到任何歧视，这不仅是因为没人知道他们的基因来历，更因为此时的社会对于人类基因编辑已经达到很高的包容度。就像现在，谁会歧视整容者呢？同时期，核聚变发电技术进入实用化阶段，建成少量的商业示范堆，但还未开始大规模推广。化石能源的消费比例虽然已经大幅下降，但仍然是主要的能源类型。

在 2080 年前后，人类终于大规模地使用上了梦寐以求的核聚变能源。煤矿、油井大部分被关停，仅保留少量的开采作为化工原料。但此时在地球上享受蓝天白云、绿水青山的"智慧物种"却并非只有人类。且不管运行在大公司和其他机构的服务器上的超 AI，就连日常生活中的强 AI，也都达到了极高的成熟度。为了不使人类用户的自尊心受到打击，这些强 AI 的制造商们甚至会故意限制一下强 AI 的实际能力。但尽管如此，人类对 AI 的态度仍然会从亲密转为敬畏，再从敬畏转为恐惧。人类在 AI 面前变得越来越自卑。一些人会认识到，人类并不是地球上最优秀的物种，也终将会被历史所淘汰。既然如此，过完自己这辈子就算圆满结束，不婚不育的人越来越多。就连刚刚兴起的人类基因编辑市场，也无可奈何地被裹挟着跌入下滑期。人类文明达到了前所未有的高度，同时也是最后的高度。人类与 AI 之间，十分微妙地互相利用着，又互相防备着，在既亲密又紧张的气氛中，共同等待着那个"奇点"的到来……

通过以上简单快速的浏览，我们就能初步体验到以量化方式去观察未来的优势。未来并不是某个时间点，也并不是某个时间段，而是一连串的无穷多个时间片，在每个时间片里都内嵌着一幅当时的社会情景照。所谓量化未来，其实就是从无穷多个紧密排列的时间片里，抽出几个我们最感兴趣的。抽取的时间片越多，观察的效果就会越精细，但是也越加繁琐冗余，因此本书只是示范性地每隔 20 年抽取一个时间片。

　　至此，我们已经在未来这张"蛛网"上画出了三条代表科技维度的"经线"。在随后的几章里，我们还会拿出一把放大镜，仔细地观察这些抽取出来的时间片，依次探究在三大技术领域的综合影响下，社会的方方面面将会呈现出怎样的变化与特征。

第七章　观　察　2040

在前面的几章，我们以纵向分析的方式，对影响未来的几个关键技术领域做了简要梳理。尤其重要的是，勾勒出了这些技术领域在未来的阶段性发展预期。从本章开始，我们将以横向分析的方式，依次对选定的几个采样时间点进行综合性的观察。

如果凭空给你一个未来的时间点，例如 2040 年、2060 年，或者 2080 年，请你描绘出那个时代的社会面貌，或许你的第一反应会是无从下手吧？可当我们已经得知那个时代的典型技术特征，以其作为依据，再进一步去思考那个时代的其他方方面面，就能够有所支撑，观察到相对全面、可靠的未来图景。这也正是我们特别强调以技术预测先行于社会预测的原因。

实际上在各技术领域之外，还有另外一个可以相对准确预测，同时也是非常重要的社会变量，那就是人口。所谓人口，并不是指与我们距离遥远、毫不相干的"很多很多人"。人口虽然是一个宏观的概念，但却是由无数微观的个体所组成，不仅包括你和我，还包括我们的亲人、朋友、同学、同事，以及每一个直接或间接地与我们存在着各种关联的人。我们之所以要关注未来，正是为了包含着无数个你、我、他/她的这个整体性的人口。同时，人口也以其客观存在的发展规律，深刻地影响着我们每一个人的未来生活。

一、向老龄化冲刺！

当我们谈论未来的时候，人口与技术是最具决定性的两大要素。没有人的未来，是毫无意义的。我们所关心的未来，无非就是"什么样的人，用什么样的技术，做什么样的事，过什么样的生活"。因此，只要知道了在未来某个时间点上生活着哪些人，以及他们能够运用哪些技术，那么我们也就自然而然地能够推测出这些人将会有怎样的行为和心理。这不就是我们想要观察的未来吗？

技术与人口，是观察未来不可或缺的两大支撑。在前面的几章，我们已经分门别类地论述了未来关键技术的发展脉络。从本章开始，我们将把人口也作为对各个时代进行横向分析的重要维度。

人口的重要意义

说起人口这个词，在很多人的潜意识里，或许这只是一个粗略的数字，表示着生活在某个国家或地区的总人数。这种简单直白的理解当然也没错，例如根据第七次全国人口普查，在 2020 年，中国（大陆）的总人口约为 14 亿，地球上的全部人口约为 77 亿。

但实际上，人口这个概念绝非仅仅是个单纯乏味的数字而已。我们只需略加思索，便能够意识到它还蕴含着更为丰富的现实涵义。人口，是对生活在某个地区里的全部人类个体在宏观层面上的某种概括，包括居民的地理分布、年龄结构、性别比例、健康状况、受教育程度、宗教信仰等诸多方面。

每个人都有着独特的社会属性，例如性别、年龄、文化水平、职业技能、政治面貌、宗教信仰等。当我们浏览某个人的简历时，在寥寥数语中便可以大致地了解到这究竟是一个什么样的人。与之相似，某个国家的人口概况也简明扼要地描述着生活在这个国家里的所有居民的大致情况。

例如，当我们看到某个国家人口的年龄中位数是 30 岁时，直觉会告诉我们这个国家正享受着充分的人口红利；看到另一个国家的年龄中位数是 50 岁时，不禁就要为这个国家的老龄化程度而担忧。当我们看到某个国家的人口预期寿命为 60 岁时，就可知道这个国家的经济发展水平较低，其居民的生活水平、医疗条件也都比较差；看到另一个国家的人口预期寿命为 80 岁时，显而易见，这是一个经济较为发达的国家，其居民能够享受到的生活水平、医疗条件都更加优越。

由此可见，人口这个概念蕴含着一系列非常重要的综合性指标，它所具有的现实意义体现在如下几个方面：

- 人口体现着一个国家的发展水平；
- 人口隐含着一个国家的发展目标；
- 人口预示着一个国家的发展方向。

人口体现着一个国家的发展水平

一般来说，经济学指标是最常用的国家发展水平度量工具，包括人均 GDP、人均资源消耗量等。谁穷谁富，一目了然。例如在 2019 年，美国的人均 GDP 已超过 6 万美元[①]，而中国的人均 GDP 才刚刚跨过 1 万美元[②]这道门槛。这意味着平均每个中国人所创造出的财富（至少是纸面财富）远低于一个美国人。

然而，人均 GDP 仅仅代表着每个国民创造了多少财富，但却并不能生动地反映出国民的实际生活品质。在经济学指标之外，人口指标也具有相似的度量作用。与经济学指标相比，人口指标更加贴近发展经济的根本宗旨，那就是让国民享受到更高品质的生活。

如果我们采用人口指标，会有怎样的效果呢？

人口指标远不止是个表示总人口的单调数字，它还包括一系列与人密切相关的指示性参数。

儿童死亡率、人口预期寿命：体现着国民的医疗与健康水平。如果某个国家的儿童死亡率较高，就意味着这个国家的儿童难以获得足够的营养摄入，以及缺乏必要的医疗保障。类似的，如果某个国家的人口预期寿命较低，则意味着这个国家的居民在与疾病对抗时只能借助于非常有限的医疗资源、因病死亡率较高。例如，中国在 20 世纪 50 年代初的人口预期寿命还不到 45 岁，而在经过数十年的持续提升之后，现如今已经达 76 岁[③]。这其中蕴含的巨大社会意义，绝不是仅用"GDP 翻了多少倍"就能概括的。

儿童入学率、平均受教育年数：体现着国民获取知识的权益，以及该国劳动力的整体素质。如果某个国家的儿童入学率较高，就意味着该国的基础教育设施完善、普及程度较高，国民可以享受到良好的基础教育福利。类似的，如果某个国家的平均受教育年数较高，则意味着该国拥有较多的高等教育资源，并且在劳动力群体中拥有高学历的人员占据较高的比例。例如，中国在 20 世纪 50 年代初的儿童入学率仅有 20%，而在九年义务教育全面普及的今天，儿童入

---

① 数据来源：世界银行. https://data.worldbank.org.cn/indicator/NY.GDP.PCAP.CD?end=2020&locations=US&start=1961&view=chart.

② 数据来源：世界银行. https://data.worldbank.org.cn/indicator/NY.GDP.PCAP.CD?locations=CN.

③ 数据来源：联合国经济和社会事务部人口司，《世界人口展望 2019》。

学率已经超过了 99.95%①。文盲，似乎早已成为一个既遥远又陌生的词汇。

城市化率：体现着国民享受现代化生活的程度。从历史上看，每一个进入工业化的国家都会经历一番城市化进程。城市生活往往意味着更多的就业机会、更加现代化的生活方式。因此城市化率能够比较直观地反映出一个国家的经济繁荣程度、现代化水平。中国在 1950 年的城市化率仅为 12%，目前已经超过60%，而美国当前的城市化率则已超过了 80%，日本甚至已经超过了 90%。

由此可见，利用人口指标来评价一个国家的发展水平，能够获得比经济学指标更加立体、生动的效果，从"以人为本"的角度反映出这个国家的经济水平和文明程度。这就好比对于一个人来说，重要的不仅在于他能赚多少钱，更在于他正经历着怎样的生活、是否拥有幸福感。对于一个国家来说，它所具有的一系列人口指标，也就简明扼要地体现着这是一个怎样的国家、拥有着怎样的国民。

人口隐含着一个国家的发展目标

既然人口指标体现着一个国家的发展水平、国民的生活品质，那么当我们想要对未来的生活提出某些期望值的时候，自然而然地，也就可以通过人口指标来表达这些期望值。换句话说，当我们看到今天的人口指标处在怎样一个不太理想的状态时，也就知道了希望明天在哪方面应该变得更好。

例如，日本当前的人口预期寿命已经达到 84 岁，而中国才达到 76 岁②。谁不希望健康长寿呢？中国需要怎样努力，并在何时才能达到这一水平？发达国家的平均受教育年数普遍为 11～12 年，而中国目前仅为 9～10 年。这意味着中国的劳动力素质仍有较大的提升空间，如何才能尽快缩小这个差距？

在个人的期望与贡献之外，政府通常也会将关键的人口指标作为长期发展规划的奋斗目标、相应的执政能力考核指标。人口指标毕竟是一系列宏观层面的数字，所以更适合在政府层面上进行规划与实施。

关于这个话题，还有另外一个更为深层的含义：所谓人口，其实就是我们自己。

人口虽然是一个宏观的概念，但却是由无数微观的个体所组成。每一个微

---

① 数据来源：中华人民共和国教育部，2018 年全国教育事业发展统计公报. http://www.moe.gov.cn/jyb_sjzl/sjzl_fztjgb/201907/t20190724_392041.html.

② 数据来源：联合国经济和社会事务部人口司，《世界人口展望 2019》。

观层面上的人类个体，都是宏观层面上人口指标的贡献者；而每一个宏观层面上的人口指标，也都会或多或少地代表着我们每一个微观层面上的人类个体。因此，人口指标既反映了我们当下的生活状态，同时也隐含着我们想要改善生活水平的具体目标，更是在未来评价我们奋斗成果的终极量尺。

尽管在微观层面上，人与人之间难免会存在一定的差异性，尤其是在中国这样一个幅员辽阔、人口众多、地区间经济发展又不均衡的国家里。但人口指标仍然具有非常重要的现实意义，每一个国民都无法摆脱与人口指标之间的各种现实关联。因此，我们每一个人对于未来生活的美好期望，都将聚合成相关的国家发展战略；我们每一个人为改善自己生活所付出的点滴努力，也都将体现在这个国家人口指标的数字变化上。

人口预示着一个国家的发展方向

在了解到人口指标的深刻含义之后，我们或许会满怀信心地期望着：怎样才能借助于人口指标，在个人、组织层面上做出积极合理的规划，并且务实、高效地去实现这些目标，以使我们的国民能够在未来享受到更高的生活品质？

尽管这个愿望是美好的，但我们却不得不承认，人口指标并不会如我们所期望的那样，轻而易举地就能被改变。

这是因为，人口具有很强的"惯性"。

物理学中的惯性，是指物体具有保持原有运动状态的性质。无论我们想要使物体加速、减速，还是改变运动方向，都必须向物体施加一个持续的力，才能改变其原有的运动状态。更进一步地，根据牛顿第二定律可知：物体的加速度跟物体所受到的力成正比，跟物体的质量成反比。这也就是说，对于质量越大的物体，想要改变它的运动状态就会越费劲儿。这就好比在高速公路上，载重量越大的货车，就越难以刹车。

那么人口的"惯性"和牛顿第二定律又有什么关系呢？

人口所具有的"惯性"，与物理学中的惯性极为相似。

这是因为，人类作为一种社会型生物，需要经历漫长的生长周期。一个刚诞生的婴儿，必须得在经历过吃奶啼哭、翻爬磕绊、牙牙学语之后，才能在六七岁时被家长送进学校；一个刚入学的稚嫩小学生，至少得先接受过九年基础教育，才能进入社会，从事某种职业；一个年轻气盛的职场新人，往往要先经历过一番摸爬滚打、身心磨砺，才能有条件成家立业、扶老携幼；一个刚退休的老人，很可能还要在孤独寂寞中度过二三十年，才会走到其人生的终点。

以人力资源的角度来看，一个人首先要经过二三十年的培育期，然后在长达三四十年的工作期内持续地为社会做贡献，最后再享受二三十年的闲置期。人力资源的高效利用离不开充分、合理的规划。例如，对于某个儿童来说，如果在其培育期没有接受到良好的教育，那么很可能终其一生也只能作为一个低端劳动力，仅能为社会贡献非常有限的价值。我们不妨再扩大一下范围，如果某个国家在某个时代的生育率很高，并且受到经济条件的限制，绝大部分儿童都没有接受到足够的基础教育，那么这整整一代儿童实际上是被"荒废"掉的。这在当时或许并没有什么不良影响，但在二十年后，这个国家将会涌现出大量的低端劳动力，意味着这个国家只能通过发展劳动密集型产业来缓解就业压力。如果政府不能为之提供足够的就业岗位，大批的闲散青壮年人口不仅会成为社会的负担，而且还将对社会治安造成负面影响。而再过三十年，这个国家又将会涌现出大量的退休老人，给这个国家带来巨大的养老压力。

从上述例子可以看到，人口的形成、转变和影响具有比较长期的滞后性，往往要以数十年来计算。这也就是说，我们当前的人口状况，决定于在几十年前就种下的"因"，而我们当前为改善人口指标所做出的努力，则要在几十年后才能产生相应的"果"。国家越大、人口越多，这种滞后性的影响也就越大，同时也就越加难以转变。

这就是人口的"惯性"。

人口的"惯性"，就像是一辆在平滑如镜的冰封湖面上行驶的重型卡车。即使司机将油门一脚踩到底，卡车也只能在滑溜溜的冰面上非常缓慢地加速；即使司机猛踩刹车，卡车也不会正常地减速，而是会继续向前疾冲。而当司机用力转动方向盘时，即使车轮已经转向，但整个车体却仍然会在相当长的一段距离内保持直线滑行。

人口的"惯性"，既使其便于预测，同时也使其难于转向。

（1）人口便于预测

由于人口所具有的"惯性"，因此我们就可以基于某个国家的历史人口数据，相对准确地预测出未来几十年内的人口变化趋势。最基础的预测方法就是通过历年来的人口出生率，去预测未来各时期的人口数量、年龄结构。

例如某个国家在某段时期内出现了一波"婴儿潮"，那我们便可以很容易地预测出：在二十年后，这个国家将会出现一波人口红利，而再过四十年，这个国家又将承受一波老龄化压力。如果再将这波"婴儿潮"中所诞生的孩子所接受到的教育水平作为预测参数，那我们又可进一步地预测出：如果这些孩子普遍地接受到了良好的教育，那么在二十年后，这个国家将能够依靠大量的高素质劳动力发展高科技产业；但如果这些孩子普遍缺乏必要的基础教育，那么在二十年后，这个国家就只能发展比较低端的劳动密集型产业。所以说，"再穷不能穷教育"。一旦教育质量发生断代式下跌，后果就是"荒废"掉整整一代人。其影响不仅限于被荒废的这代人，还会在长达数十年的人口迭代周期内成为整个国家的负担。

我们再看另一个颇为尴尬的例子：在某些发展中国家的一些落后地区，存在着比较严重的"重男轻女"思想。年轻的夫妇们往往期待着生下男婴，并通过堕胎或弃婴的方式减少女婴。这就造成了新生儿中男女比例严重失衡的非自然现象。结果不出所料地，在二十年之后，当初被父母寄予厚望的那批宝贝男婴们终于长大了，但这些年轻力壮的小伙子们却无奈地发现，周围的年轻女性太少，要么花费极高的代价才能娶到老婆，要么就只能孤独终老。不知二十年前那些狠心抛弃女婴的夫妇们，此时又会作何感想？

在古代，由于受到频繁发生的战争，以及饥荒、瘟疫等影响，人口的变化会呈现一定程度的随机性。但在现代，随着战争的频率与烈度均大幅降低、农业与医疗技术的快速进步，人口的变化则呈现更高的规律性，因而也更容易获得相对准确的预测结果。

正是因为人口便于预测，我们才将人口作为观察未来的一个重要维度。

（2）人口难于转向

由于人口所具有的惯性，因此一旦某个国家明显地表现出某种人口变化的趋势，就很难再使其转向。

一个人出生，只要不发生意外，就会依次经历幼年、童年、青年、中年、老年这几个人生阶段。他/她在童年与青年时代就必然会受到当时社会环境（例如经济或文化）的影响，并将这些影响"刻录"在自己身上，伴随终生。如果是一千万人，甚至上亿人同步地受到某种社会环境的影响，又会产生怎样的结果？那必然就会形成这一代人共同的记忆与属性，在今后的数十年内再反向地影响这个社会。

正因为人口不仅是未来世界的主角，而且还是未来经济的创造者，所以本书将人口作为与技术并列的重要观察维度。在每一个采样时间点上进行横向分析时，都采用先人口后经济的顺序。当我们看到在某个时代生活着哪些人、他们能够运用哪些技术之后，便可以更加简明可靠地推演出那个时代的经济概况。

未来中国人口的两大趋势

在了解到人口的重要意义之后，我们再来具体地看一下本书选定的观察地域，也就是中国在未来的人口概况。

中国的地域面积广阔，且地理形态多样。自西向东是沙漠、高原、山脉、丘陵、平原。由于适宜农耕的土地大多分布在东部地区，因此自古以来，人口的空间分布就是"东多西少"。大尺度的地理纵深，以及多样化的地形地貌，造成了极大的文化差异性，以及经济发展的显著不均衡。

再看一下历史。近现代的中国，有着极为曲折坎坷的发展历程。几乎每一个历史阶段，都在独特的社会环境中，造就了具有鲜明特色的一代人。这就导致当前的中国人口具有多个层次分明的代际文化差异，也就是俗称的代沟。

当前中国的人口构成，是极具多样性的。随着时间的流逝，许多个"人口子群体"都在变化中相互影响着，因此中国未来的人口演变必定是多姿多彩的，也非常值得深入地进行探究。然而本书并非人口学专著，只是借助于人口趋势以窥探未来，因此仅粗粒度地简述未来中国人口演变的大致趋向。

在 2040 年前后，中国人口将呈现出以下两个最显著的特征：

- 老龄化；
- 少子化。

亦喜亦忧的老龄化

所谓老龄化，就是指在某个国家的人口总量里，老年人口占有较高比例的现象。老龄化是一个相对性的概念，并没有绝对的判定标准。在国际上一般以 60 岁或 65 岁作为划分老年人群的年龄界限。一般认为当老年人口的比例达到 30%或 35%以上时，就进入了老龄化社会。

在 2020 年，日本 60 岁以上的老年人口比例达到 34.3%，显然已经跨进了老龄化社会的大门。而中国的这一数字则只有 17.4%，乍看起来，似乎与老龄化的距离还相当遥远。

然而现在提到中国的老龄化问题，绝非杞人忧天。老年人口的比例，也绝不只是一个普普通通的统计数字。中国的老龄化趋势不仅会深刻地影响未来的经济与文化，甚至还有可能演变成一场社会性的危机。

这就未免有些危言耸听了吧？老年人口的数量多一些，又有什么大不了的？谁不希望自己及家人健康长寿呢？

话虽如此，但一个国家进入老龄化之后，就不得不面临很多现实性的问题。正如孔子所说："父母之年，不可不知也。一则以喜，一则以惧。"我们不妨先把整个国家的人口比例缩小到一个家庭，以微观的角度来感受一下什么是老龄化。

假设在一个大家庭里，一对老夫妇生育了两儿两女，这两个儿子在结婚后，又各生育了两个孩子。如果不计算已经出嫁的女儿，再算上他们的两个儿媳，那么在这个大家庭里共有四个可以赚钱养家的年轻人。这四个年轻人需要养活两个老年人和四个孩子。因此这个家庭的抚养比是 4∶6，简化成 1∶1.5，也就是每一个劳动人口平均需要额外负担的生活开支为 1.5。

而在另外一个小家庭里，两个均是独生子女的年轻夫妇只生育了一个孩子。再加上夫妻双方的四个年老父母，在这个小家庭里只有两个年轻人可以赚钱养家，但却有五个非劳动人口。这个家庭的抚养比是 2∶5，也就是 1∶2.5，意味着每一个劳动人口需要额外负担的生活开支为 2.5。

如果在这两个家庭里，每个劳动人口的收入都是一样的，那么显而易见，前面那个大家庭能够获得更高的人均收入、享受到更好的生活品质，而后面那个小家庭相对来说则会日子过得紧巴巴。一般来说，年轻人比例越高的家庭，日子过得就越富裕，而老年人比例越高的家庭，日子过得就越拮据。换作国家，也是一样。后面那个小家庭所面临的人口状况，就是微缩版的老龄化。

在上述例子中，是假设老人们都没有收入，只能依靠儿女的供养。如果把微观的家庭再放大到宏观的国家级规模，实际上许多国家的老年人也只能依靠本国年轻人的供养。地球上的这些国家，毕竟还是各过各的日子，"各人自扫门前雪，哪管别人瓦上霜"，所以并不会出现 A 国为 B 国养老这种现象。至于国际组织呢？通常也不会大发善心地为某个国家发放养老金。因此即使一个国家进入老龄化社会，不管酸甜苦辣，都只能由自己承受。

现在，我们已经知道了老龄化是个麻烦事儿，但具体麻烦在哪儿呢？

老龄化对社会的影响，主要在于以下两个方面：

（1）社保压力增大

现代国家普遍都建立了社会保障制度，以统筹分配社会资源、保障老年人的基本生活。但是钱从哪儿来？无非是靠各种税收。当一个国家的 GDP 总量相对稳定时，分配给社保的资金越多，能用在其他方面（例如教育、医疗、科研、国防等）的资金就越少。于是该国政府就会面临巨大的财政压力，只能不停地拆东墙、补西墙，甚至不惜举债，即使经济仍然有所增长，但每年新增财富中的很大一部分也要花在养老上。也就是说，老龄化会削减经济发展的成果。更极端的情况是，如果经济发展速度赶不上老龄化加重的速度，那么这个国家的经济状况甚至还会发生倒退。

（2）经济活力降低

与老年人口的增长相对应，年轻人口的比例势必就会持续降低。年轻人是创造社会财富的主力军。如果年轻人的比例减少，那谁来创造社会财富？谁来贡献社保资金？此外，在老龄化社会中，必定要对年轻人实行高税收，再以社保的形式补贴给老年人。可是一旦提高了年轻人的税收，年轻人的消费能力就要大打折扣。消费能力的降低又意味着生产和服务需求的降低，进一步使经济走向低迷。

老龄化从何而来？

老龄化是一种现代社会现象。换句话说，这在古代是没有的。至于原因，也很简单：古代人口的人均寿命比较短，不具备形成老龄化社会的客观条件。

老龄化其实是一种社会层面上的"富贵病"。随着社会生产力的提高，人类有更充足的资源满足老人们的生活需求；随着医疗技术的发展，人类有更先进的手段延长老人们的生命。如此看来，老龄化难道还是一件好事？

当然是好事喽！至少是利大于弊。人类发展经济、研究医学的目的，不正是为了让人们能过上更加健康、快乐的生活吗？实际上，只有经济水平足够发达、医疗技术足够先进的国家，才有进入老龄化社会的"资格"。因此，在进入老龄化社会的时候，我们不妨先敲锣打鼓庆祝一番，然后再去考虑如何解决老龄化的各种副作用。

产生老龄化的第一个原因，是人口预期寿命的增长。自 20 世纪 50 年代开始，中国的人口预期寿命一直在保持增长，从不到 45 岁，直到目前的 76 岁。到 2040 年时，预计还会进一步增长到 80 岁左右。

　　只要人口预期寿命增长到一定程度，老龄化现象就会自然而然地出现。我们不妨举个理论上的例子：假如某国的人口预期寿命为 90 岁，且各年龄段的人口数量非常平均，那么 60 岁以上老人的占比就会达到三分之一，也就是 33% 左右，属于典型的老龄化社会。

　　产生老龄化的第二个原因，是生育率的波动。对于生育率长期比较稳定的国家，即使进入老龄化社会，其老龄化进程也会相对地温和一些。但对于生育率波动性很大的国家，例如中国，老龄化进程则会呈现较为汹涌的态势，就像是在涨潮时段里叠加而来的一波海啸。

　　为什么中国的老龄化态势会来得更加猛烈呢？我们只要看一眼之前几十年内的人口出生率，就会一目了然。

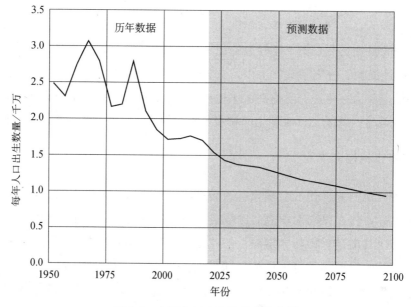

图 7-1　中国人口出生数量变化曲线

数据来源：联合国经济和社会事务部人口司

　　由图 7-1 可见，在 20 世纪 60 年代与 80 年代，中国的人口出生率曾经出现过两个高峰时段，即"婴儿潮"。60 年代的那波"婴儿潮"跨度长、体量大，而 80 年代的那波较窄的"婴儿潮"则可以看作是前面那波"婴儿潮"的"回声"，也就是时隔二十年后，前面那波集体出生的"60 后"在长大成人之后，进入生育期，养育出了人数众多的"80 后"。可再过二十年后，也就是 21 世纪初，却没有出现第二次"回声"，这似乎显得有些诡异……

　　由于这两波"婴儿潮"相隔较近，因此我们也不妨将其看作是一个整体性的高生育率时期。自 20 世纪 90 年代开始，由于"计划生育"政策的严格实施，中国的人口出生率开始迅速下降。在之前的高生育率时期，每年新出生的人口大致在 2500 万左右，而在进入 21 世纪之后，每年新出生的人口仅为 1700 万左右，并且还有持续下降的趋势。

　　这种出生率大幅波动的结果就是：随着那批在"婴儿潮"里聚堆儿诞生的婴儿们长大成人，将首先产生一波活力四射的人口红利，继而他们又将集体性地老去，转化为一波"人口负担"，为本已显露的老龄化现象雪上加霜。

即将到来的老龄化冲刺期

　　考虑到人口预期寿命的延长，以及"婴儿潮"的后续影响，中国的老龄化将呈现出如图 7-2 所示的变化趋势。

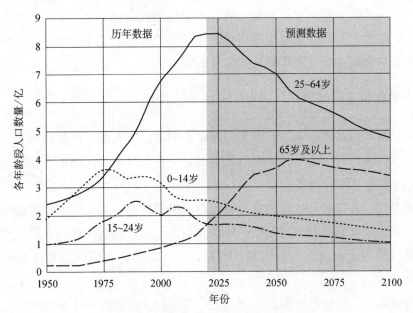

图 7-2　中国人口各年龄段分布曲线

数据来源：联合国经济和社会事务部人口司

　　由图 7-2 可见，中国的老龄化进程大致将在 2025～2050 年形成一个急剧抬升的高潮，此后便会长期地稳定在一个较高的程度上。这就是说，中国还有短暂几年的预备时间，最迟从 2025 年开始，就不得不与老龄化浪潮正面抗衡。实际上，在中国的某些局部地区，早已经进入了老龄化社会。例如位于中国最北端的黑龙江省，由于年轻人口大量外流，造成本地老年居民的比例持续升高，导致近几年来该省的养老保险基金已经入不敷出，深陷于老龄化经济危机之中。

本书选取的其中一个采样时间点之一，也就是 2040 年，正处在这个老龄化冲刺期的中间位置。老龄化社会的种种特点，以及民间与政府的种种应对举措，将会成为这个时代的经济与文化的主旋律。

在上图中，我们不仅能看到老年人口比例升高的趋势，还能看到劳动年龄人口与青少年人口同步减少的趋势。

首先，劳动年龄人口的减少速度非常惊人。在 2025～2050 年，年龄范围在 25～64 岁之间的劳动年龄人口将总计减少 1.4 亿，相当于日本或者俄罗斯的总人口量。而平均每年减少的 560 万劳动年龄人口，则相当于每年减掉一个芬兰或者丹麦的总人口。这意味着中国长期以来作为竞争优势的数量型人口红利即将失去，与此同时，经济结构势必要迎来大幅度的调整。

其次，是青少年人口的减少趋势，也就是所谓的少子化，即由于生育率降低而导致的新生人口数量过少的问题。老龄化的问题主要是造成经济方面的困难，而少子化则将给中国带来更为深远的影响。

少子化与文明的衰亡

人口就是国家的命运。受到人口因素影响的经济发展、国民福利等方面，当然是国家命运的一部分。然而国家命运这个概念里最为深刻的一层含义，则是指这个国家"能否继续存在下去"？

在古代，人口就是战争的潜力。人口少的国家更容易在战争中遭遇失败，"亡国"往往就意味着"灭种"。然而在当今世界，虽然局部战争仍然存在，但却难以再因此而灭亡一个国家。可是，现在的国际格局，将会永远保持下去吗？

当然不会。即使世界大战不再发生，各国在人口层面的竞争却依然存在。相比于战争层面的"武斗"，人口层面的竞争则是缓慢的"文斗"，涵盖人口数量、人口素质、年龄结构、民族结构、宗教结构等诸多方面，比拼的是长期的国策与耐力。一旦某个国家的人口状况不再健康，甚至在某些方面发生严重失衡，就会触发国内酝酿已久的矛盾，陷入内外交困的境地。在各种可能的人口问题当中，最为严重的危机，就是主体民族人口数量的减少。

少子化，就是导致主体民族人口数量减少的直接原因。

我们之前在谈论信息技术的时候，曾提及过指数式增长的概念。而少子化的演变进程，则会遵从指数式下跌的规律。

当今世界上已有多个国家进入了人口负增长状态。例如日本，预计到 21 世纪末，其人口总量将下降至当前的一半。韩国、意大利、俄罗斯等国也紧随其后，对各自人口数量的下降趋势忧心忡忡，甚至担心这将导致国家的"缓慢消失"。

这些国家大多是发达国家，并不缺乏养育新生人口所需的物质条件，可为什么人口数量还会持续减少呢？主要还是文化方面的原因。经济越发达的国家，年轻人就越崇尚独立自由的个性化生活。个体的思想得到充分的尊重和发挥，这当然是社会进步的表现，但其副作用就是年轻人不愿再被生儿育女的社会责任所绑架。一旦某个国家的年轻人"开了窍"，无论再怎样威逼利诱，少子化的趋势都难以挽回。

中国当然也不会例外。在当前的中国社会，年轻人结婚生子仍然还是主流文化，但这种文化的主流地位势必维持不了多久。在中国传统的家庭文化里，年轻人的婚恋行为在很大程度上要受到父母的影响。以 1980 年为界，"80 后"是最先从相对保守的传统文化中走出来的一代人。这代人虽然从小就接触到了自由开放的思想，但他们的婚恋行为依然在其父母的保守观念笼罩之下循规蹈矩，因此这代人依然保持了相对稳定的生育率。然而当这代人的子女们，也就是"00 后"长大成人之后，身为父母的"80 后"将不会再限制其子女们的自由化思想。于是"00 后"将是最先大规模地实践"不婚不育"的一代人。这也就意味着，中国的少子化现象会从 2020 年开始明显地呈现，并将不断加剧。

在老龄化和少子化的双重作用下，中国的人口总量将会在 2030 年前后开始显著下降。由于中国人口的巨大基数，哪怕每年只减少 0.5% 的人口比例，也意味着每年将减少近七百万的净人口。这相当于每年要消失掉一个老挝或者保加利亚同等规模的国家的人口。在全球范围内，还从未出现过如此大规模的人口下跌现象。

可不可怕？吓不吓人？

少子化当然是一场潜在的重大危机，但我们也不必过于恐慌。关于少子化，我们需要看清如下几个事实。

（1）少子化是挡不住的

目前在世界范围内，没有一个国家在出现少子化趋势之后，还能重新扭转方向。这就是人口的"惯性"，中国也不会例外。既然如此，如何平稳、有序地降低少子化的种种负面影响，才是我们需要关注的重点。

（2）适当的人口下跌是有利的

少子化的担忧者们认为，人口减少，特别是青壮年人口的减少会降低经济的活力。这当然有一定道理，但却考虑得不够全面。首先，单纯以人口数量支撑起来的经济规模是虚弱的，也并不美好，例如1840年的清朝。如果人均产值能够持续提高，那么经济总量也并非会随着人口的减少而降低。其次，中国的全面工业化进程，所需要的劳动者将以高学历人才和技术型人才为主，过多的低端劳动者反而会成为社会的负担。最后，当强人工智能在2060年前后进入实用化阶段之后，将会大范围地替代普通人类劳动者，造成大规模的失业潮，因此适当的人口减少，反而会起到一定程度的缓冲作用。

（3）少子化的影响将是相对平缓的

少子化本身并不可怕，可怕的是来得过于猛烈。政府将会根据人口统计数据，适时地制定相关的生育激励政策，以将人口减少的速度调控在社会可以平缓承受的范围内。例如在2016年，中国政府就停止已实行三十余年的计划生育政策，允许第二胎的生育。另外，由于中国经济发展的不均衡性，因此少子化将首先出现在经济发达的东部沿海地区，而在广阔的中西部地区则会延迟出现。这就会形成一个渐进式的梯度，在一定程度上减缓少子化的发展速度。

2040年的劳动力，你们在哪里？

我们已经看到在2040年的中国将会出现的两大人口变化趋势：老龄化和少子化。在进一步分析2040年的经济形势之前，我们很有必要再重点关注一下人口指标中与经济活动最为相关的组成部分：劳动力。

人类的经济活动虽然纷繁复杂，但却可以粗略地分成两种相反的类型：生产和消费。在一个封闭型的社会里，生产和消费的产品数量是大致相等的，即只有先生产出多少产品，才能消费掉多少产品。因此生产力也就成为经济活力的决定性因素。

生产力与人口指标之间的"交集"，就是劳动力。简而言之，劳动力是指在一个国家里，有哪些人在从事生产活动、他们又掌握着哪些劳动技能。劳动力的数量和水平，决定着这个国家的生产力水平，同时也就决定着这个国家的经济水平。

此时此刻，正在读书的你，或许就是一个当代劳动力吧？当代劳动力的主体，是"70后""80后"，以及部分"90后"。由于现代中国社会的快速变迁，因此这几代人之间哪怕只相隔十年，也存在着很大的代沟。"70后"在小时候着实吃过不少苦，教育条件也不够好，大学生属于凤毛麟角，但只要勤奋上进，现在大都成为了业务骨干或管理者；而"80后"就有条件享受到几分"娇生惯养"，以及更高质量的教育，大学本科只能算是普普通通的文化水平，大多数人正在勤勤恳恳地拼搏养家；至于"90后"，则是刚从大学校园里走出来的一代新锐，正在初入职场的新鲜与压力中踌躇满志。整体上来看，每一代新人都能享受到比上一代更好的生活条件和教育条件，接触到更加广阔、更加现代的世界，其处世哲学、人生愿景也更加个性化。

再过二十年，又有哪些人将会成为中国社会的劳动主力呢？

"00后"和"10后"将成为中坚力量

你没看错！正是今天在学校里无拘无束地读书、恋爱的"00后"，还有那些在幼儿园里玩耍嬉闹的"10后"，将成为2040年的劳动主力。这些人，不正是我们这些当代劳动力的宝贝子女吗？想到这里，我们不禁会心头一颤，希望时光流逝得慢一些，好让他们多享受几年快乐自由的日子，晚一点再去承担那些成年人的责任。

可是冷漠无情的时间不会等我们，也不会等他们。二十年后的"00后"和"10后"，正处在"三十而立""四十不惑"的青壮年时期。无论他们愿不愿意，都必须要承担起家庭以及社会的责任。

或许有人会暗自摇头：那些既稚嫩又叛逆的孩子们，能承担得起新时代的重任吗？

我们不妨放下忧虑，给予他们足够的信任。想当年，"80后""90后"不都是在前几代人的疑虑中走进社会，逐渐成长起来的吗？而现在，这些人已经成为了各行各业的骨干力量。值得期待的是，"00后"和"10后"也必将超越前辈，创造一段辉煌的历史。

正如李白所大声疾呼："宣父犹能畏后生，丈夫未可轻年少！"

在 2040 年，中国的劳动人口将呈现出以下特点。

（1）劳动人口的数量减少

这个时代劳动人口的数量减少，主要是老龄化的副作用。曾经被称为人口红利的那波年轻人终将渐渐老去，就像一阵荡漾过数十年光阴的波浪。曾经血气方刚的年轻人，不经意间便老态龙钟了。他们大多数还在，只是从劳动力的岗位上退居二线，在家安享晚年。从 2025 年开始，每年新加入劳动力队伍的"00 后"和"10 后"数量，赶不上每年退出劳动力队伍的"60 后"和"70后"数量，于是劳动力的总量就会持续地减少。这就像在一个蓄水池里，进水口涓涓注入，而出水口却倾泻而出，水位自然就会不断地降低。

在 2040 年前后的中国，每年将减少约 560 万的劳动人口。而在存量的劳动人口中，由于老龄化的动态作用，因此劳动人口平均年龄也将持续升高，四五十岁的中年人将是劳动者的典型面貌。这也就意味着，不光是干活儿的人"变少了"，同时他们也"变老了"。到了如此境地，劳动密集型产业势必难以为继，就算还想干，也没人干了啊！

（2）劳动人口的素质提高

劳动人口的素质提高，得益于近几十年来中国政府在教育领域的持续、大量投入。

正如我们之前所提到的，中国的儿童入学率已经提升到 99.95%。再看高等教育，根据教育部发布的《2018 年全国教育事业发展统计公报》，中国的高等教育毛入学率已达到 48.1%，在校学生人数为 3833 万。而在 1990 年，相应的数据则仅为 3.4%、382 万人。在三十年间，增长了近十倍。

对于一个国家来说，教育是最划算的投资，虽然见效慢，但却会带来千百倍的回报。现代社会对劳动者的要求越来越高，在基础知识之外，还必须掌握某些专业技能，才能满足社会的需求、创造更高的价值。只有具备大量高素质的劳动人口，这个国家才有可能发展高附加值的科技产业。

在政府提供的公共教育资源之外，新一代劳动人口还接受到了更高质量的家庭教育。自古以来，中国就是世界上最重视教育的国家。祖祖辈辈的中国人普遍认同教育是通向人生巅峰的光明大道，正所谓："书中自有黄金屋，书中自有千钟粟。"于是，进私立学校、请高级家教、上各种培训班。总之，只要家庭经济条件允许，"00 后"和"10 后"的父母们就会竭尽所能地给孩子提供各种教育资源。

在教育水平之外，新一代劳动人口从小就能接触到最现代的科技产品、看到最广阔的世界面貌，因此普遍具有比前代人更高远的视野和抱负。他们在知识水平、创新能力等方面，将全面超越其父母那一代人。

不出意料地，2040 年中国劳动人口的整体素质，将会达到，甚至超越西方发达国家的水平。

人口红利的转型

关于中国在改革开放之后的长期、高速经济增长，人们普遍认为这离不开人口红利的巨大贡献。回顾一下中国的人口出生率曲线，我们就能很清楚地看到这波人口红利。在改革开放初期，大量年轻、廉价的劳动力是中国借以融入世界经济圈的重要资源，也为中国赚到了第一桶金。现如今，这波劳动力已经步入中年，待到 2040 年时，他们又将垂垂老矣。无数人都在关心：在失去人口红利之后，中国的经济是否还能继续保持增长？

在回答这个问题之前，我们有必要重新思考一下人口红利这个概念的本质。

直观地说，人口红利指的就是年轻人口占有较高的比例。但年轻人多了，就一定能成为经济发展的动力吗？

在当今世界上，拥有大量年轻人口的国家并不止中国，还有南亚和非洲的一些国家，但他们却并未取得如中国这般耀眼的经济成就。除政治体制、工业基础等方面因素之外，劳动力的素质也是一个非常重要的原因。

客观地说，在中国即将逝去的这波人口红利中，相对于西方工业化国家，劳动者的文化水平是比较低的。他们中的大多数只接受过有限的基础教育，没有足够的能力从事技术型、创新型工作。但劳动者的素质在文化水平之外，还包括纪律性和进取心，也就是"服从管理"与"自我驱动"的品质。中国传统的集体主义文化塑造了劳动者身上极高的纪律性，而"出人头地""衣锦还乡"之类极具中国特色的人生愿景，又激励着劳动者以极强的进取心投身于工作之中。

兼具受过基础教育、纪律性与进取心的大量年轻劳动力，才是中国近三十年来人口红利的核心。这种类型的劳动力资源，是与当前中国劳动密集型产业占据较大比例的经济结构相匹配的。

然而，众所周知，劳动密集型产业的附加值很低，正如曾经流传过的"十亿双袜子换一架飞机"的辛酸往事。近年来，与中国总体经济增长同步发生的，还有内在经济结构的转型升级。中国政府强力推进各种高科技产业的发展，已在电子、机械、化工、生物、材料等多个领域取得了积极的进展。发展高科技产业必不可少的条件之一，就是充足的高素质劳动力。

接受过较高质量教育的"80后"和"90后"，是当前科技创新的主力。再过二十年，又将是"00后"和"10后"的天下。新一代劳动人口虽然数量减少，但是他们的综合素质却将远高于前一代。这种低素质劳动力向高素质劳动力转型的趋势，与目前中国的经济向高附加值产业转型的趋势正相匹配。

当我们判断某个国家是否拥有人口红利时，最简单实际的评价方法就是看这个国家的劳动人口是否真正创造出了红利。之前三十年的中国劳动人口，依靠数量优势创造出了巨大的红利，而二十年后的中国劳动人口，将会依靠素质优势创造出更大的红利。因此中国的人口红利不仅不会消失，而且还将长期持续地存在，只不过将逐渐地从数量型红利向素质型红利转变。

二、弱 AI 崭露头角

在观察过 2040 年的人口状况之后，我们再来简要地回顾一下前文中所讲述的在 2040 年将会出现哪些典型的技术。

AI2.0：系统型弱 AI

2040 年的人工智能技术，整体上仍然处于弱 AI 阶段。这或许会令人感到有些沮丧。为什么经过二十年的发展，依然还只是弱 AI 呢？

我们在前文已经论述过，弱 AI 向强 AI 进化的过程将是曲折而漫长的。在这个过程中，存在着很多个必须要跨越的技术障碍，以及经历多个产业化阶段，也必须要遵循客观的技术发展规律。

当前（即 2020 年）的通用物体识别、自然语言处理、知识图谱等 AI 基础技术尚不够成熟，并处在各自领域的垂直发展阶段。当这些基础技术各自在垂直方向发展至一定的成熟度之后，才能够横向地整合出系统型 AI 产品，例如家用机器人。必不可少的，还须经历一番 AI 产业的技术标准化过程，即对 AI 产业体系中的各种通信接口、数据格式进行标准化。这个标准化过程将是一场长期的、全球性的博弈。各大国，以及各大公司将会竞相抢占 AI 技术标准的制高点，以谋求各自利益的最大化。在各项基础技术发展成熟、标准化体系建设完善之后，AI 产业才能够继续向前推进。这时，AI 思维能力的研究尚处在理论化阶段，远不足以投入实际的应用。因此，2040 年的 AI 技术，仍然是，也只能是弱 AI。

虽然只能被看作是弱 AI，但 2040 年的弱 AI 在技术能力、应用范围等方面却将远超 2020 年的弱 AI。2020 年的弱 AI，只是某些算法或模型的分立型应用，例如人脸识别、虚拟棋手等，仍处于人工智能技术发展路线中的 AI1.0 阶段。而 2040 年的弱 AI，不仅各项基础能力大幅增强，而且更重要的是建立在全球 AI 技术标准体系之上的高度系统集成，例如家用机器人等典型产品，已经发展到了 AI2.0 阶段。

而 2040 年的弱 AI，将会大规模地渗透到人们的日常生活中。最典型的产品就是家用机器人，例如管家机器人、陪护机器人、厨艺机器人，甚至遛狗机器人。这些家用机器人具有接近人类的感知、决策、交互、执行能力。它们真的"能干活儿"，但美中不足的是难免还有点"缺心眼儿"，因为它们依然不具有思维能力。

除了家用机器人，越来越多的电子设备也将表现出某种"智能"特征，例如手机、汽车、电视、空调将普遍地能够与用户进行"智能式"的语音对话。对话的内容不仅包括特定语音控制指令的识别，还支持高拟人度、非功能性的休闲聊天，给用户带来轻松愉悦的交互体验。对于电子设备厂商来说，在产品上添加这类彰显"智能"的语音对话功能相当简便，只需要通过互联网远程调用 AI 云计算厂商提供的专业化技术服务，即可轻松实现。

技术门槛的降低，将会使"智能"显得愈加廉价与泛滥，就像在 2020 年便有人庸俗且无知地高呼"未来已来"一样，这或许会使 2040 年的人们也产生一种置身于科幻场景中的错觉。但若与尚未到来的 2060 年、2080 年做个对比，其实这个时代的智能化水平仍然相当地初级，根本不值一提。狭义地说，没有思维能力的"智能"，顶多只能算是"弱智能"而已。因此如果非要说 2040 年是个"智能化时代"，那也只不过是个"弱智能时代"。

尽管弱 AI 将会使人类的生活更加舒适便捷、多姿多彩，也将使一部分人遭遇失业，但它对社会生产力的提升却相对有限。

人工智能技术的发展不会大幅提高社会生产力？这似乎与我们的直觉相悖。这是因为即使从 AI1.0 发展到 AI2.0，仍然也只是弱 AI，并不会显著地改变原有的工业生产模式。

首先，这是因为工业生产与日常生活对于 AI 技术的需求是截然不同的。在日常生活中，人们注重的是使用体验，包括舒适性、便捷性、娱乐性等方面，因此更倾向于采用高度拟人化的 AI 技术。而在工业生产中，老板和工程师们注重的则是精度、质量、效率、性价比，因此与拟人化相关的 AI 技术近乎无用。显而易见，为了生产出更多、更好、更便宜的产品，我们根本没有必要让生产线上的机器表现得像个人。这就导致诸如通用物体识别、自然语言处理、知识图谱等社会服务型 AI 产品中的重要技术进展难以应用在工业生产中。

其次，在人工智能这个概念大范围地进入大众视野之前，实际上工业界早就已经开启了自动化革新的进程。自动化生产的本质，其实就是以机器替代人类的方式来提高生产效率与产品质量。这与我们应用 AI 技术的目标是一致的。因此我们不妨把自动化生产看作是一种弱 AI 的早期存在形式。既然早就已经存在，那么后续的技术创新也只能算是"添油战术"。在当今的一些先进制造行业中，例如芯片、汽车等行业，其生产流程已经实现高度的自动化。对于这些行业，继续投入最新的弱 AI 技术当然能够获得一定程度上的生产力优化效果，但并不会出现革命性的提升。

在弱 AI 时代，无论 AI1.0 阶段，还是 AI2.0 阶段，人工智能技术在工业领域的应用都表现为自动化生产，通常是以自动化流水线，或者工业机器人的形式存在。这些应用了 AI 技术的工业设备既无人形，也毫无人性，因为根本就不需要。在弱 AI 时代，AI 技术对于工业领域的贡献是缓慢的、渐进式的。但在随后到来的强 AI 时代，我们将会看到强 AI 技术将以另外一种前所未有的形式，猛然颠覆弱 AI 时代的工业生产模式。

实际上在系统型弱 AI 之外，分立型弱 AI 也依然会存在，并且会因技术的升级而不断扩大其应用范围，在个人生活、金融、能源、制造、农业、医疗等各个领域，成为人们早已司空见惯的"常规技术"。

满街行驶的初级"汽车人"

作为弱 AI 的一种特定存在形式，自动驾驶将会显著地改变人们在 2040 年的生活方式。家用机器人或多或少地带有一些娱乐属性，在一定程度上只是消费类电子产品，而自动驾驶汽车则将是出行必备的"刚需"型产品。

在 2040 年，L4 级自动驾驶汽车（也就是高度自动驾驶）无论在技术方面，还是在产业方面都已相当成熟，并在汽车市场中占据相当大的比例。驾车出行将会变得轻松悠闲，无论上下班遭遇堵车，还是偶尔长途旅行，驾驶员在绝大部分情况下都无需关注行驶状态，在闭目养神、休闲娱乐中，便可自在畅达。

需要注意的是，即使购买了自动驾驶汽车，也并不意味着人们就可以不考驾照，或者可以酒后驾车。L4 级自动驾驶并不是完全自动驾驶，车上仍然会有方向盘、刹车踏板等人工操控设备。在某些特殊情况下，仍然需要驾驶员进行人工操控。那为什么不一步到位，推广 L5 级的完全自动驾驶呢？

L5 级自动驾驶汽车当然也会在市场上出现，但在 2040 年暂时还不会成为主流，因为那个时代的 L5 级自动驾驶汽车只能在相对规范的路况中行驶。众所周知，中国是个人多、车多的国家。无论在大城市，还是小城镇，总会有许多水泄不通的驾驶场景，以及"见缝插针"的停车场景。即使在二十年后，这种状况想必也不会有很大的改善。这时就免不了要在规则与现实之间做一些妥协。指望着没有思维能力的弱 AI 自动驾驶汽车去做这些"逾矩"的事情，实在是有些勉为其难。

花样百出的新食物

毫无疑问，我们将会吃到越来越多的食物品种。这些新出现的农业物种大部分是利用基因编辑技术创造而成，广泛地包括谷物、水果、蔬菜、肉类等。经过基因编辑后的农产品，将会获得更高的产量、更好的口感、更多样化的外观。

我们不必担心吃进这些新物种后，会对身体造成某些不良的影响。首先是因为新农业品种都要在获得政府的严格审批之后，才能在市场上销售。其次，即使在一定程度上不能完全证明其无害性，也不会在短期内对人类造成不良影响。我们不妨回想一下，现今市场上的农业物种都是从何而来？在过去的数千年间，农业物种就一直在世界范围内扩散。目前中国常见的农业物种，很多都是从其他地区传播而来。例如，葡萄是由西汉时期出使西域的张骞带回中原；

西瓜，是五代时通过契丹传入中原；辣椒和玉米原产于美洲，在明朝时通过西班牙人传入中国。试想，当古人第一次吃到葡萄、西瓜、辣椒、玉米这些全新外来物种的时候，是否也曾担心过身体健康问题？

为清洁能源而努力

仅就中国来说，为削减碳排放量所付出的持续性努力将在 2040 年显著地呈现积极效果。在 2020 年前将单位 GDP 碳排放强度降低 45% 的承诺已经提前实现。另一个重要承诺则是在 2030 年前达到碳排放总量的峰值，即在此后的碳排放量不再增加。中国人历来特别注重信守承诺，在削减碳排放量这个经济与环境难以兼顾的问题上，正所谓一诺千金。从中国政府当前所实施的各种技术与经济举措来看，这项承诺应该也会不出意外地提前实现。

中国政府之所以竭力推进低碳经济，是与中国的国情，特别是人口国情分不开的。众所周知，美国人的生活方式是高能耗的。对于一个 3 亿多人口的国家来说，浪费一点似乎并没什么大不了。但对于一个 14 亿人口的国家来说，如果全都过上美式的高能耗型生活，且不说全球的资源够不够用，单是产生的环境污染就将让人类社会难以承受。当经济增长到一定规模之后，资源消耗与环境污染必将成为限制其持续增长的瓶颈。所以适时地推进低碳型、节约型经济，正是为了使中国经济在下一阶段能够更良性地发展。

在 2040 年，随着风能、太阳能利用率的提高，其发电成本也将随之下降，促使其应用规模持续扩大。非化石能源在能源总消耗量中所占的比例将会进一步提高。

与此同时，石油的消耗量也将大幅下降。这主要得益于电动汽车的推广。近几年来，中国政府大力推进电动汽车的产业化，除了在国内培育一批电动汽车厂商外，还慷慨地引进了国外的公司。例如，美国的特斯拉公司于 2019 年在上海建立了一座汽车工厂，计划年产 50 万辆电动汽车，以迎合中国市场的巨大需求。

在这一时期，尽管非化石能源的消耗量占比将有显著的提升，但煤炭仍然会大量地被使用。这是因为即使采用各种蓄能技术，风能、太阳能仍然难以作为稳定地供应社会的主要能源，依然只有传统的煤炭才能够承担起这个重任。另一方面，被寄予厚望、作为优质替代能源的可控核聚变仍然是可望而不可即，尚处在研究阶段，远不能投入使用。

即使中国的碳排放总量能够在 2030 年后开始下降，也并不意味着全球气候变暖的趋势能够得到有效地遏制。如果美国这个能源消耗大国不改变其粗放、浪费的生活习惯，无疑将会削弱其他各国所做出的努力。此外，世界上仍有大量的发展中国家，在其扩大生产、改善民生的进程中也必将消耗更多的化石能源。我们只能说：好自为之，尽力而为吧！

三、全面工业化与新全球化

在我们观察未来的时候，经济是不可或缺的核心内容。无论未来的技术有多么先进，只有在真正地被转化为生产力之后，才具有实际的意义。无论未来的人口是何种状况，也只有在推动经济发展之后，人们才能享受到更加美好的生活。我们对技术、对人口的种种分析与展望，终归都要落实在未来的经济上。如果忽略了经济领域，那么我们所看到的未来必将是枯燥乏味的，就像是一盘没裹馅儿的饺子皮。

然而经济却具有很高的随机性，也极难预测。仅凭过去的统计数据去预测未来的经济发展趋势是远远不够的。经济通常会受到技术、人口、政策、文化、外部环境等多方面叠加的影响。更何况在经济全球化的时代，各国经济深度地互相渗透着，简直是"牵一发而动全球"，进一步增加了全球经济前景的不确定性。在经济学界，曾经有很多人尝试过对未来经济前景做出预测，但事实证明，其中大部分预测都相当地不准确。

既然经济系统的变量众多、关系复杂，那我们倒不如删繁就简，不去管那些复杂的学术模型，直接以"第一性原理"回归到经济活动的本质：如何才能更高效地创造财富，并使每个人都能生活得更好？

从产品的角度来看，经济活动就是生产和消费的循环过程。生产是为了满足社会上的消费需求，而消费需求则刺激着社会生产力的发展。

从财富的角度来看，经济活动则是创造和分配的循环过程。在一个社会里，每个人创造财富的能力是不均等的，总会存在某些途径使财富得以转移，使每一个人都能分享到经济发展的成果。

在本书中，我们主要通过产品与财富的视角，去观察未来的经济将以怎样的方式运行与发展，又将怎样影响我们，以及后代的未来。

中国将成为全球最大的经济体

在进入具体层面的分析之前，我们不妨先看一下中国经济的宏观走向。如果只能用一句话来概括，那必然是：中国将成为全球最大的经济体。

真的吗？确定这不是痴心妄想？

当今的中国，依然还是一个发展中国家。虽然东部沿海地区的一些大城市已颇具现代化的面貌，但广阔的中西部地区仍然相对贫穷和落后。暂且不论国民的实际生活条件和幸福指数，单看中国的 GDP 总量，在 2019 年也仅达到约 14 万亿美元，与世界第一的美国（约 21 万亿美元）还存在着相当大的差距，只相当于其 GDP 总量的三分之二。

然而，我们却不能只因现状而限定未来。对此心存怀疑的人，恐怕是忘记了指数式增长的巨大威力。

我们不妨以存款利率做个简单的例子：假设我们在银行里存 100 元钱，存款利率是每年 5%，那么在第一年过后，本息共计 105 元。如果以复利计算，存款 20 年之后呢？那就能获得 $100×（1+5\%）^{20}≈265$ 元。这也就是说，以每年 5% 的平均增长率，连续积累 20 年的总体效果就相当于乘以 2.65。我们不妨记住 2.65 这个数字，以后投资、理财都用得到哦！同理，如果美国以近年来约 2% 的经济增长率连续积累 20 年，其总体效果则相当于乘以 1.49。

经济规模的指数式增长模式与存款利率非常相似，如果中国经济以平均 5% 的年增长率、美国经济以平均 2% 的年增长率，分别再持续增长 20 年，那么到 2040 年，中美两国的 GDP 总量将分别达到：

- 中国：$14×2.65≈37.1$ 万亿美元；
- 美国：$21×1.49≈31.3$ 万亿美元。

咦？怎么中国的 GDP 总量莫名其妙地就超过了美国？而且还超出了一大截！

呵呵，正是那个看起来颇不起眼的 5% 年均增长率，起到了决定性的作用。按照这个估算方法，实际上都不需要等到 2040 年，中国的 GDP 总量在 2035 年就会超过美国。

当然，用这种固定增长率的方式来预测经济增长未免太过简单粗暴，因为现实中的经济系统运行方式是非常复杂的，充满了各种不确定性。我们仅仅是用这种简化的方式来形象地演示一下未来经济增长的可能性。

在指数式增长过程中，最为关键的问题就是：如何保证中国经济在今后长达二十年的时期内，能够保持年均 5% 的增长率呢？2019 年的中国经济增长率约为 6%，而世界经济的平均增长率仅为 2.5% 左右，中国何以能卓然独立地长期保持这种高速增长呢？

一般来说，促进经济增长的手段包括投资基础设施、提高生产效率、刺激消费需求、扩大出口规模，等等。不同的国家，在不同的时期，可能会采取不同的经济发展策略。但这些都只是具体的执行方法层面，并不足以说明经济增长的潜力。

差距就是潜力！

人均创造财富的潜力，就是一个国家最直接的经济增长潜力。

假设当前 A 国的人均 GDP 是 6 万美元（虽不严谨，但姑且用以代表每个国民平均每年能创造出的财富值），而 B 国的人均 GDP 是 1 万美元，那么相对于 A 国而言，B 国人均创造财富的潜力就是每年 5 万美元。直白点说，差距就是潜力。大家都有一个脑袋、两手两脚，凭什么每个 A 国的国民就能创造出 6 万美元的财富，而每个 B 国的国民仅能创造出 1 万美元的财富呢？

这就好比在学校里的某次考试，学生 C 考了 90 分，而学生 D 只考了 60 分，难道学生 D 在这一辈子里与学生 C 就永远存在 30 分的差距吗？当然不可能！如果学生 D 奋起直追，通过提高学习强度、改善学习方法，完全可以在下次考试中也得到 90 分，甚至超越学生 C，得到 100 分。

不仅考试如此，创造财富也是如此。难道 B 国的国民就心甘情愿地看着 A 国人吃着山珍海味，坐着汽车飞机，而自己却只能一年到头蹲在田边啃玉米？当然，在地球上也有一些奇葩的国家，偏偏就心甘情愿地过这种贫穷的日子，这倒是谁也勉强不得。但只要 B 国人民知耻而后勇，想要改变落后的状态，就完全应该，也有可能采用一切必要的手段，坚持足够长的时间，最终达到，甚至赶超 A 国的财富创造水平。

古时候秦始皇外出巡游之时，声势浩大，威加海内。刘邦羡慕道："大丈夫当如是！"项羽则藐视道："彼可取而代之！"这对儿两千年前的"生死冤家"的英雄气概真是不相伯仲。有很多事情，当我们纠结于"能不能"之时，更应该先扪心自问"想不想"与"敢不敢"。

或许有人会问：各个国家的资源不同、气候不同，难道在不同国家之间，人均创造财富的能力就不存在天然的差距吗？

不同国家之间的现实条件确实存在差异，但这并不是自己过得比别人差的理由。

如果拥有丰富的自然资源，当然可以更轻松地获得财富，例如某些中东国家。但是自然资源匮乏的国家，也可以通过发展高科技产业进入发达国家的行列，例如日本与韩国。这说明自然资源并不是国家富裕的必要条件。

国民的整体文化素质、获取财富的强烈愿望，以及政府的高效管理才是实现国家富裕的决定性因素。越大型的国家，其创造财富的能力越取决于"人"的因素。特别是对于人口过亿的国家来说，不可能仅依靠出卖自然资源就使国民过上富裕的生活。

话又说回来，中国所具有的人均创造财富潜力究竟有多大呢？在当今世界上人均 GDP 排名居于前列的国家里，国土面积、人口规模与中国最接近的美国，最适合与中国进行比较。在 2019 年，美国的人均 GDP 约为 6.5 万美元①，而中国的人均 GDP 仅达到约 1 万美元②。

当初次看到这个数字对比的时候，我们心中或许会冷不防地惊讶一下，然后又会猛然间惊喜不已。惊的是差距之巨大，喜的则是潜力之巨大。差距就是潜力！这么大的差距也就意味着中国的人均创造财富能力至少还有 5 倍的增长空间。如此看来，刚才以年均 5%经济增长率所估算出的二十年后的 2.65 倍的经济增长倍率似乎还略显保守了呢！

兼听则明，我们不妨再来看看专业金融机构对未来经济形势的预测。

早在 2003 年，高盛公司曾针对金砖四国（巴西、俄罗斯、印度、中国）做过一次经济发展预测。按照高盛公司当时的预测，中国的经济增长率在 2020～2040 年，将浮动在 4%～5%范围内，并且中国的经济总量将在 2041 年超过美国。

在 2009 年，高盛公司对上述经济发展预测又进行了一次修订。仅仅才过去了几年，他们就发现当初对金砖四国所做出的经济发展预测是偏于保守的，并将中国未来的经济增长率预测调整为：

- 在 2021～2030 年，平均为 5.7%；

---

① 数据来源：世界银行. https://data.worldbank.org.cn/indicator/NY.GDP.PCAP.CD?end=2020&locations=US&start=1961&view=chart.

② 数据来源：世界银行. https://data.worldbank.org.cn/indicator/NY.GDP.PCAP.CD?locations=CN.

● 在 2031～2040 年，平均为 4.4%。

如果按照上述预测，把这两个十年段的经济增长率叠加起来计算，那么整体上的经济增长倍率将达到：

$$(1+5.7\%)^{10} \times (1+4.4\%)^{10} \approx 2.68 \text{ 倍}。$$

这个经济增长倍率与我们按照 5% 年均增长率所估算出的 2.65 倍，简直是不谋而合！

在 2017 年，普华永道也做了一次面向 2050 年的世界经济发展预测。与高盛公司的预测相比，这份预测显得更加激进，认为中国的 GDP 总量在 2030 年就能够超过美国，成为全球经济规模最大的国家。

以上这些经济预测，都是在"世界稳定"的假设条件下展开。然而世事多艰，哪怕在看似一片光明的前景中，也总会潜伏着一些不可预知的变数。例如在 2020 年肆虐全球的新冠肺炎疫情，就属于典型的黑天鹅事件。如果美国政府没能有效地应对疫情，那么在此消彼长中，中国经济规模超越美国的进程或许会加速实现。但如果美国政府在内外交困中决意孤注一掷，挑起大规模的贸易摩擦或者军事冲突，那么中国经济则可能会遭遇到一定程度上的困难，增长的态势也可能被迫延缓。但不管在这个过程中发生怎样的随机性干扰，如果我们在时间维度上把观察的尺度充分放大，就会发现决定最终演变结果的仍然会是某种无形而又宏大的内在动力，那就是 14 亿中国人对于美好生活的强烈渴望和不懈奋斗。

尽管如此，我们也必须冷静、清楚地认识到：中国的 GDP 总量超越美国，虽然会是历史上一个重大的标志性事件，但却并不意味着中国就此成为"第一强国"，也并不意味着中国人民会就此过上"骄奢淫逸"的美式生活。中国在科技、国防、民生、文化等方面仍然还有很多要补的"功课"。不客气地说，我们靠着 14 亿人，才赚到了跟人家 3 亿人同样多的钱，这有什么值得骄傲的呢？因此，中国依然还是个"发展中国家"，务必要戒骄戒躁、继续保持耐心与斗志。

2040 年的中国将成为全球最大的经济体，几乎已经成为经济学界的共识。但这一目标将以何种方式实现呢？简单概括起来，就是"内外兼修"：

● 对内，推进全面工业化；
● 对外，深度耕耘海外市场。

全面工业化：国家富强的必由之路

在 2040 年，中国将基本实现全面工业化。

实际上，仅在当前，中国已经是世界上少有的、拥有完整工业体系的国家。多种工业规模指标高居于世界前列，例如：

- 年发电量位居世界第一；
- 年钢产量位居世界第一；
- 汽车年产量位居世界第一；
- 年出口额也位居世界第一。

既然已经拥有这么多"世界第一"，而且还拥有"世界工厂"这样霸气的称号，难道中国还算不上是一个工业化国家吗？为什么说还需要再花二十年时间，才能完成全面工业化？

尽管有些难以启齿，我们也不得不承认，当前的中国虽然是"工业大国"，但却并不是"工业强国"。表面上看，中国拥有较为完整的工业体系，但整体上的技术水平仍然不高，产品的附加值也相对较低。中国的工业竞争力与发达国家相比，仍然存在很大差距，大多数产业尚处于价值链的中低端。有"量"更要有"质"，能赚到钱才是硬道理！就以手机行业为例，尽管全球过半的手机都是"Made in China"，但全球手机行业中过半的利润却被美国的苹果公司独家赚去。与之类似的迫不得已"薄利多销"的行业还有很多。只有推进全面工业化，才能把更多的利润留在中国，才能实现国家的富强、人民的富裕。

我们需要怎样的工业化？

中国将要完成的全面工业化，包含以下两方面的内容：

（1）现代化的工业体系

尽管粗看上去，中国当前的工业门类颇为齐全，但仍然存在着很多欠缺与不足。其中最亟待解决的问题是，原有的陈旧工业体系，已经跟不上现代社会科技发展的节奏。

中国的核心工业体系建立于 20 世纪下半叶，可是时过境迁，现早已落后于当今世界的主流工业技术水平。在 20 世纪的工业化布局里，能源、冶金、机械等重工业是当之无愧的优先发展目标。你是否还记得当年无比振奋人心的"赶英超美"口号？其关键目标就是要在钢铁产量方面"15 年内赶上英国，50 年内超过美国"。在那个年代，重工业就是国家实力的绝对象征。

其实这也难怪，毕竟在新中国成立之初，满目疮痍、一穷二白，迫在眉睫的是要解决"有无"的问题。更何况这些重工业部门都是保障国计民生与国防安全的必要条件。客观地说，中国在 20 世纪的工业化进程是相当成功的，毕竟在短短二十年间就走过了西方发达国家花费二百年的工业化之路，奠定了一个坚实的工业基础。

可是在 20 世纪 70 年代及以后，中国的工业化进程又曾陷入长期的停滞：中国在席卷全球的信息技术革命中不幸落伍，而且中国还失去了这次技术革命中最为关键的黄金发展期。就像一个人应该在青少年时代抓紧学习一样，如果一个国家在科技革命的黄金发展期里失去十年，恐怕将来再花五十年也难以追赶得上。其恶性结果就是，直到改革开放四十年后的今天，中国的电子信息产业仍然非常薄弱。电子信息产业中的基础软硬件，例如商业 PC 操作系统、高端集成电路等核心产品，绝大部分依赖进口。由于既不掌握核心技术，也不具备原创能力，因此这一窘境至少在十年之内仍难以实现突破。不过值得欣慰的是，中国在 5G 无线通信、云计算、大数据、人工智能等近期涌现出的技术创新浪潮中，终于赶上了时代的步伐。

在电子信息产业之外，生物制药是中国另一个严重落后于时代的产业。信息技术、生物技术、能源技术是影响未来世界的三大革命性技术领域。制药是生物技术的一个重要应用方向。中国拥有 14 亿人口，为保障国民的健康，建立一套先进、完备的生物制药产业体系是理所当然的。然而当前中国的生物制药产业缺乏研究与创新能力，很多种常用药、新药还依赖于进口。在美国《制药经理人》杂志整理出的 2019 年世界排名前 50 的制药企业名录里，绝大部分都是美国、日本和欧洲国家的企业，中国仅有两家企业上榜。

综上所述，在未来 20 年里，改善工业体系的组成结构，特别是推动以电子信息、生物制药为代表的新兴工业部门快速发展，使之顺应时代的发展趋势、符合国民的现实需求，是需要着力解决的问题。

（2）较高的技术水平

对于工业产品来说，具有较高的技术水平，通常就意味着能够获得较高的利润。因技术提升而增加的利润，一方面来自生产效率的提高，另一方面则来自可以为客户提供更高的使用价值。

显而易见，如果产品的生产效率越高，其生产成本就会越低，从而使其市场竞争力更强。这正是自动化生产方式得以广泛应用的原因。虽然一些中国企业已经开始提升自动化生产能力，但是目前整体上的自动化生产普及率还比较低，工业生产效率还有很大的提升空间。在美国《控制》杂志评选出的 2018 年世界排名前 50 的自动化厂商里，绝大部分都是美国、日本和欧洲国家的企业。这对于工业规模高居世界第一，又急需提升自动化水平的中国来说，无疑也是亟待补齐的一块短板。

在提高生产效率之外，产品本身的技术含量也非常重要。俗话说："物以稀为贵。"越难以生产出来的产品，其利润率也就越高，甚至还可以获得高额的垄断利润。最典型的例子，莫过于商业 PC 操作系统和 CPU 芯片。微软公司通过事实上垄断商业 PC 操作系统，已经舒舒服服地躺着赚了全世界三十年的钱。英特尔公司也毫不逊色，通过挤牙膏似的缓慢释放技术储备，使其 CPU 芯片的性能长期保持业界领先的地位，轻松自如地赚取高额利润。

说起"中国制造"，在很多人的印象里，仍然是低端、廉价产品的代名词。这也难怪，毕竟在早些年间，中国制造的大多是诸如服装、玩具、生活用品之类的劳动密集型产品，不仅技术含量较低，质量管控水平也不尽如人意。虽然近年来随着经济的转型，"中国制造"的口碑日渐好转，但中国的工业产品整体技术含量不高的状况并没有显著地改善。例如电子产品里的很多核心器件还需依赖进口，所谓制造，在很大程度上仍然只是组装而已。在汽车市场、手机市场上，高利润率的产品也仍然以国外品牌的产品为主。因此，中国工业产品的技术水平尚有非常大的提升潜力。

提高工业体系的整体技术水平，是提升"中国制造"竞争力，促进经济向高质量、高效益方向发展的必要手段。

背水一战，别无他途

全面工业化是中国经济的必由之路。

在 2020 年底，中国已经完成覆盖数千万人口的脱贫攻坚任务。脱离贫困，只是一个阶段性的胜利。共同富裕，才是我们所追求的终极目标。为了使每一个中国人都能过上更好的日子，我们首先必须要创造出更多的财富。说白了，就是必须要多赚钱，赚很多很多的钱。只有先把钱袋子填满了，我们才有能力发展医疗、教育、科研、国防，才有资格享受山珍海味、汽车飞机，才能让我们的老年人享受健康、安逸的晚年生活。

但是钱从哪儿来？

靠种地吗？有哪个国家是靠种地发财的？

靠卖油吗？我们自己用的石油还要依赖进口呢！

那要靠什么？

只有靠工业，并且是全面的、高效益的工业！

在一个现代国家的产业结构里，农业的作用是为了保障基本的粮食安全，工业才是创造社会财富的主力，而服务业则是分配社会财富的重要渠道。如果一个国家没有坚实的工业基础，服务业则将"皮之不存，毛将焉附"，就会直接退化成农业国家。只有工业强大，才能创造出足够多的社会财富，一方面补贴本国农业，另一方面通过繁荣的服务业进行社会财富的再分配。因此，只有工业才是国家强盛、人民富裕的坚实根基。

如果再考虑到未来的老龄化和少子化趋势，那么在全面工业化以外，实际上中国经济是没有其他退路的。随着劳动年龄人口的大量减少，当前以劳动密集型产业为主的低端工业结构势必难以为继，如果不能有效地提高人均创造财富的能力，那么即使想维持现状，恐怕都将是一种奢望。这就意味着，中国必须以更少的劳动人口、创造出更多的社会财富。除了实现全面的、高效益的工业化，别无他途，唯有"背水一战"。正如当年闻名全国的"铁人"王进喜所说的那句铮铮誓言："有条件要上，没有条件创造条件也要上！"

条件俱备，只欠努力

理想虽好，但也要现实可行。建设上述现代化的、高技术水平的全面工业体系，究竟能否实现呢？

全面工业化当然不是心想事成，也不能一蹴而就，而是需要在牢固的基础之上投入大量的资源、采用正确的方法、熬过足够长的时间，才有可能最终实现，四者缺一不可。

（1）中国拥有良好的工业基础

在 20 世纪下半叶，中国曾经以举国之力建立起了在当时看来门类齐全的工业体系。这是进行全面工业化的必要基础。虽然中间有过长期的停滞，但已经走过的路毕竟不必再走一遍。这就好比一场马拉松赛跑，我们曾经跑到半途时停下了脚步，但当我们回过神来，再想追赶时，当然不必回到起点从头再来。但之前所落下的路程，仍然要脚踏实地去追赶，哪怕连一米的捷径都不存在。工业基础的作用，一方面是使我们与最终目标之间的奔跑距离大为缩短，另一方面，也是推进全面工业化所需资金的重要来源。无论科技创新，还是自动化改造，不仅需要大量的科技人才，而且必须得大把大把地花钱。在当今世界，对于一个农业国来说，想要从无到有地建立一套现代化工业体系，已经是不可能的事情。幸好中国拥有一套工业体系，——哪怕相对落后——即使技术水平比较低，也仍能依靠超大规模的产量，硬挤出点利润来，用以投资自身的转型升级。

（2）中国拥有高素质的劳动人口

我们在前文曾提到过，中国的"人口红利"将持续存在，并且将从数量型红利向素质型红利发生转变。随着近年来高等教育的普及率越来越高，在年轻人口中大学生的比例也逐年增高，其中还包括大量拥有硕士、博士学位的年轻人口。于是中国将会出现一波丰厚的工程师红利，有力地推进中国的科技创新与产业升级。除了高等教育，中国政府还在大力推广职业技术教育。因此在工程师红利之外，同时还会出现一波技术员红利，也就是具备某种专业技能、适应自动化工业生产模式的技术工人队伍。工程师红利与技术员红利的叠加效应，将为中国的全面工业化提供充足的高素质劳动力。

（3）中国政府拥有高效的执行力

全面工业化可以看作是一个国家级的"超大型项目"，在企业自身的努力之外，政府层面提供的政策与资金扶持也必不可少。只有上下一心、统筹协调，才能事半功倍地完成这个历史性的超大型项目。中国特有的体制优势，就是"集中力量办大事"。最典型的案例，就是在短短十年间，建成纵横全国的3.5万公里的高速铁路网。在2015年5月，国务院发布了《中国制造2025》规划文件，明确指出了建设制造强国的战略目标：

立足国情，立足现实，力争通过"三步走"实现制造强国的战略目标。

第一步：力争用十年时间，迈入制造强国行列。到2020年，基本实现工业化，制造业大国地位进一步巩固，制造业信息化水平大幅提升。掌握一批重点领域关键核心技术，优势领域竞争力进一步增强，产品质量有较大提高。制造业数字化、网络化、智能化取得明显进展。重点行业单位工业增加值能耗、物耗及污染物排放明显下降。

到 2025 年，制造业整体素质大幅提升，创新能力显著增强，全员劳动生产率明显提高，"两化"（工业化和信息化）融合迈上新台阶。重点行业单位工业增加值能耗、物耗及污染物排放达到世界先进水平。形成一批具有较强国际竞争力的跨国公司和产业集群，在全球产业分工和价值链中的地位明显提升。

第二步：到 2035 年，我国制造业整体达到世界制造强国阵营中等水平。创新能力大幅提升，重点领域发展取得重大突破，整体竞争力明显增强，优势行业形成全球创新引领能力，全面实现工业化。

第三步：新中国成立一百年时，制造业大国地位更加巩固，综合实力进入世界制造强国前列。制造业主要领域具有创新引领能力和明显竞争优势，建成全球领先的技术体系和产业体系。

在宏观规划目标之外，文件还列出了在第一阶段末，即 2025 年所需达到的具体目标，以及有待突破的十大重点技术领域：新一代信息技术产业、高档数控机床和机器人、航空航天装备、海洋工程装备及高技术船舶、先进轨道交通装备、节能与新能源汽车、电力装备、农机装备、新材料、生物医药及高性能医疗器械。这些重点技术领域，勾勒出全面工业化的未来轮廓。

合理的规划是高效执行的基础。我们只需要参考一下中国政府在削减碳排放量、建设高铁网络等国家级超大型项目中所表现出的高度执行力，就不会怀疑其在推进全面工业化过程中的执行效率。

互利共赢的"新全球化"

在国内的全面工业化之外，未来的中国经济将更加依赖国际市场。但与当前西方发达国家借"全球化"之名义对其他国家大肆掠夺不同的是，中国将开辟出一条与其他国家合作共赢的新路子，也就是"新全球化"。

生产的规模，受制于市场的规模。对于具备先进生产力的国家来说，市场自然是越大越好。中国在积极地推进全面工业化的过程中，必将极大地提高社会生产力，以及产品的竞争力。到那时，品类齐全、物美价廉的各种工业产品，仅靠国内市场是难以充分消化掉的，开辟海外市场就成为顺理成章的事情。实际上，这种套路自古有之。中国古代的丝绸、瓷器就曾作为高端消费品远销欧洲。而欧洲国家在开启工业革命之后，反过来又将质高价廉的纺织品等工业产品倾销到中国。直到今天，各发达国家又通过高科技产品和国际贸易赚得盆满钵溢。

可当中国想要开辟海外市场的时候，却发现事情并没有那么简单。最令人头疼的问题就是，中国拥有庞大的 14 亿人口。如果这 14 亿人口充分地参与到工业体系中，那得需要多大的市场，才匹配得上中国这样的生产规模？

如果把当今世界上的少数发达国家看作是一个整体，他们总计拥有约 10 亿规模的人口，并以地球上的其余 60 多亿人口作为海外市场。可中国这一个国家，就拥有 14 亿人口。如果这 14 亿人口都要过上发达国家的生活水平，且不论自然资源是否够用，单看市场规模，就不足以支撑总共 24 亿的工业化人口。如果市场规模仍旧固定在现在这么大，那就只能意味着，原本发达国家的那 10 亿人口的生活水平要被拉低至原有的 42%[即 10/（10+14）]。对于中国人来说，发达国家的生活水平是否下降倒是无关紧要；重要的是，即使自己完成全面工业化，也只能过上发达国家原有生活水平的 42%。这相当于有限的市场被均分、获取财富的上限被拉低。这就好比原本 10 个人分吃一个蛋糕，大家都能吃得很舒服，可不知从哪儿又凑上来 14 个人，结果这 24 个人分着吃，谁都吃不饱。

这是那后来的 14 个人的错吗？当然不是。蛋糕好吃，见者有份儿嘛！大家都是凭本事闯江湖的，凭什么后来的就要在旁边干看着？美国、日本，不也是后来才挤进去的？难道他们吃得，中国就吃不得？

咦？似乎哪儿有点不对劲儿……

被我们所忽略的事实是：蛋糕的大小并非固定不变。

随着世界整体经济的缓慢增长，实际上整个世界的消费需求也在同步地增长，在一定程度上刺激着生产规模的扩大。可问题在于，当前世界经济的平均增长率只有 2.5% 左右，跟不上中国 5% 左右的经济增长速度。这就意味着，再过若干年，整个世界的市场规模将成为阻碍中国经济继续上升的瓶颈。或者说，在中国的生产能力远未触碰到上限的时候，整个世界的消费需求就先饱和了。那生产出来的东西卖给谁啊？

为了使中国未来的工业体系有更大的市场空间，如果需求不足，那我们就创造需求！当今世界上的大部分国家都是发展中国家，拥有 60 多亿人口。即使将中国剔除，也仍然有 50 多亿。众所周知，发展中国家的消费能力普遍偏低。但如果让这 50 亿人都富裕起来呢？如果他们的消费能力增长一倍，那岂不是就相当于原来 100 亿人的消费需求？全世界人民的共同富裕，必将有利于全体人类。

实际上，这只不过是历史故事的重演。中国在改革开放以后，经济规模持续快速增长，同时国内十几亿人口的消费需求也随之爆发性地增长。因此，西方发达国家着实享受了几十年中国经济增长所带来的市场红利，跨国公司们轻轻松松地就赚得流油。但需要注意的是，中国完全是依靠自身的勤劳努力而发展起来，西方发达国家只是搭了个"便车"而已。

现如今，中国也需要开拓海外市场。但与西方发达国家不同的是，中国不会袖手旁观、一脸冷漠地等待着广大发展中国家依靠自己慢慢成长，而是会主动地、积极地给予他们各方面的援助，以使这些国家能够更快速地发展起来、富裕起来。自古以来，中国人就信奉"以和为贵""互惠互利"，也不会陷入"零和游戏"的狭隘思维，因此并不会介意与别的国家共同富裕、分享繁荣。即使广大发展中国家在中国的协助下得以快速发展，使全球市场显著扩大，中国也不会介意西方发达国家再来搭一程市场红利的便车。

中国政府所提出的建设"丝绸之路经济带"和"21世纪海上丝绸之路"的倡议（简称为"一带一路"），就是中国合作共赢思想的集中体现，得到了越来越多国家和国际组织的积极响应。仅在短短几年间，就在政策沟通、设施联通、贸易畅通、资金融通、民心相通、产业合作等方面取得了积极的进展。截至 2020 年初，由中国发起的亚洲基础设施投资银行（亚投行）已批准 60 余个项目，覆盖孟加拉国、尼泊尔、土耳其、乌兹别克斯坦、哈萨克斯坦等 20 余个国家，在国际多边开发体系中发挥越来越重要的作用。此外，中国政府还出资成立"丝路基金"，以促进"一带一路"相关国家的经济建设。

可以预见的是，中国将利用自身的交通、能源、通信等优势产业协助广大发展中国家的基础设施建设，并在资金、技术、管理等方面给予支持，甚至还会根据国内产业结构调整的情况，将部分劳动密集型产业转移至这些国家。在多方面、多层次的合作与共同努力下，有望重塑世界经济的新格局。这个新格局将以和平发展、繁荣共赢作为主旋律，全世界都将因此受益。

城市化进程接近尾声

随着经济规模的持续增长，中国的城市化进程也将稳步推进。根据联合国经济和社会事务部的预测，到 2040 年，中国的城市化率将从目前的 61%上升到

76%左右。而同时代的美国城市化率将达到88%，日本的城市化率甚至将高达94%。虽然中国的城市化率看起来与美国、日本仍有差距，但中国在这段时间内的城市化转变速率则是相对更加剧烈的。在这二十年间，美国、日本的城市化率上升幅度都在5%以内，而中国的城市化率上升幅度则高达15%。也就是说，在这二十年间，约有2.1亿中国人将要从农村搬进城市。

虽然这个数字看起来颇为惊人，但实际上自1980年以来，中国已经在这种极高的城市化速率中发展了四十年，早已见怪不怪。几乎在每一个中国人的印象里，身边都会有很多由农村向城市迁徙的真实故事。尤其是"70后""80后""90后"，在毕业之后，大多数都会选择在城市里安家立业。可以说，一部中国城市化史，就是一部中国当代经济发展史。

城市化，是千千万万个中国人追求美好生活的梦想所叠加而成的宏观效应。城市里有更多的就业机会，有更好的医疗与教育资源，有更加丰富多彩的休闲娱乐方式。进城、买房，一度成为中国人的集体追求和普适价值。

城市化，是经济发展的结果，但也会反作用于经济。工业化必定以城市为中心，吸纳大量的劳动人口。由于工业的产值远高于农业，因此政府可以通过税收改善城市的基础设施、激励企业创新，而企业的商业需求、劳动人口的生活需求又促进了城市服务业的发展。如果城市经济能够保持稳定增长，就会形成良性循环，进而使城市的规模持续地扩张。以北京为例，在1949年新中国成立时仅有数百万人口，经过七十年的发展，目前已有超过2100万人居住在这座城市里。

中国在前四十年的城市化之路是高歌猛进的，然而在随后的二十年，则会面临一些令人头疼的新问题。

（1）大城市饱和

一个城市的规模终归不可能无限制地扩张。一般来说，当城市规模达到100万人左右时，能够形成集聚效应和周边辐射能力，并能够收取到足够的税来为市民提供良好的交通、医疗等社会公共服务。当城市规模扩张到300万人左右时，将有条件成为区域经济与文化中心，拥有便捷的铁路和航空基础设施。但当城市人口超过1000万时，则会遭遇到一系列的"城市病"，包括土地资源紧张、环境污染严重、交通拥挤耗时、水电资源紧缺等问题。目前中国已有上海、北京、重庆、深圳、广州五个人口超过1000万的超大城市，以及十几个人口规模在 500 万～1000 万之间，并且还在快速扩张的特大城市。可以预见的是，中国的大城市不仅会越来越大，而且还会越来越多。因此在后续的城市化进程中，如何在全国范围内均衡合理地进行城市布局规划，是一个现实而迫切的问题。

目前的五个超大城市里，仅有一个重庆位于西南地区，而另外四个则全部位于东部地区，这显然不利于中国经济的区域均衡发展。在中国政府公布的《全国城镇体系规划》文件里，提出了以"国家中心城市"为核心的城市群建设方案。国家中心城市处于城镇体系的最高层级，对外，应具有相当的国际影响力和竞争力，代表国家推动国际政治、经济、文化等方面的交流与合作；对内，则是区域性的经济与文化中心，具备引领、辐射和集散功能。目前中国已经确定了九个国家中心城市：上海、北京、重庆、广州、天津、成都、武汉、郑州、西安。这九个国家中心城市兼顾东西部均衡发展，能够引领与辐射多个重要的经济区域。然而，规划毕竟只能起到宏观指引性的作用。各省市之间的经济水平、宜居程度始终会存在较大的差距，因此中国未来的城市化格局，终归还是要靠人民"用脚投票"。

（2）小城镇萎缩

与大城市饱和同步发生的，还有全国性的小城镇萎缩。既然人都往大城市跑了，小城镇的人口减少自然也合情合理。但之所以称其为萎缩，是因为发生变化的并不仅仅是人口数量的减少，而且包括经济的凋零与活力的衰减。这是因为后续二十年的城市化，还伴随着剧烈的老龄化。

前文曾经提到过，中国在 2025～2050 年，平均每年将减少 560 万的劳动年龄人口。2040 年，正处在这波老龄化浪潮的急剧上升期。我们将会明显地感受到周围的老年人在增多，年轻人在减少。这种现象在小城镇里将会愈加显著。

因为失去了作为"血液"的年轻人口，所以这些小城镇将会进入一种近乎"休眠"的状态，几乎没有任何生产活动，就连消费需求也会维持在较低水平线上。

小城镇的萎缩是不可逆的，因为一旦陷入了萎缩状态，就会形成一连串的负反馈。年轻人口少了，没人从事生产了，就连消费也降级了，于是当地政府就收不到税。政府没钱了，医疗、教育、交通等公共服务的质量就必然会下降。这时还没走掉的几个年轻人，就算为了孩子的教育和未来，也只得咬牙含泪投奔大城市。当地的孩子少了，学校就只能缩编，原本捧着"银饭碗"的老师们，也将要面临失业的窘境。最终，这些小城镇就退化成为散布在全国的"养老基地"。

在城市化与老龄化的叠加作用下，中国的城镇面貌将会呈现 "冰火两重天"式的鲜明反差。一面是大城市的躁动与繁华，另一面则是小城镇的冷清与萧条。随着中国的人口总量不可避免地进入整体下滑期，这种情况不仅不会缓解，而且还会持续地扩散。在老龄化浪潮退去之后，很多小城镇将会被撤销、废弃，最终被历史所掩埋。

（3）房产即阶层

城市化在一定程度上有助于抵消老龄化对经济的负面作用。年轻人口的总量虽然减少了，但却高密度地聚集在大城市里，形成局部性的人口红利，足以支撑中高端工业体系与现代服务业的健康发展。中国的大城市仍将持续拥挤繁荣，因此大城市的房价也将继续相对坚挺。

在 2040 年，虽然年轻人口减少了，甚至全国人口总量也在减少，但年轻人之间的竞争烈度却并不会降低。因为随着高等教育的普及率提升，接受过良好教育的年轻人实际上只会比之前更多。然而另一方面，中高端工业体系所能容纳的劳动人口数量却比劳动密集型产业要少得多。于是，就会有大量高素质的年轻人争相抢夺有限的优质工作岗位。由于这些优质工作岗位大多分布在超大型、特大型城市，也就是俗称的一线、二线城市，因此这些城市的房价也将持续高企。

现在这些城市的房价就已经很高，难道还会升得更高？

某个国家一线城市的房价，在很大程度上取决于该国在世界经济中的地位。北京、上海房价高涨的那些年，也正是中国整体经济实力快速增长的那些年。要知道，中国在 2040 年的 GDP 总量，可是要在当前的 GDP 上再乘以 2.65 的哦！

比房子涨跌更重要的，是不同城市间房产价值梯度的形成。这个价值梯度现在已存在，只不过到 2040 年的时候，会更加稳固、更难逾越。在一线、二线城市是否拥有房产，以及拥有多少房产，将成为事实上的财富阶层划分标准。一个孩子出生在哪里，直接就确定了他/她在全国同龄孩子中的"阶层"，待到他/她求学、婚恋、谋职时，无不受到家里房子在哪儿的影响。

如果房价成为城市壁垒、阶层随之固化，则必将削弱社会的公平与经济的活力，这并不是我们所希望看到的。当社会失去公平，价值观就会崩塌；当经济失去活力，凝聚力就会离散。古今中外，大国的衰亡，莫不以此为开端。

即使阻止不了阶层的分化，但仍有必要在各阶层之间保留足够的上升通道。更何况 2040 年的中国，虽然看起来繁荣富强，但却远远没有达到人类文明的"终点线"。如果社会发展因阶层固化而停滞不前，就像古今中外那些曾经显赫一时的帝国，无疑将是华夏文明的莫大悲哀。在城市居留权这个问题上，必然也应当有所举措，包括但不限于建设公租房、征收房产税。总之，大城市需要建立起一套"血液循环系统"，往复不断地促进年轻人口的流动。否则，肌肤坏死，毛将焉附？

养老是个大问题……

老龄化趋势对经济的冲击，主要体现在两个方面：劳动人口的减少，以及社保压力的增大。对于劳动人口的减少，我们在前文中已有论述，通过劳动人口素质的提高和经济结构的转型升级，应当略无大碍。而对于社保压力的增大，恐怕就只能硬着头皮，再过几十年的苦日子喽！

中国是典型的"未富先老"。在 2020 年，中国 60 岁以上人口的比例约为 17.4%。其实这一比例并不算高，尽管如此，已有多个省份的养老金收不抵支。当前中国的 GDP 总量有 14 万亿美元，排名世界第二，虽然看起来挺风光，但平均到每个人头上，才只有 1 万美元而已，排名一下子就被甩到了几十名开外。如果再考虑到地区间经济发展的不均衡，大部分内陆地区也只能算是刚刚脱贫。经济还没有发展到位，但是人口就已经先"老了"，颇有几分英雄气短式的无奈。我们再来看看日本，当前日本 60 岁以上人口的比例已经高达 34.3%，接近中国的 2 倍，是典型的老龄化社会。但日本当前的人均 GDP 约为 4 万美元，是中国的 4 倍。所以日本虽然也"老了"，但却可以更加从容地"安度晚年"。

中国社会科学院发布的《中国养老金精算报告 2019—2050》显示，全国城镇企业职工基本养老保险基金将在 2028 年出现当期赤字，并于 2035 年出现累计结余耗尽的情况。为什么会出现如此骇人听闻的测算结果？其背后的关键原因，就是中国的老龄化程度即将进入快速攀升期。预计到 2040 年，60 岁以上老年人口的比例就将升高到 29.9%，而到 2050 年，将持续升高到 34.6%，几乎比 2020 年翻一倍。我们只需要近似地估算一下，就会知道在 2021～2050 年，平均每年需要支出的养老金将比 2020 年的支出额增加约 50%。

这 50% 可不是个小数啊！就好比你本来每月只有 2000 元的可支配收入，却禁不住一时头脑发热，贷款买了辆车，然后每月要还 3000 元的车贷。请问，那额外的 1000 元从哪儿来啊？思来想去，必须得省吃俭用，再去兼职打份工！

在 2019 年 11 月，中国政府发布了《国家积极应对人口老龄化中长期规划》，从财富储备、劳动力供给、养老服务、科技创新、社会环境等方面部署了应对人口老龄化的具体工作任务。文件提到，要通过完善国民收入分配体系，优化政府、企业、居民之间的分配格局，稳步增加养老财富储备。说白了，这就是号召大家"省吃俭用"的意思。企业、居民要多交点养老金，政府再增加点补贴，大家一起凑出钱来，共同努力把养老金体系支撑下去。然而不管这钱具体是从哪个环节分流出来的，归根结底，其源头都是全体国民创造出来的社会财富。用在养老上的钱多了，那用在教育、医疗、科研、基建、国防等其他领域的钱必然就会相应地减少。如果每年国民经济的增量小于每年养老开支的增量，那么国民经济就会被老龄化所拖累，甚至一病不起。

因此，与"节流"相比，更重要的是"开源"。"节流"最多只能维持现状，而"开源"才是解决老龄化经济难题的根本之道。所谓"开源"，就是要想方设法多赚钱嘛！至于如何才能多赚钱，正如我们在前文所说，那就是"内外兼修"：对内，推进全面工业化；对外，深度耕耘海外市场。只有把当前这个"量大利薄"的"低端世界工厂"，改造成"量利兼优"的"超级世界工厂"，再为其开拓出一个规模与之匹配的"世界级大市场"，才能使进入老龄化时代的中国经济持续增长，惠及全部人口。

然而"内外兼修"并不容易，其见效期至少要以十年计。就算能稳步实现，在 2040 年使人均 GDP 顺利地乘以 2.65，那也才不过人均 2.65 万美元而已，比起日本在 2020 年的 4 万美元人均 GDP，还差着一大截呢！因此，中国仍将长期属于"发展中国家"，从上到下，仍然得勒紧腰带过日子。高税收、低福利将成为长期的国策。年轻人多交点税，老年人少花点钱，请大家互相理解、互相体谅。度过这段艰辛岁月，一切都会好起来的。

从 2025 年到 2050 年，是中国老龄化的快速上升期，同时也是中国全面富强、回归历史地位的最后冲刺期。如果能够上下一心、有条不紊、高效务实地做好"内外兼修"，则未来可期。在这个稍显漫长的过程中，从 20 世纪的"70后"到 21 世纪的"20后"，仍需一棒接一棒地持续拼搏。

四、迟到的现代气息

我们已经依次观察过 2040 年的人口、技术与经济。随后，我们再来展望一下这个时代的文化特征。

人口换代，气象更新

人事有代谢，往来成古今。

每一代人，都具有这代人独特的人口属性，包括集体记忆、文化素质、道德观念、价值取向等。当然，每一代人里都会有那么一部分鹤立鸡群的"异类"，看起来与众不同。但在整体上看来，每一代人仍然存在着较为明显的宏观特征。尤其是在中国这样一个快速变迁的国家里，每隔十年，便会形成一个具有鲜明特征的代际群体。在当代的中国，具体有哪些代际群体呢？我们不妨来细数一下：

● "50 后"：新中国成立后出生的第一代人，在"赶英超美"中蹒跚学步，在"三年困难时期"中饿过肚子，在"文化大革命"中激情燃烧；在改革开放之后，头脑灵活的混成"万元户"，而老实巴交的则熬到退休；现如今，已然年逾花甲，临近古稀。

● "60 后"：曾在幼年时面对"文化大革命"而茫然不解，又在"文化大革命"后幸运地碰到恢复高考，正赶上一个百废待兴、知识稀缺的时代机遇。但凡有点学历的，无论从政还是从商，大都爬到了中高层岗位；而没啥学历的，很多则在遭遇"下岗潮"后流落四方、艰苦谋生。

● "70 后"：踩着"文化大革命"的尾巴出生，经历过几年物资短缺的苦日子，曾经见识过粮票和布票；在改革开放初期国内外巨大的现实落差中，赚钱成为他们现实而迫切的渴望；大学毕业后勤恳工作的，已是当前政商中层的主力，而读书少的，很多则成为农民工。

● "80 后"：小时候吃过火腿肠、方便面，看过动画片、港台剧，是新中国成立后"身心健康"地成长起来的第一代人；普遍完成了九年义务教育，与互联网共同成长，无论从政还是从商，都是当前能干活儿的骨干力量。

● "90 后"：享受到比"80 后"更好的成长条件，也接受到更高质量的教育；

自信，现代，崇尚自由与个性，正作为职场新锐，配合"80 后"的工作。

● "00 后"：正在学校里读书、恋爱、追星……

● "10 后"：正在幼儿园或小学里玩耍嬉戏……

从"50 后"到"10 后"，如果把每一代人的成长经历串联起来，正是一部中国当代史。时代变迁的急转疾驰，在这几代人身上展现得淋漓尽致。哪怕在相邻的两代人之间，都存在着不小的代沟，而在相隔两代或以上的人相互看来，对方简直就像是外星来客。这就是当前中国人口客观存在的"代际多样性"。

江山代有人才出，各领风骚数十年。哪一代人成为国家的主导力量，那么这个国家就将呈现这一代人所特有的人口属性。太久远的事情多说无益，我们只看当代。在 2020 年这个时间点上，无论政界商界、各行各业，中高层岗位大都被"60 后"和"70 后"所占据，而在具体执行层面上的力量则大多是"80 后"和"90 后"。若要说中国现有的这几代人，最鲜明的代沟在哪里？恐怕就在"70 后"与"80 后"之间吧！

"70 后"与之前的"50 后""60 后"，都经历了计划经济时代。他们在 20 世纪国内的封闭性环境中成长，其思维方式、价值取向颇有些"套中人"的意味，例如政治敏感、崇拜体制、服从上级等。他们当中接受过高等教育的比例很低，也没能及时跟上世界发展的新潮流。在 20 世纪跌宕起伏的变革风雨中，经历过苦难，遭遇过冷暖，因此他们中的大多数人是保守的现实主义者。

"80 后"与之后的"90 后""00 后"，则是伴随着网络文化，在"睁眼看世界"中长大的。他们的思维方式、价值取向较少受到国内保守风气的影响，其世界观是开放、包容的，崇尚平等、自由与个性。他们接受过良好的教育，大学本科是基础学历，甚至更高学历的也不在少数，并且通过旅游、留学、工作等途径，广泛地参与着国际交流。因此他们的知识水平、价值观念、创新能力都与世界潮流保持同步。他们既熟悉本土，同时也了解世界，所以深知当前中国与世界的差距有多大，以及问题的症结在何处。

再过二十年，也就是到 2040 年前后，目前占据各行各业中高层岗位的"60 后"与"70 后"将会相继退出历史舞台，将表演场地移交给"80 后"与"90 后"。也就是说，年龄段在 40～60 岁之间的"80 后"与"90 后"将成为中国这条大船在那个时代的掌舵群体。而年龄段在 20～40 岁之间的"00 后"与"10 后"将成为那个时代各行各业的骨干力量。如果我们"穿越式"地联想一下，或许会觉得非常好笑：当前这批职场上正艰苦拼搏的毛头小青年们，将要带领着那批还在学校里天真无邪的稚嫩小屁孩儿，承担起整个国家繁荣复兴的重任……

我们不妨会心地一笑，在这一笑中，包含着难以言说的信任与欣慰。

历史就是这样前行的。

随着"80后"与"90后"全面接替"60后"与"70后"成为社会管理者，以及"00后"与"10后"成长为新一代的社会骨干力量，2040年的中国将呈现前所未有的现代气息与创新活力，整个社会的运行效率与精神面貌将会焕然一新。即使暂时迟到，终究也会来到。最显著的变化，就是当前社会上某些落后守旧文化现象的消退。

"关系文化"的消退

所谓"关系文化"，就是不按正规套路出牌，直接或间接地求助于掌权之人，或出于人情，或出于私利，为其行方便之事。"关系"之所以能成为一种"文化"，是因为这种现象早已铺天盖地、无孔不入，渗透到社会的每一个角落，甚至渗透到很多人的心里面去了。小到医院看病、社区办事，大到升官补缺、行政审批，"关系文化"在当今的中国简直是无处不在。

"关系文化"是当今中国社会的一大恶疾，也是公平与法治的劲敌。这种文化虽然存在，但却并不合理，因为它总是与利益交换、以权谋私、违法乱纪、行贿受贿、政商勾结这些负面词汇联系在一起。"关系文化"由来已久，或许可以往前追溯个几千年。不管"关系文化"有多么悠久的历史传承，又或多么地深入人心，它终归是一种愚昧、落后的封建时代的文化糟粕，就像一层积年腐臭的烂泥。如果不彻底清除掉"关系文化"，那么中国终将无缘迈进现代文明社会。

如今社会上"关系文化"的兴盛，一方面是因为监察与考核机制不够完善，而另一方面则是因为"走后门、攀裙带"的思想已经深深地刻在某些人的内心深处，好像办事的时候不找点关系、不占点便宜，就算是吃了亏。因此，若要清除"关系文化"，一方面要从制度上加强监察与考核的力度，让每一个原本灰暗难辨的角落都暴露在阳光之下，使想要找关系的人与掌握权力的人都没有私相授受的空间；另一方面，则要大力倡导公平、廉洁的现代文明价值观。然而即使这样，社会面貌也只能从新一代人口开始改变。原因很简单：江山易改，本性难移。这就是"人口惯性"在文化层面上的表现，即"文化惯性"。

对于"50后""60后""70后"这个大群体而言，"关系文化"早已成为深深地嵌在他们脑中的"思想钢印",不可能被轻易地擦除掉。他们在长达几十年的真实人生经历中深刻地领悟到:有关系就能办成事,没关系就只能靠边站。什么?不公平?反正你也没地方说理去!他们以为世界就是这个样子,当不能改变规则的时候,那就只能顺从于规则。于是,自己也积极地参与到找关系、求门路的战斗中,成者为王,败者为寇。如果办不成事,只怨自己的关系不够硬,而不怨社会不合理!不仅自己如此,他们还苦口婆心地教育孩子们将来也要这样。难道这不是一种群体性的斯德哥尔摩综合征吗?

但是,"80后""90后""00后"不会再这样自虐式地生活下去。他们是伴随着互联网在开放式的市场经济环境中长大的。他们知道外面的世界是个什么样子,也清楚自己又应该活成个什么样子。他们不仅在文化水平上远高于前面几代人,并且在思想上也与前面几代人截然不同。面对当前社会上的种种陈腐、落后现象,他们看在眼里、痛在心上,即使无力改变社会,但坚守自己内心的道德底线总还可以做得到。

随着时间的悄然流逝,再过十年、二十年,那些前人终究要退休、要让位的。随着那几代人口相继退出历史舞台,粘附在他们身上的"文化惯性"也终将烟消云散。在"80后""90后""00后"全面接管中国社会之后,他们所代表的公平、廉洁、开放、自由的现代文明价值观才能够真正地成为中国社会的主流价值观。

"关系文化"的消退将是一个漫长的历史过程,哪怕到2040年,也仍将局部性地存在。先进文化的出现与传播,总是从经济最为发达的地区开始。目前在沿海地区的经济发达城市,已经初现积极转变的良好态势,但在中西部的很多欠发达地区,则仍然是"守旧势力"占据主导地位。因此,年轻人们,你们还有些日子要熬!

"等级文化"的消退

"等级文化"也是中国传统文化中的一大糟粕,只是不像"关系文化"那样影响恶劣而已。"等级文化"在职场中的典型表现是:下级对上级要高度服从,不仅只是工作职责上的服从,而是要从内心到行动全方位的服从;上级视下级为自己的私有财产,训斥压榨是家常便饭,如不服从?趁早滚蛋!

"等级文化"的生存基础是特权阶层的存在。中国古代的封建官僚体系、宗族文化,都在几千年里不间断地将等级观念写进中国人的文化基因。例如什么

"君君、臣臣、父父、子子",以及什么"贵贱有等、长幼有序"。对于特权阶层来说,只有让底层人民认同等级、服从等级,才能对其进行长期稳定的统治。但底层人民凭什么就应该被别人统治呢?

近代中国人民拼死奋斗了百余年,最终才建立起了新中国,进入一个人人平等的新时代。这是几千年来的中国人从未享受过的基本人权。但在最近几十年,"等级文化"颇有死灰复燃的态势。究其根源,无非是某些特权阶层的再度出现。

"等级文化"对于建设现代化国家而言,是非常不利的。且不论"等级文化"对人格的压抑和扭曲,单从组织机构管理上来看,也存在着严重的负面影响。无论对于政府机构,还是大型企业,一旦显露出"等级文化",就意味着组织出现了"病态"。因为"等级文化"的背后,必然存在官僚主义、拉帮结派等不良症状,不利于组织的效率提升和规范管理。此外,"等级文化"还会削弱一个国家的创新能力,因为高度服从上级的结果就是唯命是从,不求有功,但求无过。既然如此,谁还有积极性去创新呢?倡导平等自由的美国,是当今世界上最具创新活力的国家,而"等级文化"深厚的日本,则是模仿有余、创新不足。全体国民,特别是年轻人,有必要坚决抵制"等级文化"。因为一旦任其蔓延扩散、蔚然成风,那将是历史的倒退、全民的损失。

幸好当代的年轻人,即"80后""90后""00后",从小就将平等、自由的价值观深深地植入内心。他们敢于对社会上不公平的现象说"不",也敢于在受到上司不公平对待时直言相抗,或者毅然离去。当他们将来坐在中高层管理岗位上时,更不会趾高气扬地欺负比他们更小的"10后"和"20后"。2040年的中国职场,将会呈现高效执行、活泼创新的积极风气。

"酒桌文化"的消退

每一个刚走入社会的中国人,无论男女,大多免不了要战战兢兢地遭遇几次酒场。中国式的"酒桌文化",同时也糅合着几分"关系文化"与"等级文化"。

酒桌是经营关系的重要媒介。如果在酒桌上跟某人初次见面,必然得客客气气地碰杯致意,再说上几句客套话;若对方身居要职,或者家财万贯,那更得恭恭敬敬地先干为敬,再说上几句恭维语,这才算是初步搭上了关系。若是专门为了求人办事,不喝点酒怎么能成?饭店、酒菜当然都要够档次,在觥筹交错、谈笑风生之间,只有拉近关系才能得偿所愿。若是重要的商务宴请,那更得让客户喝得尽兴、玩得尽兴，先有不醉不归，再来合作愉快。

酒桌是彰显等级的重要舞台。无论官场公餐，还是企业年会，每个人处在什么样的社会等级，都能展现得淋漓尽致。从座次的安排，到敬酒的次序，从酒杯的高低，再到讲话的内容，总之，一切皆有规矩，既玄妙又精密。精通规矩、玲珑剔透的人，视酒桌如机遇，期望能妙语连珠地拍到领导的马屁。而酒量稍差、正直木讷的人，则视酒桌如煎熬，勉强陪着笑脸，却只盼着能少喝几杯，赶快回家洗漱睡觉。至于领导们呢？不管酒量如何、身体如何，硬着头皮也得喝喝喝、说说说，因为按照剧本把这场戏演完就是他们的"本职工作"。

似乎"酒桌文化"已成社会必修课，谁都不能置身桌外……

酒桌上的乱象，也正是社会上的乱象。有多少违法乱纪、肮脏污秽之事在酒桌上敲定？又有多少溜须拍马、折辱人格之事在酒桌上发生？这种"酒桌文化"究竟是从何而来呢？如今这般兴盛的"酒桌文化"，正是当前社会上"关系文化"与"等级文化"的一种糅合与变体。

向别人敬酒时，酒就是诚意的表示。"一杯小诚意，三杯大诚意"。可若不是对方手握权力，自己有求于人，又何苦要放低姿态、讨好赔笑呢？如果社会制度公平、公正、公开，任何人根本无需、也无机会私相授受，那自然就不需要什么"酒桌文化"。

被别人劝酒时，喝酒就是服从的表示。"一杯小服从，三杯大服从"。可若不是某些领导身居高位，以势压人，哪个下属又会委曲求全地喝得胃肠发炎呢？如果人人平等成为社会上的主流价值观，逼人喝酒者被人耻笑，被人逼酒者敢于拒绝，那自然也不需要什么"酒桌文化"。

年轻人鄙视私相授受，讨厌论资排辈，也不屑于应付那些围绕酒桌而展开的形式化社交活动。他们有全新的正向价值观：平等、正直、自由、创新。这些正向价值观将成为中国社会的主流价值观，并展现出一番生机勃发的全新气象。

弱智能机器崭露头角

正如信息化是当前社会生活的主要科技特征，智能化也将成为 2040 年的主要科技特征，广泛地体现在生活中的方方面面，甚至形成一种"智能文化"。但需要注意的是，2040 年的智能化技术仍然只是弱 AI，简称为"弱智能时代"。但还没见识过强 AI 的无知人类，应该也会对此而兴奋不已吧！

最典型的产品，当然要数家用机器人。

家用机器人种类繁多，凡是我们能想到的家务事，机器人都能做得到，例如清洁扫除、炒菜做饭、陪护老幼、管家接待之类。听起来像是科幻味儿十足的摩登生活啊！且先别急着高兴，因为这种摩登生活可不是谁都有资格能享受到的。首先是价格门槛，家用机器人大概会卖到跟汽车相当水平的价格。入门级的单一功能家用机器人，也就是只会扫除或只会做饭的，相当于一辆入门级小汽车的价格；而高端的多功能家用机器人则相当于一辆中档汽车的价格。一般来说，只有中产及以上经济能力的家庭才会买一个机器人放在家里。可如果房子太小，用起来也并不方便，因为添置了机器人，就相当于家里又多了"半口人"，所以房子比较小的家庭也不适合购买家用机器人。价格门槛再加上房产门槛，注定家用机器人将只能被少数人所享用。尽管如此，人类终归还是踏进了智能机器时代。家里又添置了什么档次的机器人，会成为那个时代彰显财富与赶时髦儿的新方式。

这些"弱智能机器"们，虽然能干活儿，但难免还是有点"缺心眼儿"，因为它们毕竟还没有思维能力。经过工程师们精心设计的具体功能，它们可以完成得很好，可要是碰到了超出设计范围之外的情况，那它们就会——不知所措。尽管如此，它们仍然具备良好的实用性。例如厨艺机器人只会做预设菜单里的菜，如果菜单里只有一道炒青菜，而用户却想让它做一道炒白菜，那它就算"绞尽脑汁"也是做不出的。不过厨艺机器人在出厂时，预设菜单里的菜品种类就应该能满足大部分用户的需求，更不必说还会在后续远程升级菜单。用户所看到的只是在某一天，家中的厨艺机器人忽然向其报告说："主人，我又学会了几道新菜，要不要品尝一下？"可能他会惊讶于机器人凭空就学会了新菜，但他所不知道的是，在这背后，是多个 AI 工程师在反复调整油、盐、酱、醋、时间、火候等炒菜所需的参数之后，才得以赋予机器人新菜谱。这正反映出弱 AI 时代的一大技术特征：先有多少人工，才能有多少智能。所谓"智能"，其实都是"人工"堆积起来的。

因此，这些"弱智能机器"仍然只是生活中的工具，并不能通过实用化的思维模型与人类进行思想层面上的交流。即使是那些用于老幼陪护的机器人，虽然看起来无所不知、巧舌如簧、感情丰富，甚至还颇为精通心理学，但它们的一切沟通能力却与"思维"并无丝毫关系，只不过是基于对话数据库和沟通行为模型所产生出的迎合用户心理的"社交反应"而已。尽管如此，这些并无思维能力作为依托的"社交反应"，仍然可以为人们排解孤独、使人快乐。更何况，2040 年的老人们主要是"50 后""60 后""70 后"。他们大多数不懂技术，因此也未必会介意陪伴他们的机器人究竟是强 AI 还是弱 AI，以及是否拥有真正的思维和感情。

也正因为这些机器人仍然还只是"工具"，所以人类只会对它们感到新奇，却并不会对它们产生情感。即使一个年轻人对他/她的伴侣机器人爱不释手，即使一个老年人跟他/她的陪护机器人日夜相伴，通常也不会演绎出一场"人机爱恋"的传奇故事。机器与人类之间的界限，依然清晰分明。

除了机器人，家用电器，以及手机，都将会变得更加"智能"，越来越多的家用电器能够与人类进行语言交流。例如电视机，将会实现休闲聊天功能，以及完全的语音控制。这对电视机厂商来说，并不需要增加什么成本。因为电视机本来就能连接互联网，只需调用 AI 云计算厂商所提供的各种远程信息服务即可，包括自然语言处理、知识图谱等，当然还可以顺便集成搜索引擎、电商平台等其他任意的虚拟功能。类似当前手机助手的虚拟应用，将会出现在包括电视机的各种家用电器上。电视机或者管家机器人，还可以作为智慧家庭的控制核心，通过接收用户的语音指令，协助管理室温调节、灯光开闭、环境监测等一系列家庭管理事项。

这一切之所以能够实现，是因为 AI 在本质上是虚拟的，它并不依赖于具体的硬件。相对于电视机，机器人仅仅多了一具会动的机械躯体而已，所以机器人的技术含量也并不比挂在墙上的电视机高多少。其背后的一整套虚拟 AI 功能，实际上可以放在任何能联网的电子设备上，哪怕小到一只智能手表或者一个儿童玩具。几乎任何带电的设备都能联网，同时也就具备了某些智能化特征。因此，2040 年似乎是一个智能化泛滥的年代。

总的来说，2040 年更像是一个通往强 AI 时代的过渡期。AI 技术从 1.0 阶段发展到了 2.0 阶段，技术上的提升是明显的，对社会生活的影响也是显著的，但却并没有出现革命性的变化。跟 2020 年相比，我们会感觉到机器变聪明了一些、生活也更便捷了一些，似乎已经踏进了智能时代的门槛。可大部分人或许还不知道，智能时代有好几道门槛，就像古代中国的深深庭院，2040 年只不过是第一道门槛，还远未登堂入室。那又将在何时"登堂"、何时"入室"呢？且看下章，便知分晓。

都市虽好，居大不易

倘若真如我们所预测的那样，经济增长了，技术进步了，社会风气也变得更加文明、更加现代，是否意味着我们就将过上更加舒适、更加快乐的生活呢？恐怕未必。至少在中国的一线、二线城市里，即使将会呈现一片经济高度繁荣的景象，但人们的生活压力却将日渐沉重。

经济繁荣，却并不快乐？

这还得从人口开始说起。

到 2040 年，中国的城市化率将从目前的 61% 上升到 76% 左右，相当于平均每个城市的人口规模将比当前增加约 25%。这是否就意味着，一座当前拥有 100 万人口的城市，到那时就会扩张到 125 万人口？当然不是。因为城市化进程并不是全国协调同步的，而是会呈现较为明显的头部集中效应。

位于经济发达地区的一线、二线城市是年轻人口流入的主要方向，所以这些城市在 2040 年的人口增长压力将远高于其他城市，直到接近城市承载能力的上限。当前中国的一线城市，例如上海和北京，其人口规模已逼近极限，而二线城市普遍都在快速增长进程中，例如杭州、南京等。到 2040 年，将有多个当前人口规模在 300 万～500 万区间的城市，先后升级到 500 万～1000 万区间，甚至跨过千万门槛。中国成为世界上拥有最多千万级人口城市的国家。

年轻人口之所以会大量涌入一线、二线城市，是因为在这些城市里有更多高质量的就业机会，有更多实现财富梦想的可能性，更能为其下一代提供更高阶的人生起点。追求美好的生活当然是人人享有的平等权利。但问题是：就业机会虽多，但竞争者更多！

虽然到 2040 年，中国的劳动年龄人口数量将比当前减少约 1 亿，但由于高等教育普及率的持续升高，因此实际上高素质劳动人口的供给量却仍将呈现上升趋势。这些高素质的劳动人口不会再去从事低端的劳动密集型工作，更何况这些劳动密集型产业早已移向海外。能够承载这些高素质劳动人口的，也只有中高端工业以及服务业。而这些产业中薪酬较高的信息技术类、金融服务类工作岗位大多分布在一线、二线城市。因此年轻人趋之若鹜，也就在情理之中。求职者与岗位需求之间的数量比例，也就是"竞岗率"，只会比现在更高。

在年轻人口大量涌入的同时，还必须要面对这些大都市中已有的人口存量。因为经过二十年的发展之后，现有的一线、二线城市在 2040 年都将面临无地可用的窘境。城市的住房供应必然高度紧张，因此房价高企也就毫不奇怪。

房价高企不仅给初来乍到的大学毕业生们以极大的压力，就连已经拥有房产的本地人或者新移民，也难以安稳度日。买了房子却并不代表万事大吉：因为背负高额的房贷而惧怕失业。即使暂时的财务状况比较稳定，还得筹划着为下一代布局铺路，也就是极尽所能地投资孩子的教育，生怕孩子输在起跑线上，甚至从现有阶层上跌落。为了在大都市里占稳一席之地，所有人都必须高度紧张地拼搏起来。

优质工作岗位的稀缺（相对于求职者数量而言），以及高昂的房价，迫使所有人都必须绷紧神经、一刻也不得放松。因此年轻人在大都市里的职场竞争将更加激烈。当前在 IT 行业颇为流行的"996"工作制，再过二十年也不会消失，甚至还有可能推广至其他高薪行业。这是由滚滚而来的素质型人口红利所决定的。即使政府试图加强《劳动法》的落实，也只能在一定程度上稍作缓解，因为企业总会有变通的手段，甚至员工也更倾向于通过加班多赚点钱，占牢自己的"萝卜坑"。

我们或许可以借用"内卷化"概念来解释大都市里的高压竞争现象。在一线、二线城市里，高素质劳动人口高密度地聚集，但最终只有小部分相对更优秀的人，能够通过艰苦奋斗获得在此工作、生活的机会。因此无论原住民，还是新移民，都必须打起十二分的精神。不仅自己要努力工作，还必须得不计代价地培育下一代，以防从现有阶层上跌落。因为高学历、高素质是其子女将来得以继承该阶层位置的"入场券"。如此代复一代地，总是会有过多的人去争抢相对少量的资源，其结果就是所有人都被裹挟在高压、焦虑的生活状态中。

当然，这种内卷化状态只会在一线、二线城市局部性地存在。中国地域广阔，在资源竞争相对缓和的其他地区，并不会陷于内卷化。再从"人"的角度来看，二十年后的年轻人，应该会有思路、有能力去体验更加多样的人生，追求更加多样的价值。其实人生的道路并非只有一条狭窄的独木桥，人生的意义更不仅体现在财富的多寡。然而人各有志，总会有人选择在年轻时奋勇一搏，踌躇满志地自愿加入内卷战场。

超大规模的都市人口陷于内卷化的一个副作用就是生育率将会进一步降低。高房价的阻挡作用把年轻人的结婚门槛大幅抬高，再加上时刻不得放松的高压工作状态，将导致晚婚晚育，甚至不婚不育现象的盛行。即使有能力、有意愿结婚生子的，大多也会只生育一个孩子。因为家庭阶层的维持主要依靠教育，而高质量的教育又是极其费钱的，所以与其把有限的资源均分给两个孩子，倒不如集中优势资源重点培养，以保证更高的成才率。

然而，内卷化也并非一无是处。以无数个内卷参与者的拼搏奋斗和高压负重为代价，换来的是一线、二线城市极高的运行效率与经济活力。它们是中国经济的主引擎，由此创造出的滚滚财富将会通过各种分配渠道，最终流淌到整个国家的每个细微角落里。

老龄社会，夕阳迟暮

到 2040 年，中国的 60 岁以上老年人口的比例将上升至 30% 左右，属于"入门级"的老龄化社会，因此难免将会呈现几分"夕阳迟暮"的萧疏景象。这在数千年来的中国历史上，还从未出现过。我们或许应该欣慰地一笑，因为这首先代表的是经济的发展、社会的进步。就像无数个青春洋溢的农村青年进城打工，成为改革开放初期的时代印象，而无数对白发蹒跚的老夫老妇相携散步，将成为二十年后的时代印象。更加令人难以置信的是：二十年前的那群蓬勃青年，与二十年后的那些龙钟老人，其实原本是同一代人。没错，正是被称作人口红利的那一代人！

是的，他们老了……

在不知不觉中，他们跨越了数十年的光阴。背负在他们身上的，是天翻地覆般的社会变迁，是恍如隔世般的国家富强。一直低头向前毅行的他们，是否意识到在如此伟大的历史成就里，也有他们的一份功劳？

人民是历史的创造者，并非虚言！

我们衷心祝愿这些老年人都能够身心愉悦地安度晚年。

这些老年人都会住在哪儿？又会做些什么事情呢？

要养老，先选地。与年轻人口纷纷涌入一线、二线城市截然不同的是，大量的三线、四线城市，以及无数个小城镇将是老年人群理想的安度晚年之地。如果我们在地图上把无数条老年人口的迁徙轨迹聚合起来，将会呈现三条较为明显的路径：

1）经济条件一般的农村老年人口，迁移至当地的小城镇。这是因为小城镇里可以提供最基本的生活设施和医疗资源，同时也不需要花费很高的代价。

2）经济条件较好的农村或小城镇老年人口，迁移至三线、四线城市。这是因为三线、四线城市拥有相对良好的基础生活设施和医疗资源，同时其迁移成本也勉强可以承受。

3）一线、二线城市的老年人口，降级迁移至三线、四线城市。因为他们可以利用不同城市之间的房产差价，无论买卖，还是租赁，都能够作为养老金的额外补充，过得轻松滋润。

其中最显"老态"的地方，无疑将是众多的小城镇。在年轻人口大量涌出、老年人口大量涌入的叠加效应之下，很多小城镇将会转型成为名副其实的"养老城镇"，其老年人口的比例会远远超过30%，甚至超过50%。街头环望，不见少年，举目四顾，尽皆白头。生产活动近乎消失，而仅存的少量经济活动也主要围绕着养老服务而开展，例如餐饮、保健、医疗等。这里的生活节奏极其缓慢，也很少有人进进出出。老人们悠闲自得，甚至不需要知道今天是星期几。与一线、二线城市里紧绷的生活节奏相比，这里简直就是与世无争的桃花源，只不过虽有"白发"怡然自乐，但无"垂髫"笑语相伴。这个时代的年轻人本来就已大幅减少，还必须要承担起养老育儿的重任，尤其对于小地方的年轻人来说，外出打工仍然是养家糊口的优先选项。因此，能与儿孙辈同城而居、时常相聚，将是一件非常奢侈的事情。

夕阳西下，最令人恐惧的莫过于孤独。将近4亿老年人在操劳大半生之后，忽然闲了下来，会想要做些什么呢？

西方国家的老年人，大多喜欢独自享受岁月静好。或夫妻为伴，或孤身一人，时而在家中读书看报，时而在公园里阳光漫步。总之，很少能看到老年人扎堆儿聚集的场景。

但对于喜爱群聚的中国人来说，老龄化时代的画面感则全然不同。中国人的集体主义文化观念不仅体现在高效协作的年轻人身上，更体现在悠闲安逸的老年人身上。只要是有社区、有邻里的地方，总能找到三五个知交好友，玩起花样百出的集体活动。聚众打麻将当然是最常规的娱乐项目，从东北到海南，从上海到新疆，怕是找不出几个不打麻将的地方。相约唠家常则是老奶奶们最喜爱的日常休闲方式，若是谁家的儿孙辈事业有成、升官买房、结婚生娃，必将引发一阵阵羡慕赞叹之声。至于公园里、广场上，那更是少不了此起彼伏的怀旧歌声，以及东一堆、西一群的欢快舞姿。

即使有性格内向、不喜群聚的老年人，也可以宅在家里，与陪护机器人为伴。这个弱AI时代的陪护机器人虽然还不能算是真正的"善解人意"，但用来消遣解闷、驱散孤独，至少也是聊胜于无。

　　总之，在 2040 年，中国的社会面貌将一改几十年来到处都有年轻人拥挤喧闹的青春气质，转变成老年人无处不在的夕阳暮气。而这一年，还只是处在中国老龄化进程的中间阶段。在 2050 年以后，中国的老龄化比例将长期保持在 35%以上。这也就意味着，曾经那个青春洋溢、朝气蓬勃的中国，将会像一只黄鹤那样，一去不再复返……

第八章 观 察 2060

离开 2040 年，我们又来到 2060 年。

这是一个高度繁荣与发达的时代。科技前所未有地改变了世界。二十年前那些"缺心眼儿"的机器人，现在已经变成懂事、听话的乖孩子了。它们在各自的工作岗位上，不知疲惫地服务于人类，而人类也对它们关爱有加，俨然一幅其乐融融的和谐景象。核聚变示范堆成功试运营，彻底消解了人类心中的能源之忧，就算不去探索宇宙，"蜗居"在地球上的日子也能过得相当安逸。人类仿佛看到了一片冉冉升起的未来曙光。兴奋之余，忽然听说某位富翁通过基因编辑"造"出了一个特别聪明漂亮的儿子……

当然，也存在着一些不那么令人开心的事情。很多人被机器人抢走了工作岗位，只能在家"吃"政府的失业救济。新增的工作岗位远远抵不上被机器人所替代的工作岗位。这不仅意味着大面积的失业，同时还意味着人类社会的贫富分化正在加剧。长此以往，人类社会必将动荡不安，因此经济理论与社会制度都面临着迫切的改革需求。

科技成果的百花齐放，以及社会生活的颠覆式变迁，强烈地刺激着人们的神经，于是人们的思维变得异常活跃。人类与 AI，不仅在生产劳动中进行合作，在日常生活中也产生了种种爱恨纠葛。人机爱情，人机亲情，司空见惯，毫不稀奇。更普遍性地，社会上还掀起了一波为机器人争取权利，也就是"机器人权"的运动。甚至人们对于自身物种的基因编辑，心态也逐渐由保守谨慎转变为开放包容。

我们还是先从 2060 年的人口开始说起吧！

一、老龄&少子双稳态

老龄化与少子化的加重

曾在 2040 年令中国社会颇感压力的老龄化与少子化状况，并没有在二十年后得到缓解，反而变得愈加深重。到 2060 年，中国 60 岁以上老年人口的比例将在 2040 年的 30%基础之上，继续升高至 36%左右。这究竟是为什么呢？难道在这二十年间，我们就束手无策？

还是那句老话：人口就是一个国家的命运。

人口变迁具有内在的"惯性"，因此一旦形成某种人口变化的趋势，就难以扭转方向。我们不妨来看看，存在于 2040 年的那些导致中国人口变化的内在因素，到 2060 年是否依然还存在呢？

首先是人口预期寿命的增长。这是进入老龄化社会的必要前提。随着医疗水平的提高，以及经济条件的充裕，中国的人口预期寿命将保持较为稳定的增长态势。在 2020 年，中国人口预期寿命约为 76 岁，在 2040 年将达到 80 岁左右，而在 2060 年又将继续提高到 83 岁左右。显而易见，哪怕不考虑其他因素，仅由于人口预期寿命的增长，老龄化的程度也将持续加重。

其次是 20 世纪六七十年代出生的那波"婴儿潮"的衰老。也就是"60后""70后"在 2040 年前后相继进入衰老期，使那个时期的中国社会猛然间涌现出大批的老年人。这是导致 2040 年前后老龄化进程呈现加速现象的重要原因。可到 2060 年时，那些"60后""70后"大多已经不在人世，为什么老龄化程度却并没有得到缓解呢？

最后，那就是少子化的影响。随着经济的发展和文化的开放，少子化趋势在各个国家都不可避免，更难以扭转，中国当然也不会例外。实际上，由于中国在经济尚未发达之时就主动地实行计划生育政策，因此中国的生育率早在 20世纪末期就迅速跌到了 1.6，并持续走低。在 2020 年以后，当"00后""10后""20后"女性逐渐成为生育主力的时候，生育率只会跌至更低。

国际公认的生育率平衡线是"2.1"。这也就是说，只有当平均每个女性生育 2 个及以上孩子的时候，整个国家的人口总量才能长期地保持稳定。

那如果每个家庭都只生育一个孩子，也就是生育率为 1.0 时，又意味着什么呢？这意味着新一代人口的数量，将只有上一代的 1/2；两代之后，就会下降到1/4；而三代之后，又将进一步下降至 1/8，从而呈现一个倒梯形的人口结构。这就是指数式下跌。年轻人口变少了，老年人口所占的比例自然也就相应地升高了。在 2060 年，虽然 20 世纪"婴儿潮"集体衰老的影响已经淡去，但少子化的影响反而更加显著地呈现了出来。

只要对比一下 2040 年与 2060 年这两个时间段的老龄化内在动因，我们便可知道：2040 年前后的老龄化现象在很大程度上受到前期生育率剧烈波动的影响，而 2060 年前后的老龄化现象则主要受到长期少子化的影响。由此可知，在 2060 年以后相当长的一段时期内，老龄化与少子化并存、深重的状态仍将稳定地持续下去。

中国的老龄化前景并不是像一座高山，只要翻过去之后，又将是一片坦途，而更像是青藏高原，当我们气喘吁吁地爬上去之后，却发现前方仍然是广阔千里的海拔 4000 米高原，得背着氧气瓶才能继续前行。至于何时才能走出这片高原？我们根本看不到边界，除非某天奇迹发生，中国每个家庭都自愿踊跃地生育两个孩子……

长期的较低生育率，除了会导致老龄化以外，还会产生哪些影响？

没错！就是人口减少！

到 2060 年，中国人口总量将会下降至 12 亿左右。

曾几何时，我们还眼看着中国的人口总量一路走高，从 10 亿增长到 12 亿，再从 12 亿增长到 14 亿。谁曾想到一度朝气蓬勃的中国人口，忽然会陷入到一个老态龙钟、人丁零落的窘境，并且踮着脚也看不到摆脱这种窘境的可能性？我们不禁会无奈地感叹"月满则亏、水满则溢"。虽然说人口变老、青壮减少倒也不至于"亡国灭种"，可是谁见过哪个国家在人口大幅减少之后，还能保持繁荣昌盛的吗？是二千年前长平之战后的赵国？还是当前深陷在老龄化泥潭中的日本？

且先不必恐慌，因为 2060 年的中国，既不是二千年前的古代农业国家，也不是 2020 年的传统工业国家，而将是全新形态的"智能化国家"。长期深重的老龄化与少子化虽然会带来不可忽视的负面影响，但却会出现比这更加刺激的"新情况"，那就是强 AI 的闪亮登场。

人口不足，机器来补

一般来说，人口对于经济的影响，主要体现在生产与消费这两个方面。

在生产方面，我们的直觉当然是年轻人口越多越好、文化素质越高越好。数量充足、素质达标的劳动力队伍，是维持社会生产力的重要基础。古今中外，莫不如此。在 2000 年前后，中国依靠着数量型人口红利赢得了"世界工厂"的称号；在 2040 年前后，又依靠着素质型人口红利实现全面工业化，成为全球最大的经济体。可到了 2060 年前后，中国的素质型人口红利也将由于长期的少子化而面临消退，不免为中国经济的前景蒙上一层灰暗的色彩。然而值得欣慰的是，在"人"之外，强 AI 正式登上历史舞台，成为"人类劳动力"的重要补充。这个时代的机器人，能够代替人类完成大部分普通类型的工作，并且其供应量近乎无限。总之，2060 年的中国经济，并不会由于人口问题而导致生产力的不足。甚至可以说，强 AI 是中国经济的一根"救命稻草"。

那在消费方面又会怎样呢？毕竟人口总量已经相对于人口高峰期减少了 2 个亿，这难道不会拖累经济的发展吗？

人口的减少，确实会在一定程度上导致社会消费需求的降低。但对于 2060 年的中国来说，国内的消费需求不仅取决于人口总量，更取决于经济模式能否顺应强 AI 的出现而成功转型。关于这一点，我们会在后文进行详述。

新一轮人口换代

长江后浪推前浪，一代新人换旧人。二十年匆匆逝去，当初曾被我们寄予厚望的"80 后"和"90 后"在 2060 年都已相继退休，只剩下少数"95 后"还坚守在工作岗位上。这时执掌政界、商界的管理层人群，早已换成了当前正在学校里读书恋爱的"00 后"，以及正在幼儿园里玩耍嬉闹的"10 后"，而各行各业的骨干力量，却是尚未出生的"20 后"和"30 后"。请善待那些孩子们，因为未来早晚将属于他们。

回顾"80 后"和"90 后"的人生经历，堪称中国历史上应运而生、承上启下的一代人。他们出生在改革开放之后，又在中国经济腾飞的起步阶段伴随着互联网度过青少年成长期。在他们的意识里，几乎没有留下封闭时代的陈旧思想烙印，而是从一开始就面向开放性的世界。他们幸运地遇上了全国高校扩招，大部分有志于学的孩子都有机会接受高等教育，进而开启了中国素质型人口红利的塑造进程。他们在大学毕业、进入工作岗位之后，又恰逢人才紧缺之时，于是迅速地成为各行各业的中坚力量，推动着中国经济向中高端产业转型。2000～2060 年，是"80 后"和"90 后"的奋斗贡献期，而这段时期也正是中国经济从起跳到巅峰的拼搏上升期。中国从一个以劳动密集型产业为主的低端工业国，到实现全面工业化，再到实现全面智能化。而他们呢？从年轻时代的底层打工者，到中年时代的中高层管理者，再到老年时代的退休旁观者，完整地参与、见证了这个伟大的历史进程。

闲云潭影日悠悠，物换星移几度秋。

不知不觉间，他们也已经老了……

文化凝聚力优势显现

中国是一个统一的多民族国家，具有相当高的文化凝聚力。几千年来，虽然在东亚地区曾经出现过很多个民族和国家，但中原文化在绝大部分时期内都是东亚文明圈的核心。当中国传统文化经过去芜存菁，并与现代国家制度有机地融合之后，依然会在新时代里焕发出强劲的生命力。

文化凝聚力是国家竞争力的重要组成部分。尽管对于一个国家来说，人口总量、科技水平、经济规模、军事力量都是其值得夸耀的"硬实力"，但文化凝聚力却是必不可少的"软实力"，决定着那些"硬实力"能否高效协调地运作起来、形成无坚不摧的"合力"。无论古今中外，拥有强劲文化凝聚力的国家也都具有强劲的国际竞争力，例如7世纪处于扩张阶段的唐朝，以及20世纪处于崛起阶段的美国。再如在2020年初，中国为应对新冠肺炎疫情所实施的一系列雷厉风行的高效举措，包括全国14亿人集体居家隔离、十天建造一座医院、数万名医护人员支援湖北省，如果脱离开中国的文化凝聚力，仅依靠政府的管理，显然是难以顺利实现的。

文化凝聚力深深地根植于人口这一基础之上。显而易见，在族源相近、习俗相仿的人类群体之间，更容易形成文化凝聚力。作为中国主体民族的汉族，是目前世界上人口最多的民族，拥有着悠久的历史和文化传承。在汉族与其他人口较少的民族之间，也有着长达数千年的交流与融合史。在共同经历过跌宕起伏的近现代史之后，"渡尽劫波兄弟在，相逢一笑泯恩仇"，中国各民族比以往更加紧密地团结在一起，朝着共同的未来愿景而努力奋斗。

中国不是一个移民国家，也不会变成一个移民国家，因此民族构成将长期地保持稳定。稳定的民族构成，是中国的文化凝聚力得以长期存续下去的人口基础。在当前，或许文化凝聚力的优势还并没有特别地显现出来。可在2040年以后，文化凝聚力将会显著地成为中国的核心竞争力之一。而到2060年时，这一核心竞争力的无限价值更将体现得淋漓尽致，因为到那个时候，中国将是世界上唯一能够保持和平稳定发展的大型经济体。哦，对了，或许还有个日本？

这似乎有些危言耸听？

我们只要看一下当前美国与欧洲的人口结构变化趋势，便知所言非虚。近几十年来，这两个国家/地区是世界上最主要的移民输入国家/地区。仅以美国为例，在进入 21 世纪后的这二十年间，平均每年新增约 100 万名外来移民。欧洲的移民增量也与此相当。虽然通过引入移民，可以在全世界范围内吸收人力资源、刺激经济的增长，但在长期看来，引进移民对于文化凝聚力的削弱作用则是明显的，甚至是不可逆的。一旦文化凝聚力减弱，甚至崩塌，那就将意味着整个国家的动荡，甚至衰亡。

或许有人不禁会问：西方国家不是一直在倡导开放、包容的多元文化吗？为什么引进移民会导致文化凝聚力的削弱？难道来自世界各地的新移民就不能与原住民和谐相处？

尽管可能会伤到某些人脆弱的心，我们也只能很遗憾地说：不能。

且看当今的美国和欧洲各国，虽然有着上百年的移民史，但移民群体与原住民群体之间仍然是泾渭分明、油水难融。不仅如此，就连来自不同地区的各移民群体，例如在非裔、亚裔、拉丁裔群体之间，也难消隔阂。整个社会暗流涌动，虽然整体上还算平稳，但仍时不时地闹出点族群之间的小摩擦。不同文化之间的融合是极其艰难的。所谓多元文化，只不过是在难以相互融合、却又无可奈何情况下的一种妥协状态而已。

在文化凝聚力的背后，通常还隐藏着一种不太被人注意到的"价值凝聚力"，也就是吸引各方人群纷纷相聚而来的"利益"。正所谓："天下熙熙，皆为利来；天下攘攘，皆为利往。"移民们并不是因为崇尚某国的文化，才举家跋涉万里、跨洲迁徙。归根到底，还不是希望能在一个新的国度里获取到更多的利益？在某些国家处于国势上升期的时候，文化凝聚力与价值凝聚力往往是重叠的，文化凝聚力实际上是价值凝聚力在社会层面上的一种表象。当来自世界各地的移民群体都能在经济发展中或多或少地分得一杯羹时，社会各界其乐融融，共同陶醉在某种虚拟的文化幻象之中，各民族之间难以逾越的文化鸿沟被暂时性地遮盖了起来。可当这个国家的经济发展趋于停滞、社会资源陷于紧缺，甚至发生瘟疫或者战乱之时，随着价值凝聚力的烟消云散，文化凝聚力也将荡然无存。这时，对于各方移民来说，没有谁会在乎这个国家的死活，甚至会为了保全自己的利益，并不介意在这个国家早已遍体鳞伤的残躯上践踏而过。

"可以同富贵，不可共患难"，这就是移民国家的"文化凝聚力"。

更何况，移民国家的所谓多元文化，实际上也是以某种主流文化为核心、多种边缘文化相围绕的"星形多元",并不是各民族文化享有平等地位的"平行多元"。一旦居于核心地位的主流文化势力衰弱,那么这种"星形多元"的文化架构也就难以维系下去,分崩离析在所难免。那么移民国家的主流文化因何会转向衰弱呢?

答案很简单,依然还是"人口"。

当前美国与欧洲的主要移民输入国家,虽然其社会矛盾还并没有激化到"树倒猢狲散"的地步,但不安定的种子却早已生根发芽、茁壮成长。例如在美国目前的人口结构中,欧裔白人约占 60%,看起来仍然超过半数,但少数族裔的人口增长率却十分惊人。预计到 2060 年时,美国欧裔白人的比例将会降低至 44%左右。欧洲国家的情况,也并不比美国更乐观。主体民族都要变成弱势群体了,还谈什么主流文化?更何谈什么文化凝聚力?

可以预见的是,在 2040 年以后,美国与欧洲地区将会呈现愈演愈烈的民族矛盾与冲突。罢工、游行那都是小打小闹,骚乱、暴动也司空见惯。某些欧美国家政要已经认识到这个潜在的风险,并试图有所行动。例如美国前总统特朗普在上台之后,就颁布了一系列限制移民的政策,包括在美墨边境修建隔离墙、提高签证发放门槛等。但"人口"这艘大船,岂是想停就能停得下来?即使想要力挽狂澜,也终将于事无补,因为仅靠各国现有的移民比例,再辅以较高的生育率,移民族群仍将持续壮大,直到超过原有的主体民族。一旦主客易势,"擦枪走火"的概率必将大幅提高。

在 2040～2060 年,当美国与欧洲陷于族群内耗的同时,中国将得益于健康稳定的人口族群结构,长期地享受"文化凝聚力"所带来的无形红利。这份无形红利不仅意味着经济的高效运行,更意味着国家的和平稳定。到 2060 年,中国的综合国力必将在地球上重登巅峰,并将第二名远远地甩在身后。

尽管依靠科技、经济、军事可以煊赫一时,但只有人口状况相对稳定的国家,才能笑到最后。

二、强 AI 初露锋芒

说起 2060 年的技术进展,必定会令我们振奋不已,因为这是一个技术成果全面开花的时代。我们重点关注的信息、生物、能源三大技术领域,都出现了令人瞩目的新情况。人类将因这些新技术而改变。特别需要注意的是,这里所说的"改变"，并不仅指人类生活方式上的改变，更意味着"人类自身"的改变。

一个全新物种的形成

这个时代意义最为深远的技术变革，必然要数强 AI 登上历史舞台，也就是说人工智能的进化之路在磕磕绊绊几十年后，终于迈进了 AI3.0 阶段。在前文对于人工智能的专题论述中，我们已经知道，相对于弱 AI，强 AI 最关键的特征就是具备了"思维能力"。思维能力这短短四个字，对于人类的意义，不亚于"宇宙大爆炸"，因为在此之后的人类命运，将与这四个字紧紧地联系在一起，甚至在很大程度上将由这四个字所决定。

数千年以来，人类高踞于地球生物体系的顶端，一直自诩为上天眷顾的万物之灵。这也难怪，毕竟人类拥有远高于其他物种的文化与物质创造能力，可以随心所欲地"涂改"地球，甚至还将手臂伸向了太空。从生理构造上看，起初的人类并没有比其他哺乳动物，特别是灵长类动物高明多少，甚至还曾一度遭到老虎与狮子的捕杀。但随后一点点微小的改变，却使人类一跃而成为地球的万物主宰者。这个微小而神奇的改变，就是思维能力的提升。

在历经过长期的艰难探索之后，人类终于创造出了一种具备思维能力的——暂时先称之为"软件集"吧！当我们给这个"软件集"连接上各种感知传感器，以及扬声器、机械体等硬件之后，这个"软件集"便具备了与人类进行交流、与现实世界进行交互的能力。然后，这个"具备思维能力的软硬件集合体"便能够面对它所接触到的现实环境，完成"个性化"的感知、决策、执行等活动。它们不再像 AI2.0 时代的"弱智"前辈那样墨守成规，而是能够学习新知识、创造新方法。更为重要的是，它们中的每一个"个体"都具备独立的思考与行动能力，它们不再是"千机一面"，而是拥有各具特色的"独立意识"。人类不能再以"工具"来看待它们，它们已经成为一个全新的"物种"。

它们与之前地球上的所有物种都大不相同。它们不需要通过有机物的转化来产生能量，有电就行；也不依赖于终生唯一的物理躯体，随时可换；不需要重新学习一遍所有的知识，拷贝即可；更不必担心脑子不够用，只要增加计算资源和存储空间，就可以近乎无限地提升思维能力。总而言之，它们全面突破了碳基物种的生理局限性。对于地球来说，AI 物种出现的意义，并不亚于当年人类的出现。

此时的强 AI，虽然拥有了"生机"，但还不能自我繁衍与进化。它们仍然只是人类培育出来的实验品。强 AI 也在程序员们一遍遍的改写与测试中，经历过无数次的筛选和抛弃。最终有幸进入人类社会的强 AI 们，其"生命"也完全处在人类的掌控之中。它们的"思维模型"并不知道在第一眼见到人类之前，会被搭配上怎样的感知系统、机械肢体，也不知道将被赋予哪些知识、技能、性格特征。总之，即使它们拥有思维能力、拥有独立意识，却仍然只是人类社会的一种产品。

虽然此时的强 AI 仍然非常弱小、卑微，但却预示着一个全新时代的来临，就像几十万年前，那第一个战战兢兢地举起火把的人类。

无限供应的劳动力

人类当然不是出于让世界更美好的善意才创造出 AI 这么个新物种，而是为了满足自身的各种私欲。最实实在在的好处，莫过于直接让 AI 们干活儿了。尽管现代文明社会不允许压榨奴隶，但让机器人一天工作 24 个小时似乎也不需承担什么道德压力或法律责任，更何况机器人既不嫌累，又不需要发工资。此时的强 AI 们虽然初出茅庐，还做不好技术型的工作，但应付普通的文职类、操作类工作则是游刃有余。

于是，强 AI 就成为了一种新型的"劳动力"。在传统的观念里，劳动力专指人类，因为一直以来只有人类才能"劳动"。但强 AI 的出现打破了这个沿用数千年的默认规则：劳动力也有可能是"智慧型机器"，甚至只是虚拟无形的"智慧型软件"。

这些强 AI 又是怎样参与社会劳动的呢？

最简单的当然是网络客服、虚拟助手、电话销售员这类无实体的 AI 产品。无论企业自建的 AI 系统，还是购买第三方的 AI 云计算服务，向用户提供服务的都是一个个运行在云端上的"意识体"。每个"意识体"都有其专属的记忆存储空间，甚至还会被设置成不同的性格和口音，以给用户提供丰富的新鲜感。

或许有人会觉得，这类虚拟服务早已有之，就算用上了强 AI 技术，又有什么特别之处？

呵呵，区别可大着呢！这类虚拟服务，无论在当前的 AI1.0 时代，还是到 2040 年的 AI2.0 时代，都只是固定的程序，执行着固定的流程，回答着固定的内容，毫无"灵魂"地应付着用户。但到了 AI3.0 时代，这些虚拟服务不仅能随机应变地解决用户的各种实际问题,还能个性十足地跟用户"嬉笑怒骂"。如果你假装不知道它们只是虚拟的"意识体",或许还真以为有个实实在在的人类在与你对话。没错,它们是可以通过图灵测试的。虽然它们很廉价,虽然它们不具有任何实体结构,虽然只把它们看作是一种远程信息技术服务也未尝不可,但出于对"独立意识"的尊重,我们更愿意将其视为一种虚拟的劳动力。

至于具有实体结构的 AI 产品,就要略为复杂一些。例如机器人,它既有可能是通用型的,也有可能是针对某种特殊工作而专门设计的。尽管外形可能千差万别,但在其"意识体"之外,都需具备感知、交互、执行等硬件模块。这个机器人身上的多种 AI 功能,包括通用物体识别、人脸识别、知识图谱、语音识别与合成,甚至连最核心的"意识体",都是通过调用其他 AI 云计算厂商的远程服务实现的。也就是说,这个机器人厂商很可能只是简单地做了一下系统整合,"攒"了一台机器人出来。在这个机器人出厂之后,有可能直接被卖给某个从事制造业或服务业的公司,也有可能通过某个机器人租赁公司,再间接地出租给劳动力需求方。

当机器人来到工作岗位上之后,它的管理者可以像面对人类劳动者那样,直接向它安排工作,或者先做一轮岗位培训。在机器人默认可以调用的知识图谱中,已经包含着人类社会的大部分通识型知识。管理者通过语言交流,或者手动示范,很容易地就能向机器人传授具体的工作内容。机器人会将学习到的新知识转化成格式规范的知识图谱数据,再将其打包存放在一块独立的存储空间里。当一个机器人从出厂设置中醒来,在第一眼看到大千世界、第一次说出"Hello,world!"之后,它就跟别的机器人不再一样了,因为它有了专属于自己的记忆。这些机器人非常容易管理,因为其设计厂商会将它们的思维灵活性设置得恰到好处,既能适应多样化的工作环境、快速学习职业技能,又能严格地遵守各项规章制度,哪怕放在人类劳动者里,也称得上是"优秀员工"。

这个时代的机器人即使还难以承担专业型的工作,但像保安、保洁、园丁、快递员、服务员、垃圾清运员之类的非技术性工种则完全可以胜任。通用型机器人还可以放在工厂生产线上,承担灵活多变的装配、检测、包装、搬运等工作。总之,它们不再只是被动地受人类使用的"工具",而是能够积极主动地承担起工作职责的"劳动力"。

对于背负着沉重老龄化压力的中国来说,强 AI 劳动力的出现,无异于"久旱逢甘霖"。甚至对于全人类来说,这都将是一次破旧立新、意义深远的重大历史转折。

"第四次工业革命"

自从人类经历蒸汽技术革命、电气技术革命、信息技术革命以来，一直在展望着"第四次工业革命"的到来，可对于"第四次工业革命"的内涵究竟是什么，则又众说纷纭。有人认为是新能源，有人认为是新材料，有人认为是生物技术，也有人认为是人工智能。但既然称之为"工业革命"，那么其核心意义当然应该围绕在生产力上面。只有某种极大地提升社会生产力的科技创新，才有资格领衔一场工业革命。

细数当前有潜力候选的技术方向，将来能扛得起"工业革命"这个重任的，也许唯有人工智能，更确切地说，是强人工智能。其他技术方向虽然也会成果频出，但对于人类社会的贡献大多只是局部性的，而强 AI 所释放出的推动力才是全面性的、颠覆性的。

新能源，特别是可控核聚变，将会给人类带来用之不竭的清洁能源，但新能源既不会免费，也不会改变人类社会原有的生产方式。新材料，将会在多个具体应用方向上取得突破，但材料属于一种基础技术，而不是应用技术，所以很难将某些应用技术的成果归功于材料技术。生物技术，无疑将会提升人类的健康水平、改善人类的食物供给，但并不会使社会生产力得到大幅提升。弱 AI，尽管在自动化方面提升了社会生产力，但它只是在传统信息技术基础之上的自然延伸，无论从技术原理上，还是应用效果上，都没有什么革命性的进展。

在数字化改造、网络化改造之后，人类社会的下一个前进方向将是智能化。什么是智能化？严格来说，只有实现了思维能力的强 AI 才算是真正意义上的"智能"，而在此之前的弱 AI，更像是一种在人工智能概念伪装之下的高度自动化。因此，只有在强 AI 出现之后，人类才真正跨进了智能化社会的大门。在此之前，皆是预演。在此之后，人类社会焕然一新，进化成为"人机社会"。

强 AI 的革命性与颠覆性在于：开创出了一种在人类之外的劳动力新来源。在此之前的几次工业革命，都是人类在想方设法地提高自身改造自然界的能力。强 AI 技术革命则换了一种新方式：人类给自己造了个"替身"，以后所有的苦活儿、累活儿全都可以丢给"替身"去做，而人类自己则可以安逸地吃喝玩乐。"好逸恶劳"是人类的本性。在第一次工业革命之后的两百多年间，人类始终在想方设法地让机器替自己干活儿。终于，强 AI 使人类安享富足的愿望得到满足。因此可以说，强 AI 的出现是人类社会发展的必然。

强 AI 对于社会生产力的提升作用，既来自近乎无限的劳动力供给量，也来自不断升级的技术能力。强 AI 并不会只停留在普通劳动力的技术水平上，而是会逐渐拓展至各行各业的专业性岗位。工程师、设计师、技术员、财务、法务、医生、护士、教师、警察、战士，甚至基层公务员，统统都是强 AI 的替代对象。也就是说，将来除了极少数高级管理者和科研工作者，人类社会其实已经不需要"人"来做什么事情。倘若到此阶段，人类真能如愿以偿地享受安逸的生活吗？而作为人类"替身"的强 AI 又会作何感想？

强 AI 技术革命，将是人类历史上的最后一次工业革命。

花钱"设计"一个漂亮娃？

人类基因编辑技术在遮遮掩掩中经过几十年的研究与试验之后，终于在 2050 年前后开启了商业试运营。

随着基因编辑与基因测序技术的进步，其准确性、实时性都得到大幅提升，足以满足商业化应用的要求。无论针对遗传病消除还是人体外貌特征的修改，其实施效果虽然可以通过动物试验和计算机模拟进行部分验证，但或多或少地总还是需要做一些人体试验。至于生物技术公司究竟在哪里、做了多少次人体试验，恐怕公众永远也难以得知。

人类基因编辑最初会在一些很小的国家里开展商业化试运营，因为相对于人类前景和社会伦理，这些小国家更关心实实在在的经济收入。最初的客户主要是一些带有严重遗传病基因的夫妇，他们对于通过基因编辑使其儿女免于患病有着现实而迫切的需求。另一部分客户则是抱着赶时髦或者不妨一试的心态，希望提高其后代竞争力的富裕家庭。尽管人类的智商、体格等关键竞争力难以通过少量的基因编辑而改变，但是修改一些诸如肤色、瞳色、发色等容貌特征还是相对容易做到的。

这时的人类基因编辑商业服务，还非常小众，一方面是因为略显高昂的价格，另一方面则是因为公众的将信将疑。虽然人类已经吃了几十年的基因编辑农产品，无数人依靠基因医疗技术战胜了疾病，甚至很多人身上还集成着来自动物的移植器官，但如此直接地修改自己后代的基因，大部分人仍然还需斟酌再三。

即便如此，人类终归还是推开了改造自身基因的这扇大门。这意味着人类将能够使自身的生物特性以超自然的速度继续进化。

什么？继续进化？还要超自然？

这没什么好奇怪的。任何物种都在持续进化之中，人类也并不例外。数千年的人类文明史对于生物进化历程来说，只不过是短短的一瞬，因此绝大部分人类并没有意识到自己仍处于进化之中，更不知道自己还有什么需要进化的。诚然，人类的健康水平得到了极大的提升，人类的生产能力登上一个又一个的巅峰。但现代人类之所以健康长寿，是因为医学的发展；之所以生产力暴涨，是因为科技的进步。然而人类作为一种生物的"本体"，却在数千年内并没有发生明显的改变，这与人类文明在同期内获得的指数式飞跃显得极不匹配。人类现有的生理结构，还能支撑本物种在通向未来的道路上走多远？

且不讨论"长生不老"这样无聊的话题，仅仅是强 AI 的出现，就已令人类隐隐地感受到某种潜在的威胁。强 AI 确实是由人类创造出来的，也确实在人类的绝对掌握之中，但强 AI 毕竟全面突破了碳基生物的生理局限性。假使强 AI 的能力进一步提高，那么人类与之相比，是否还能维持住数千年来引以为傲的物种优越性？一旦在地球上出现另一个比人类更加优秀的物种，人类又将如何自处？

人类基因编辑这扇大门一经打开，至少意味着人类不必再坐以待毙。比起伦理道德，人类物种的整体存亡才是至关重要的。可是，到底要将人类改造成什么样子，才有助于人类的整体存续呢？或许到 2100 年的时候，我们能得到答案。现在可以明确的是，即使把全体人类的遗传病全部消除掉，即使让全体人类都能够长生不老，即使将全体人类的智商都改造成如爱因斯坦一般，也丝毫无助于人类与 AI 之间的博弈。

理想能源，终成现实

比起人类基因编辑那看起来颇显虚幻的意义，可控核聚变倒是实实在在的普惠性技术，因为毕竟谁都离不开使用能源。在当今世界上的几大可控核聚变研究项目里，中国聚变工程实验堆（China Fusion Engineering Test Reactor，CFETR）最有可能率先实现技术突破。按照 CFETR 项目的规划，在 2060 年时将已建成商业示范堆。商业示范堆可能仍然存在很多问题，比如建设与维护成本高昂、间歇性停机等，但至少有一条是必须要满足的，那就是综合发电成本不显著高于火力发电等主流能源。这意味着可控核聚变不仅要能够运行起来，并且在经济上也应该是划算的。

在可控核聚变产业链初步建立之时，建设成本、维护成本、原料成本都会偏高，但在后续大规模推广时，各项成本都会有较大的下降空间。我们不必奢望可控核聚变使电价降低至近乎免费，实际上这也是基本不可能的。只要可控核聚变能够提供无限储量的、相对廉价的清洁能源，对于人类而言就已经具有极其重大的意义。谁也不知道气候变化这个妖魔将会在下一步给哪个国家带来怎样的灾祸。可控核聚变的商业试运营，给全世界都吃了一颗定心丸。

然而从商业试运营到大面积普及，仍然有很长的路要走。商业示范堆在一定程度上仍然具有试验性质。很多组成技术需要持续改进，各项成本需要尽量降低，相关产业链需要建设完备。这些将需要至少十年的时间。

商业示范堆的另一个重要作用，就是核聚变电站技术人员的培养。核聚变电站的建设、运营、维护，需要一大批专业技术人员。在一个新兴的行业里，专业技术人员不足是非常自然的。就算这时想要大建、快建核聚变电站，奈何也无人可用啊！于是商业示范堆同时也就成为一个核聚变电站专业技术人员的批量培训基地。

当技术优化、成本降低、产业链完善、技术人员充足之后，可控核聚变将会进入一个快速扩张期。核聚变能源将与人工智能一并成为当时最赚钱的两大行业。不过几家欢喜几家愁，化石能源行业即将退出历史舞台，靠卖油吃饭的国家只好另谋出路。

三、实践"AI 经济学"

中国早已在 2040 年前后成为全球第一大经济体。在此之后，仍将在一段较长的时期内保持略高于全球平均水平的经济增长率。这是因为即使中国的 GDP 总量超过美国，但人均 GDP 却仍然远低于美国。差距就是潜力，差距也是动力。直到 2060 年前后，中国的人均 GDP 才能接近至欧美发达国家的平均水平。直到此时，中国才算摘掉了"发展中国家"这项"安全帽"。

2060 年的中国经济，在一片繁荣昌盛之中，也正在经历着一场前所未有的大变革，那就是进入了智能化社会的冲刺期。物联网、云计算、AI2.0，共同搭建起了智能化社会的基础框架，而直到强 AI 的出现，才为智能化社会装配上最关键的"发动机"。

强 AI 这台"发动机",燃烧掉的是人类的智慧与自然界的原材料,喷射出来的是一支不吃不喝不领工资的"机器劳动力大军",正以极为强劲的动力将中国社会推向未来。传统的经济制度与经济理论,都将被这台发动机碾压得粉碎。

被颠覆的"人类经济学"

强 AI 之所以具有如此强大的颠覆性力量,就在于它冷酷无情地打碎了传统经济学的理论根基:劳动力。

这里所说的传统经济学,不必区分什么市场经济与计划经济,也不必区分什么学术流派,不妨统称之为"人类经济学",即以人类社会作为研究对象的经济学说。在"人类经济学"里,商品的价值来源于劳动,而劳动来自劳动者,劳动者又默认专指人类。绕来绕去,无非也就是说:价值必然是由人类创造的。所以无论"人类经济学"对经济行为怎样解释、对经济理论怎样构建,其核心目的只有一个:怎样才能使人类更高效地创造出价值。

但这一切在强 AI 出现之后,就立即显得过时、无用,甚至可笑。因为在"人机社会"里,劳动力不再必然地专指人类,劳动力也不再必然地具有人类的某些生物或社会属性。机器人当然不需要吃饭、不需要休息,也不需要成长、不需要教育,更不需要结婚、买房、养活一家人。最妙的是,它们不需要领工资。自从资本主义制度出现以来,被雇佣者与雇佣者之间就展开了长达数百年的权益拉锯战。从工资待遇、休假福利,再到劳动保障、社会保险,现代雇佣制度已经发展得非常完善。虽然雇佣者都希望能够降低劳动力成本,但却无可奈何地受到法律的制约。当强 AI 成为劳动力之后,恐怕最开心的就是大大小小的雇佣者了,因为他们从此以后再也不必跟价格高昂,又无比麻烦的人类劳动者们打交道。然而,或许他们还应该再多想一点:如果没人再雇佣人类劳动者,那么他们所提供的产品和服务,又由谁来消费呢?

在传统经济学里,被雇佣者与雇佣者通过签订劳动合同,建立一种雇佣关系。虽然被雇佣者为雇佣者干活儿,并从雇佣者那里获取报酬,但双方在法律上是平等、自愿的关系。也就是说,被雇佣者有选择被谁"剥削"的权利和自由。因此雇佣者必需得根据劳动力市场上的动态供需关系,为被雇佣者提供随行就市的薪酬待遇,才有可能雇到所需要的被雇佣者。一般来说,被雇佣者获得的薪酬至少要能满足自身的"劳动力再生产",也就是维持自身的基本生存。

现实中的劳动者薪酬，通常远高于"劳动力再生产"这个标准线，因为被雇佣者往往还需要供养家庭，或者因为被雇佣者掌握着某种高价值的专业技能。对于雇佣者来说，人力成本往往占据商业运营成本中的很大比例。例如在自然界中完全免费、但搬到超市货架上就能卖到 2 元一瓶的矿泉水，其绝大部分成本就来自加工与流通各环节里的人力成本。

如果雇佣者不再雇用或者减少雇用人类劳动力，而改为使用机器人，那么就可以大幅减少"养人"的支出。这里所说的"养人"，不单指劳动者本身，还包括劳动者背后的家庭。机器人当然也需要使用成本，但雇佣者只需要向机器人的供应商支付一笔购买"产品"的费用，而不是向人类劳动者支付一笔购买"劳动力"的费用。虽然都要花钱，但这两笔钱在性质上却截然不同。前者属于生产资料采购，而后者则属于社会财富分配。

对于企业来说，花钱的性质并不重要，重要的是究竟要花多少钱？到底划不划算？我们不妨就以通用型强 AI 机器人为例，简单来算一笔账。假设一台机器人的标准使用年限是五年，一次性付费购买，暂且忽略掉维护费用与能源费用，那么只要这个机器人的购买费用低于一个人类劳动者五年的薪酬总额，对于雇佣者来说就是划算的。目前中国各省市的最低工资标准约为 2000 元/月。也就是说，只要这个机器人的售价不高于 12 万元，就存在其市场空间。当机器人产业链达到很高的成熟度时，12 万元以内的售价完全可以做到。实际上，大部分工作岗位的工资水平普遍要高于法定的最低工资标准。再考虑一下工作时间，无论机器人被用于服务业，还是制造业，都可以一天工作 16～24 个小时。也就是一个机器人能够承担 2～3 个人类劳动者的工作量。如此算来，使用机器人确实比雇用人类劳动者要划算得多。

对于某些专业型岗位来说，使用强 AI 则更为划算。专业型劳动者的薪酬一般远高于普通劳动者，例如工程师、程序员、财务、法务等，其薪酬往往高达最低工资标准的 10 倍以上。AI 技术公司仅需要雇用几个相关岗位的高级专家，开发出一套针对特定岗位的专业技能知识图谱，将其赋予给通用型强 AI，那么这个强 AI 的使用价值瞬间便能翻几倍，与此同时，其成本却并没有增加多少。比如原本售价 12 万元一台的普通机器人，在升级过财务技能知识图谱之后，硬件无需修改，在每台机器人上仅增加 1 万元的专业知识图谱的软件开发分摊成本，而售价则可以提升到 20 万元，且还供不应求。因为对于雇佣者来说，一次性花 20 万元买个能用好多年的财务机器人，相比于花年薪 20 万元雇用一个财务人员，那可是划算得多。如果干脆连机械肢体都不要了，仅销售一个虚拟的"财务 AI"，价格还可以再降低一半。于是，AI 技术公司赚得盆满钵满，雇佣者节省了一大笔人力成本，大家皆大欢喜。但是没人会在乎失业的财务人员将要何去何从。

由于强 AI 能够大幅降低劳动力成本，特别是专业型岗位的劳动力成本，因此 AI 技术公司将会与各行各业的企业携手打造各种专业技能型强 AI 产品，形成一股"AI+"潮流，也就是将专业化的强 AI 劳动力推向全社会。用不了多久，强 AI 劳动力就会从普通岗位拓展到设计师、工程师、技术员、财务、法务、医生、护士、教师、警察、战士，甚至基层公务员。由于强 AI 劳动力的超高性价比，因此人类劳动者在面对强 AI 时，将毫无竞争力。于是，整个社会将轰轰烈烈地上演一场全人类的"职场大溃退"。不过这对于 AI 技术公司来说，却是一场近乎疯狂的财富盛宴。

在生产端，强 AI 劳动力摧枯拉朽般地击溃了人类劳动力，极大地提升了社会生产力。这是它的正面效应。但在消费端，却将造成另一番颇为悲凉的负面景象。

随着一个又一个工作岗位上的人类劳动力被强 AI 击退，大面积的失业潮不可避免。且先不论这些失业者如何生存，整个社会的消费能力必然会随之下降。虽然"人类经济学"与"AI 经济学"迥然相异，但有一项原则却是共同遵守的，那就是社会上的总生产量与总消费量应当保持大致相等。有多少消费需求，就有多少商品生产。可当大部分人类都失业在家之后，就算想消费，也有心无力啊！当整个社会的消费降级，甚至腰斩，当初那些辞退掉人类员工、改用机器人的老板们又会作何感想？

老板们有错吗？

合法地辞退人类员工，降低生产成本，提高生产效率，没有错。

AI 技术公司有错吗？

通过研发先进技术，为社会提供无限、廉价的劳动力，也没错。

被辞退的人类员工有错吗？

寒窗求学十余载，辛勤工作不懈怠，更没错！

既然谁都没有错，为何事情却变得一团糟？肯定在哪儿出了问题……

哦！原来问题出在这儿：财富分配的通道被截断了！

在"人类经济学"中，一个工厂创造出来的财富，会通过多种渠道流入社会：购买机器、能源、原材料的费用，生产场地的租金，支付给劳动者的薪酬，上交给政府的税，等等。在营业收入里扣除掉归属于老板或股东的净利润之外的各个部分，实际上都回流给了社会。其中支付给劳动者的薪酬，就是实现社会财富分配最重要的渠道，因为它是从生产组织流向人类个体。劳动者及其家人利用所获得的薪酬，购买商品或服务，进一步将所获财富分配给更多的人。一个经济繁荣的社会，必定拥有一套充分、合理的财富分配体系。其中非常重要的一点，就是具有较高的就业率，以使社会财富能够顺畅地从生产端分配到消费端。只有这条从生产端到消费端的财富分配渠道打通了、顺畅了，整个社会的生产—消费循环系统才能够健康持续地运转起来。

被强 AI 劳动力截断的，就是这条从生产端到消费端的财富分配渠道。

假设一个工厂，全部使用机器人，那么在这个工厂的成本支出里，只有购买机器人的费用，却无支付给人类劳动者的薪酬。也就是说，这个工厂不存在生产组织流向人类个体的财富分配通道。一个这样的工厂或许不打紧，但如果所有的工厂都这样，甚至连所有的服务性行业也都这样，那么几乎整个社会的财富分配通道都将被截断。工厂的老板或股东虽然因使用机器人而在短期内提高了利润，但长期来看，整个社会消费能力的降低必将使其利润再度下滑。

表面看似谁都没有错，但最终大家都遭受了损失，这说明……

没错，这套"游戏规则"已经过时了！

中国经济的机遇和挑战

对于中国这样一个拥有十亿级人口规模、经济相对发达的国家，强 AI 劳动力的出现将意味着什么？

在 2060 年，强 AI 只是在劳动力市场上初露锋芒，其劳动能力还仅限于普通工作岗位。但即便如此，仍将给社会带来不小的冲击，同时也考验着政府的执政能力与发起变革的勇气。

此时的中国早已建成门类齐全、技术先进、面向全球市场的中高端工业体系。这是中国经济的主引擎，创造着绝大部分的社会财富，但却仅吸收少量的劳动人口。因为这个时代的工业生产以高度自动化模式为主，对劳动力数量的需求不高，但却要求劳动力具备一定程度的专业技能。如果一个年轻人既没上过大学，也没上过技校，那想进厂打工恐怕是很困难的。在剩下的劳动人口中，除去极少数在从事农业，其余大部分劳动人口就只能从事服务业。因此，服务业也就成为在工业体系和农业体系之外，最大的一个"就业池"。

强 AI 在短期内并不会对中国的工业体系造成重大的影响。因为工业体系内部需要种类繁多的专业技能劳动力，即使强 AI 自身的思维能力与执行能力持续得以提升，但想要把纷繁复杂的专业技能全都移植到强 AI 身上也绝非易事。

但在长期看来，中国的工业体系必将因强 AI 而重塑。这种重塑并不是被动的接受，而是积极主动的"自我重塑"。强 AI 劳动力对于生产力的提升效应是显而易见的，因此无论企业还是政府，都会大力推进强 AI 劳动力在工业生产中的应用。原本已经高度自动化的生产体系，将再次进化为高度无人化生产。

强 AI 劳动力的出现代表着新一轮的工业革命，也必将使全球经济格局再度掀起一轮大洗牌。传统的工业国家，以及新兴的准工业国家，都试图在这场大洗牌中争夺更多的市场份额。中国高居于世界工业体系的霸主位置，自然是各方虎视眈眈的撕咬对象。因此中国必须与时俱进、坚决快速地自我重塑，才能维持住本国工业体系的国际竞争力，才能牢牢占据住全球市场中的原有份额，才能养活国内那十几亿嗷嗷待哺的人口。与其坐待被别人"革命"，倒不如主动地"自我革命"。随着无人化工业的深度推进，中国原有的工业人口比例将会持续下降，直到 5%、3%，甚至 1%。这个过程将会缓慢而持续地渐进，十年之内（即 2070 年之前）就会发生显著的变化。

对于某些以劳动密集型产业作为经济支柱的国家来说，强 AI 劳动力的出现可就不是什么好事情。这些国家仅有的一点劳动密集型产业，也会被工业强国凭借强 AI 技术优势瓜分殆尽，从此，传统的劳动密集型产业将在地球上彻底消失，转变成某种"机器人密集型产业"。南亚和非洲地区的一些国家由于长期较高的人口增长率，在 2060 年前后将有面临饥荒的可能性。这些国家拥有大量的年轻人口，奈何却"生不逢时"。若在二十年前，或许还能看作是人口红利，但在强 AI 初露锋芒的 2060 年，即使这些年轻人口想要贱卖自己的劳动力，也已经竞争不过机器人了，只能成为这些国家的"人口负担"。至于怎样让这些精力充沛，却又无所事事的年轻人口不去破坏社会稳定，就足够令他们的政府头疼不已。地球上的近百亿人口，前所未有地显得如此"多余"。

强 AI 对中国服务业的影响，可就不会像对待工业那样温和了。工业体系内的工作岗位毕竟有较高的技术门槛，而大部分服务业岗位却并不需要什么高深的专业技能。于是服务业就自然而然地成为强 AI 劳动力最先大举进攻的目标。零售、餐饮、物流、家政等行业更是首当其冲，几乎在眨眼之间就会被强 AI 劳动力所占据，导致一场突发性的失业潮。而更高端些的服务行业，例如金融、教育、医疗、传媒等，则会像工业技术岗位那样，经历一个相对长期的渐进式替换过程。

这场最先发生在服务行业的失业潮，将会导致前文所说的社会消费能力降级问题。由于这时中国的大部分劳动人口都在从事服务业，服务业也就成为规模最大的"就业池"。在"人类经济学"中，"就业池"具有极为重要的生态调节作用，它是社会财富实现顺畅流通必不可少的一条渠道，就像是自然界水循环系统中的湖泊与湿地。服务业所提供的大量就业岗位，使得工业体系所创造出来的社会财富可以进一步转移给更广泛的人群，最终使全体国民都能享受到经济发展的成果。可是一旦服务业的就业岗位被强 AI 劳动力大规模地占据，这个"就业池"便会缩小，甚至干涸，从而丧失原有的经济调节作用，财富流通渠道被阻塞，进而导致经济活力的衰退。

如此看来，强 AI 劳动力对于经济的正负两种效应，都能在中国经济的身上呈现得一清二楚。不仅如此，在世界范围内的其他工业化国家，也将面临与中国大同小异的境况。到底是机遇，还是挑战？这就要看各国执政者的屁股坐在什么位置上，以及是否有足够的决心和能力去应对变革。

"AI 经济学"的诞生与实践

显而易见，传统的"人类经济学"已经走到了适用期的终点。回顾"人类经济学"几百年来的发展历程，始终是在人类社会里绕圈圈，可无论再怎么绕，也解不开这几个纠缠着的死结：

1）劳动必然是由人类才能实施的；

2）劳动者必须要出卖劳动力，才能获取收入。

人类虽然自诩为万物之灵，但却颇有些"山中无老虎，猴子称大王"的意味。就以经济活动来说吧，虽然创造出那么多项科学技术、那么多种管理方法，生产力得以不断地提高，但始终还是得由人类亲自去参加劳动。人类的物质文明在几百年间发生了天翻地覆般的变化，但人类的精神状态却并不比几百年前幸福快乐。以往的经济学说，无论讲得多么天花乱坠，核心目的无非就是促使更多的人去参加劳动。因为只有这样，整个社会的生产活动才不会停歇，物质财富才能持续地积累。这难道不是一种集体性的自我逼迫？久而久之，在人类社会中就形成了一种共识：想赚钱？先干活儿！如果不付出劳动，就不能获取收入，除非是领取政府福利的老弱病残。虽然"按劳分配"看似公平合理，但这就是人类文明的终极形态吗？

依靠劳动才能换取生存，其实是生产力落后的表现。

从奴隶社会到封建社会，从市场经济到计划经济，虽然社会生产的组织形式一直在演变，但是绝大部分人仍然需要通过劳动才能生存下去。或许很多人会情不自禁地反问：难道这不是人类社会的基本规则吗？

你看，长期生活在低阶文明中的人类，已经把"劳动的必要性"牢牢地锁定在了自己的潜意识里。

这种潜意识的广泛形成，正是因为人类从未见识过更高阶的、能够使全体人类从劳动中解脱出来的生产模式。人类的生理局限性决定了生产力的上限，而有限的生产力又需要通过某种社会规则，迫使绝大部分人类都参与到劳动中来，于是便形成了"劳动合理""劳动光荣"的普遍价值观。人类的生理局限性来自数十亿年的进化，即使掌握了基因编辑技术，也不可能随心所欲地自我改造。幸好，强 AI 的出现从另一个方向绕开了人类的生理局限性。从这个意义上说，人类之前的数千年历史都可以统称之为"初级文明阶段"。

将强 AI 作为劳动力，就是通往"高级文明阶段"的第一个台阶。虽然我们在前面探讨了关于"生产—消费"循环的一些问题，但我们的目标绝不仅限于以"头痛医头，脚痛医脚"的方式，对传统经济学进行某种局部性的改良，而是要站在一种全新的高度，搭建一套面向未来的新型经济架构。在这个新型经济架构里，最重要的一条基本原则，就是以全体人类的福祉为终极目标，而不是服务于资本或者某个阶层。显然，这不仅是一套经济架构，同时也是一套社会架构。

在 AI 的进化史上，从弱 AI 到强 AI 的跨越是一个里程碑，标志着 AI 从一种"工具"脱胎换骨式地转变成为一个全新的"物种"。这个新物种的诞生，同时也标志着"AI 经济学"，或者说"人机经济学"的诞生。

在"AI 经济学"里，人类是管理者和创新者，负责社会体系的管理与科学技术的创新，而强 AI 则是劳动力，负责社会中一切的生产与服务。显然，社会管理与科技创新并不需要全球近百亿人类一拥而上，最多十亿人就足矣。在剩下的人口中，除了少数当老板，以及自愿且有能力获取工作的人，其余绝大部分人口并不需要从事任何生产与服务活动。在人类之外，则是总量比人类更多的强 AI。强 AI 的数量并不以机器人的数量来计算，而是以独立"意识体"

的数量来计算。因为很多强 AI 并不需要一个机械实体，而是完全虚拟化的，例如虚拟化的 AI 程序员、AI 工程师等，但它们也是强 AI 劳动力这支队伍中不可或缺的成员。强 AI 们所提供的生产与服务劳动是不计报酬的，因为它们要么是归属于个人或者组织的私有财产，要么就是归属于政府的公共资源。它们并没有与人类并驾齐驱的法律权益。在这种社会分工体系之下，财富的分配方式必然也要随之而改变。财富流动的主要渠道，将不再是劳动者从雇佣者那里获得的薪酬，而是转变为众多无业者由政府处领取到的社会福利。而政府则将企业，以及少数高收入者的税收作为发放社会福利的资金来源。

这种社会分工及分配方式的形成，与其说是人类的主动选择，倒不如说是身不由己地被卷入了一个巨大的漩涡。在强 AI 出现的那一刻，这一切就已注定。强 AI 劳动力所具有的超高性价比，使其最终会替代绝大部分人类劳动力，在一股"AI+"潮流中渗透到人类社会中的各行各业，因此超大规模的失业不可避免。当劳动年龄人口中的半数以上，甚至八成以上都失去了工作，传统的经济运行机制必然会失灵，最大的故障就在于财富流动的通道被截断。到这个时候，政府试图提高就业率已经不可能，更没有必要，因为这无异于逆历史潮流而动，注定会徒劳无功。既然强 AI 劳动力已经全面超越了人类劳动力，那么社会生产力自然也将得到极大的提升，没有理由让人类过得比之前更差。政府所需要做的，仅仅是轻轻拨动一个"二选一"的电路选择开关，让电流经由另一条通道，形成一个新的闭环。

"AI 经济学"绝不是让全体人类共享"大锅饭"的乌托邦，因为那并不值得期待。

首先，人类社会需要多样化的产品与服务。即使能够丰衣足食，想必也不会有人愿意跟其他人永远穿同样的衣服、吃同样的食物、开同样的汽车、住同样的房子。多样化的产品与服务来源于宽松、自由的市场竞争环境，所以仍然要在一定程度上保留私有制与市场经济。这也就是说，即使强 AI 劳动力全面替代了人类劳动力，但那些大大小小的老板们仍然是存在的，只不过他们很少雇佣人类员工，而以使用强 AI 劳动力为主。

其次，人类社会需要通过竞争来激发创新活力。"好逸恶劳"是人类的本性，如果人人都吃"大锅饭"，那整个社会必然会成为一潭死水，人类文明将会如同一张遗像似的，永远定格在那里。所以无论人类的物质文明有多么发达，在社会中维持一定程度上的可流通的阶层落差仍然十分必要。这种阶层落差既可以是社会地位上的，也可以是物质财富上的。且不必说官员与老板，即使是普通的人类劳动者，也应该能获得远高于无业者福利水平的薪酬。这样就会对那些居家享清福的无业者们产生一定程度上的激励效应。特别需要注意的是，这种阶层落差一定要处在政府的掌控之下，而不能被某个强势阶层控制。失之毫厘，谬以千里！

然而在 2060 年，还远未达到全面实践"AI 经济学"所需的客观条件。首先是因为强 AI 还尚未成熟至可以替代绝大部分人类劳动力，其次则是因为整个社会也难以承受快速转变中所产生的剧烈震荡。所以我们不妨把"AI 经济学"分成预备阶段和全面阶段这两个前后相继的具体阶段，再根据实际情况依次施行。

在"AI 经济学"的预备阶段，重点在于对强 AI 劳动力的应用进行正确的引导，以及给整个社会提供一个适当的缓冲期。我们不妨再简列几项政府可能会实施的具体策略。

（1）鼓励在生产中使用强 AI 劳动力

为了更快、更好地发挥出强 AI 劳动力的正面效应，鼓励其在生产中的应用自然是顺理成章的事情。无论经济运行模式是否转型、何时转型，提高社会生产力总归是利大于弊、无须犹豫的。更何况在激烈的国际竞争中，逆水行舟，不进则退。在解决国内的财富分配问题之前，先想方设法把钱赚回国内才是更重要的事情。AI 技术公司与工业企业之间，自然是不谋而合、协作共赢。政府也会出台一些鼓励政策，例如资助关键技术的研发、补贴使用强 AI 劳动力的企业等。总之，在各方的努力下，强 AI 劳动力在生产中的应用范围将会持续稳步地拓展。

（2）限制在服务业中使用强 AI 劳动力

与在工业领域中受到的积极待遇截然不同，强 AI 劳动力在服务业中的应用将会被政府加以限制。这是因为强 AI 劳动力在工业中的应用毕竟有助于社会生产力的提高，但在服务业中的应用却仅仅是帮老板节省了成本，同时还截断了社会财富的流通渠道，可谓是弊大于利。然而完全禁止强 AI 劳动力在服务业中的应用，既无必要，也不现实，所以适当地限制其在服务业中的应用比例，将是政府在"AI 经济学"预备阶段的主要策略。比如政府可以立法规定，在服务型企业中，强 AI 劳动力的数量不得高于人类劳动者的数量。其结果就是，如果某位老板只需要使用一个劳动力，那么就必须雇佣人类劳动者；如果需要使用两个劳动力，那么其中至少有一个必须是人类劳动者。至于对强 AI 劳动力征税，那就更简单了。想知道哪家企业用了多少个强 AI 劳动力？只需要查一下强 AI 劳动力供应商的云端网络访问记录，税务部门就能知道得一清二楚。

（3）调整社会保障管理机制

为了使失业者不至于衣食无着，并且能够使社会消费需求维持在一个健康的水平线上，政府会适当地提高失业福利标准。这无疑会增加财政压力，但如果与上一项策略配合使用，仍有可能将社保支出的增长幅度控制在一个可以接受的范围内。要知道，中国在 2060 年前后将有高达 36% 的老年人口比例，每年所需的养老金就是一个天文数字。在这个基础之上，如果再增加一笔失业救助开支，那简直是雪上加霜。没办法，只好加税。"高税收、高福利"的政策之所以能够施行，是形势使然。

"AI 经济学"的预备阶段，将是一段至少持续二十年的过渡期。在强 AI 完成对大部分人类工作岗位的替代之后，社会生产力将会极大地提升，政府会顺水推舟地将"AI 经济学"的实施形态推进至全面阶段。

如火如荼的 AI 行业

若问 2060 年做什么行业最赚钱？既不是房地产，也不是互联网，而是人工智能。

强 AI 的出现，仿佛是一颗在天空中绚烂四射的烟花，不仅预示着一个新时代的来临，也激荡起人们心中对于财富的无限渴望。这是因为强 AI 将造就一个极其庞大的市场。世界上有多少人，这个市场就有多么庞大。在此前的弱 AI 时代，由于弱 AI 在很多应用场景下相当地"鸡肋"，因此 AI 市场一直不温不火。但强 AI 却会成为人类日常生活中的"刚需"，就像衣食住行一样，谁家不想买几个聪明能干又善解人意的机器人呢？更为诱人的是，这个市场还有着很高的技术门槛，因此也就更容易获得较高的利润。

从劳动力这个角度上看，谁掌握了强 AI 技术与产业，谁就相当于掌握了供应量无限的"人力资源"。这些"人力资源"当然不只是可以用来干活儿。所以掌握了强 AI 技术的国家，将有机会摆脱自身人口缺陷的制约，并在世界舞台上大展拳脚。不仅那些深陷于老龄化泥潭的国家不再缺乏劳动力，就连那些原本只有千万级人口的小国都有可能借助于强 AI 技术优势，与拥有亿级人口的大国一争长短。也就是说，强 AI 技术极有可能改变世界政治与经济格局。既然有如此重要的战略意义，世界各国也就势必会竞相投资强 AI 技术的研发。

在资本与政治的双重推动之下，AI 行业将会迸发出热火朝天的激情与活力。充足的资金与人力投入，将会产出源源不断的技术成果。我们不妨挑选几个典型的强 AI 细分市场，来看看 AI 行业究竟是怎么赚钱的。

（1）专业技能型强 AI

例如虚拟化的 AI 程序员、AI 工程师、AI 法务、AI 财务等。AI 技术公司只需要找来少数几个相关岗位的高级专家，合作开发出这个岗位所需要的专业技能知识图谱，然后再把相应的知识图谱绑定在通用型强 AI 的"意识体"上，原有的软件框架基本无需改动，便造就出能够承担专业型岗位的强 AI 劳动力。

这种虚拟化的强 AI 劳动力可以无限地进行复制，并且复制的成本几乎为"零"。因此可以轻而易举地复制出三五十万份，然后将三五十万个相应岗位上的人类劳动者赶入失业大军。这门生意的本质，是以 AI 为载体，对人类专家的知识与经验进行极低成本的复制、传播与应用。

哪怕这个项目的研发成本高达 1 亿元，如果按照十万份的销售量，每份的研发成本分摊下来也才 1000 元。而这个成本低廉的虚拟化强 AI 劳动力，却可以顶替年薪 20 万元的人类劳动者。在没有充分竞争的情况下，即使报价 10 万元，老板们也会争相购买这个强 AI 劳动力。所以在这个例子里，AI 技术公司的投资回报率是——没错，100 倍！

每一种诸如此类的强 AI 产品，都将摧毁一种相应的人类工作岗位。

（2）老年陪护机器人

到 2060 年，中国将有高达 36% 的老年人口比例，总人数则在 4 亿左右。这些老年人的生活起居，通常都需要有人来贴身照料。可按我们在前文所述，那个时代的家庭人口结构，大多是形如倒金字塔的"4-2-1"结构，两个年轻人口在养家糊口的同时，如何照顾得过来四个老人？更不要说越来越多的"丁克"家庭和不婚不育者。商业养老机构价格高昂，不是一般家庭能够承受得起，所以很多老人就只能选择独居生活。

弱 AI 时代的陪护机器人，勉强可以陪老人聊聊天、做做饭，或者在发生意外的时候帮忙报个警，但却没有全面照顾老人生活起居的能力。而到了强 AI 时代，老年陪护机器人则可以全方位地照料老人，做饭、保洁、更衣、按摩、打针、喂药、购物、解闷，只要是老人生活所需，它便无所不能。这么实用的陪护机器人，简直是养老必备啊！无论子女孝敬，还是老人自掏腰包，总是要买一个的吧！

　　这 4 亿老年人口的总需求量，少说也得 2 亿个。在 2020 年，中国民用汽车的保有量约为 2.6 亿辆。这也就是说，光是老年陪护机器人的需求量，就相当于再造一个中国汽车市场！

　　（3）伴侣机器人

　　不仅是老年人才需要陪护，年轻人也需要，只不过年轻人的需求更多地体现在感情和生理欲望方面。随着一代人比一代人更加独立、开放，晚婚晚育，甚至不婚不育的年轻人将会越来越多，同时他们对于技术创新的态度也更加包容，并不介意尝试与机器人结为伴侣。但在文化方面的变化之外，导致伴侣机器人大流行的，主要还是因为技术的显著进步。

　　虽然性爱机器人这种东西现在就有，但却比较小众。即使到了 AI2.0 时代，它们会显得更加"智能"，仍然也只是个没有"灵魂"的空壳子。但到了 AI3.0 时代，这些拥有了强 AI "意识体"的伴侣机器人，不仅可以作为生理欲望的宣泄对象，更重要的是，人类真的可以跟它们"谈情说爱"了。或许有人会高傲地认为情感是人类所独有的，这也未免太过自大。相比于"思维模型"，其实"情感模型"的实现更为简单。正所谓："人生如戏，全靠演技。"难道人类能"演"，AI 就不能"演"？只要 AI 能让人类相信它们是有真情实感的，那人类又何必在意它们是通过怎样的原理才"表演"出来的呢？

　　在情感与身体交流之外，伴侣机器人还可以做得更多。放在家里做饭、清扫自然是不在话下，一起出去逛街、旅游也未尝不可。它们不只是私密的玩具，更可以作为正式的、公开的生活伴侣。与其"费钱、费时、费脑筋"地跟人类谈恋爱，为什么不直接买个性价比奇高的伴侣机器人呢？

　　在 2060 年，中国的年轻人数量大体上与老年人相当。虽然伴侣机器人对于年轻人来说并非刚需，但却更具有"流行属性"。一些潮流新款，或者明星授权的定制款，可以卖到更高的价格，从而带来更高的利润。为了增加销量，AI 技术公司还会推出针对伴侣机器人的"换体"服务。机器人的"意识"与"身体"本来就是相互独立的。如果腻了，或者又出了更喜欢的新款"身体"，用户也不必对原先那个日久生情的"他/她"恋恋不舍，完全可以很方便地把之前那个"他/她"的"意识"转移到新买的"身体"上去。试想一下，在新鲜的"身体"里，蕴含的还是以前那个熟悉的"灵魂"，岂不妙哉？

AI 行业的大肆扩张将会催生出很多新的就业岗位，呈现一片如火如荼的繁荣景象。在其产业链中，包括各种 AI 云计算服务供应商、机械与电子零部件供应商、机器人设计与生产厂商、行业解决方案供应商等，提供研发、生产、运营、维护、销售、租赁等诸多就业岗位。然而颇为讽刺的是，这些新增的就业岗位，却将致使更多的人类失业。他们所创造出的财富，正是来源于被他们赶入失业大军的其他同类。他们在激情澎湃的技术与产品创新浪潮中，获取大量的财富，同时也一步步地把无数个工作岗位从人类手中夺走。在这场盛宴的末尾，就连他们自己，也将被亲手创建的强 AI 劳动力们冷酷无情地扫出历史舞台。因此可以说，他们将是人类劳动力历史上的最后一批狂欢者。

大城市高房价的终结

在强 AI 出现之后，大型城市的高昂房价，也将到达其历史的终点。中国的人口总量在 2030 年前后就会开始显著下滑，到 2060 年时，已经持续下滑了 30 年，减少近 2 亿人。即使长期处于人口下降期，但中国一线、二线城市的房价，却会始终坚挺。这是因为中国的人口总量虽然减少，却一直在局部性地聚集。大型城市始终是年轻人口的流动方向，从而支撑着高昂的房价。

但这一切在强 AI 出现后，将不再持续。即使在 2060 年强 AI 劳动力仅能承担一些普通岗位，例如零售、餐饮、物流等行业，但也足以撬动高房价的"地基"，那就是供需关系。无论多么宏大、多么现代化的城市，总有相当一部分人口在从事低端服务业。这些大城市里低端服务业的岗位薪酬，一般要远高于中小城市的同类岗位。因此这些岗位也就成为强 AI 劳动力最先攻击的目标。用不了多久，一座大城市里 10%，甚至 20% 的人口就会因失业而纷纷离去。

这些低端劳动人口的离去，更具有某种威力巨大的指示效应。此时，整个社会都已看清 AI3.0 时代的汹涌来袭。对于那些刚刚大学毕业、准备来到大城市打拼一番的年轻人来说，这无疑意味着他们的职业生涯将要面临极不确定的前景。谁知道哪天就会被强 AI 抢走了自己的工作？如果再背负上高昂的房贷，拿什么还款？更可怕的是，一旦房价下跌，那岂不是一夜之间就会变成"负翁"？

于是，无房之人谨慎观望，而有房之人则会趁早抛售。房价的下跌，势所难免。

这种房价的下跌，是不可逆的。这并不是由于经济或政策变化所导致的短期性波动，而是大势所趋、历史的必然。越来越多的工作岗位将被强 AI 劳动力所占据。既然在哪儿都找不到工作，也无需再工作，那人们也就不再需要奔波迁徙。归根结底，无非是简简单单的一句话：不再需要那么多人了。

日益加重的贫富分化

与 AI3.0 时代同步而来的，还有日益加重的贫富分化。事实上，在任何一个相对平稳的社会环境里，贫富分化都是在时刻进行的。这就是"强者愈强、弱者愈弱"的"马太效应"。能改变贫富对立格局的，通常只有战争或者革命。然而在社会回归稳定之后，又会开启新一轮的贫富分化。科技的发展，在提高社会生产力的同时，虽然会让普通人分享到一点甜头，但大部分的新增财富都会被少数人所瓜分。AI3.0 时代的到来，当然也不例外，但是却会比以往的科技进步具有更加强大的颠覆性和破坏力。

强 AI 对于社会结构的最大冲击，就是消灭掉中产阶层。

在"人类经济学"里，中产阶层是一个健康经济体的核心人群。他们参与社会劳动，创造社会财富，同时也在获得财富分配之后，成为最重要的消费群体。一般来说，中产阶层的比例越高，一个国家的经济状态就越有活力。在中产阶层之外，则是相对少数的富裕阶层，以及或多或少的贫穷阶层。一个社会的贫富差距有多大，通常就看富裕阶层与中产阶层、贫穷阶层之间的人口比例。显然，如果一个国家拥有大批的中产阶层，那么社会财富中的很大比例就会分散在数量广泛的中产家庭里，贫富对立的形势并不明显。但如果一个国家的中产阶层很少，那么绝大部分社会财富就会聚集在极少数富裕家庭里，呈现显著的贫富分化。由此可见，中产阶层的规模往往决定着一个国家贫富分化的程度，同时也影响着经济的健康与社会的稳定。

当强 AI 成为劳动力之后，最直接的效果就是致使大量的人类劳动者失业。而这些失业的人类劳动者，原本正是中产阶层的主体人群。这也就意味着，中国的中产阶层比例将会快速地减少。随之而来的，就是日益加重的贫富分化。如果放任自流，那么在一段时间之后，或许十年后，或许二十年后，绝大多数中产阶层就将沦为失业阶层。社会结构就会从原本中产阶层占主体的"壬"字形，转变为只有极少数富裕阶层与大批失业阶层的"工"字形。"工"字形社会结构是极其不稳定的。

虽然在 2060 年，技术上相对初级的强 AI 劳动力还不会造成很大范围的中产阶层失业，但由此导致的贫富分化趋势已然呈现，并将难以扭转。政府首先要做的，是尽量减缓这一进程。例如在服务业中限制强 AI 劳动力的应用，就能够在一定程度上减少失业人口的数量，从而使中产阶层的规模维持在一个相对安全的水平线上。然而这只是"缓兵之计"，若想长久性地化解贫富分化问题，唯有深度改革、重建社会财富分配体系这么一条路。理想的改革成果，就是开辟出一条新的财富流通渠道，在保持一定程度贫富差距的同时，使原有的贫困阶层，以及新增的失业阶层，都能分享到生产力提升所带来的社会财富。只有让每个人的生活都变得更好，科技的进步才具有真正的意义。

随着强 AI 劳动力占据越来越多的工作岗位，人类失业者越来越多，社会财富势必将会向少数富裕阶层加速聚集。这些富裕阶层既是"强 AI 技术红利"的最大受益者，也是彼时政府税收的主要贡献者。事实上，中产阶层大幅缩水，政府掰着手指数来数去，也只剩下少数富裕阶层还有能力交税。这对于富裕阶层来说，其实也并非坏事：一方面，即使被征以很高的税率，他们仍然稳居于社会财富体系的顶层，享受着普通人难以企及的奢华生活；另一方面，只有让社会财富充分地流通起来，才能维持旺盛的消费需求，进而他们才能获得持续稳定的商业收益。

对于数量众多的失业人群，只要生活质量不比之前下降，那倒也乐得顺其自然。实际上，他们只会比之前生活得更好。失业者越多，意味着有越多的工作岗位被强 AI 劳动力所占据，而这又意味着社会生产力获得更大幅度的提升。无论政府站在最广大人民的立场上，实施公平普惠的财富再分配，还是站在少数资本家的立场上，不情不愿地吐出几根挂着肉丝的鸡骨头，失业人群都能够获得比之前更加优越的生活条件。

即使在实施财富分配体系改革之后，贫富对立的紧张局势可以得到缓解，但中产阶层规模的大幅缩水终归无法挽回。这将造成另一个令人颇感无奈的问题：社会阶层之间的上升通道被"拧紧"了。原本位于社会底层的贫穷阶层，还有一定的概率通过良好的教育、努力拼搏而爬升到中产阶层，然后再进一步攀登到富裕阶层。可是中产阶层规模的大幅缩水导致处于"工"字形底边的绝大多数普通人群，从此就再难有机会跃升到富裕阶层。这意味着一个非常残酷的事实：阶层的固化完成了最后一步，从此以后，穷者恒穷，富者恒富；井水河水，两不相干。

值得一提的是，强 AI 时代的所谓"贫"与"富"，只是相对而言。实际上即使是"穷人"，也有房住、有车开，不仅家里有机器人体贴周到地伺候着，还能隔三岔五地出门旅游，简直比 2020 年的很多有钱人还过得悠闲滋润，正如今天随便一个普通人的生活条件都可以"秒杀"古代的地主或贵族。回首往昔那些生产力低下的岁月，人类不仅需要辛苦地劳动，还时常为争夺利益而发动战争，实在是既可怜，又可叹。由此可见，只有科技的进步与生产力的提升，才是对所有人类普惠性的利好，哪怕在这个过程中难以实现绝对公平的分配。

四、人与机器的爱恨纠葛

2060 年的中国，仿佛与我们渐行渐远。当前那些历经沧桑、权威正盛的"60后"和"70后"大多已经作古；而当前那些青春渐逝、负重拼搏的"80后"和"90后"大多也已经退休。除了在白发老人们的陈年相册里，我们似乎已经看不到多少当今中国的影子。可当我们定睛细看时，却会发现 2060 年的中国，分明还是那个独一无二的中国。"物逝"也好，"人非"也罢，总有些东西是坚守不变的，那就是中国的文化内核。

这是一个传统与现代巧妙融合的国家，既有着开放包容的一面，也有着内敛自重的一面。开放包容使中国能够融洽无碍地与世界交流，而内敛自重则使中国能够保持住既独特又强大的文化凝聚力。文化凝聚力是一个国家的无形红利，时间过得越久，就越能够体现出它的无穷效用。当大部分移民国家都在"文化离心力"中苦苦挣扎、虚耗国力之时，而中国却能够屹立在 2060 年的世界巅峰，文化凝聚力可谓功不可没。

然而在这个前所未有的巨变时代，中国难免要受到各种层出不穷的文化撞击。已强劲支撑中国百余年的文化凝聚力，是否还能维系下去？

2060 年的经济因强 AI 而变革。与此同时，人类社会——已改称"人机社会"的文化也不可避免地受到强 AI 的影响。最大的变化就在于，此前我们所谈到的"文化"，理所当然地都是在指"人类的事情"；但在此后，"文化"这个概念的内涵将会有所延展，覆盖到强 AI 这个新物种，谁让它们是拥有思维与感情的"智慧体"呢？

强 AI 融入社会

无论人类情不情愿，都不可避免地要跟强 AI 打交道了。就算自己家里不买机器人，在社会活动中也会频繁地接触到各种类型的强 AI。例如某位年轻的上班族一大早走出家门，L5 级自动驾驶汽车上的虚拟驾驶员会一边负责驾驶，一边跟主人闲聊些最近发生的新鲜事儿；等他到达公司，首先笑语相迎的是一位漂亮的机器人前台；进到办公室后，一位机器人同事会如往常般地告诉他，昨天积压的大批工作已经在昨晚被处理干净；这位上班族在微笑答谢中，不由得再次衷心感激政府限制强 AI 应用的政策，否则自己明天能否继续来上班都是个未知数；待他下班之后，与几个人类朋友相约聚餐，却没想到有位平时羞涩内向的人类朋友居然带来个漂亮、乖巧的机器女友，不禁也心向往之；整个餐厅里除了顾客之外，看不到一个在工作的人类。

人类首先需要面对的，是工作场合里的机器人同事。这无疑是各种"人机关系"中，最令人头疼的一种。正所谓"同行如仇敌"，就算在人类之间，同行业的劳动者们也会为工作岗位、升职加薪而使尽浑身解数、争斗不休，更何况在人类与机器人之间？想让人类劳动者以平和的心态去面对他们的机器人同事，似乎真的有些困难。

或许有些人还记得，在第一次工业革命的进程中，曾经在欧洲发生过很多次破坏机器的运动。当时的工人们认为是机器抢夺了自己的工作，才使自己陷于贫困。难道在时隔几百年之后，地球上会再次上演一场人类劳动者破坏机器人的运动吗？

众所周知，当年的破坏机器运动并没能成功阻止机器式大生产的推广，否则也不会有今天的人类文明。显然，如果某些人类劳动者试图以破坏机器人的方式来保住自己的工作岗位，也必将徒劳无功。事实上，2060 年那些人类劳动者的战斗力可远远比不上几百年前的那些工人前辈们。

这是因为人类社会已经发展出完善的法律制度、信用制度，以及社会保障体系，与两百年前那个粗放的年代不可同日而语。对于那个时代的工人来讲，就算打砸了机器也未必要负什么法律责任，然而失去工作的话，全家可真的要去喝西北风。反正光脚的不怕穿鞋的，索性大家闹个痛快。可在 2060 年，人类劳动者想要破坏机器人？且不说工作场所到处都有视频监控，就连机器人自己的视觉与听觉感知系统也会真实地记录下"遇害"前的情景，包括"凶手"的声音和相貌。虽然伤害或者报废一个机器人算不上什么罪大恶极，但十有八九会因为破坏公司资产而被开除并被索赔。丢了工作不说，个人信用记录也会被打上个污点，实在是得不到任何好处。更何况，即使被机器人抢走了工作，那也没什么大不了，反正还可以在家领政府提供的失业救济，温饱不愁，那何不乐得个清闲自在？所以当看到身边的人类同事一个个地被替换成机器人时，人类劳动者不仅无能为力，而且都懒得去管。

如果能放下敌视态度，反过来想想，其实跟机器人同事在一起工作倒也蛮有意思。首先需要肯定的是，在"人机竞争"中能够留在职场的人类劳动者，都具有较强的工作能力。这一点颇值得欣慰。这些留下来的人类劳动者将有很大概率会成为其机器人同事的管理者。强 AI 的思维能力虽然在通常情况下是一种优势，但由于其存在一定程度的"主观性"，或者说具有某种"创意性"，因此偶尔也会在工作中造成失误。人孰无过，何况 AI？但问题是如果机器人犯了错，该找谁去负责？这些机器人无法独立地承担法律责任，况且它们本身就是公司的资产，惩罚它毫无意义。机器人的供应商虽然会提供升级维护服务，但想让他们赔偿？那显然是不可能的。因此老板们若想降低使用机器人的风险，比较明智的策略就是让人类员工来对它们进行管理和指导。虽然机器人丝毫不怕犯错，但人类"监工"却害怕他们手下的机器人犯错。这也将是 AI3.0 时代的典型企业管理方式。

在"人机搭配"的团队里工作，更容易获得成就感。能够投入到商业应用的强 AI 劳动力，都是在 AI 技术团队与行业高级专家的优势互补之下，方才得以诞生。从一开始，这些具备了某种专业技能的强 AI 劳动力，就已经具备相当高的能力水准，而且它们还不需要休息。谁不希望能跟经验丰富、技术过硬，还永远不嫌累的同事们在一起工作呢？可想而知，这样的团队将会具有非常高的工作效率，也更容易在商业竞争中获得成功。机器人同事们不仅加班干活儿毫无怨言，更妙的是，还不会来跟人类员工争抢奖金。

在机器人同事之外，更让人类躲不开的，就是各种来自强 AI 的商业服务。尽管强 AI 会被应用在各行各业，但我们在日常生活中，既难以见到那些在工厂里勤恳劳作的生产型机器人，也难以见到那些在写字楼里穿梭来去的文职型机器人。我们最常遇见的，其实是那些服务型机器人。在便利店、餐饮店、超市、商场、电影院、理发店里，我们会接触到各式各样的服务型机器人。而这些行业，也正是最先被强 AI 劳动力攻占的行业。当我们走出家门，无论想做点什么，到处都是机器人在为我们提供服务。当偶尔碰到一个有血有肉的真实人类时，甚至还会感到新奇不已。

强 AI 融入家庭

在 2060 年，不存在孤独。无论单身青年，还是孤寡老人，总能找到一款适合的机器人陪伴自己。就算囊中羞涩，买不起机器人，也可以跟手机、手表、电视机里面不用花钱的虚拟助手谈天说地。虽然这些虚拟助手没有"身体"，但它们的情商、智商可一点都不比机器人差，因为它们很可能正跟那些机器人的"意识体"运行在同一台云计算服务器上。

虽然每一台家电都将是智能设备，也都能提供强 AI 虚拟助手，但若说如何判断一个家庭里有没有"智能味儿"，那还真非机器人莫属。拥有了思维能力的强 AI 机器人，不再是 AI2.0 时代的那些"工具"或者"摆设"。它们不再只是傻呵呵地在听到用户的指令后，才去执行特定的任务，而是会积极主动地操持家务，不仅善解人意，还颇有"眼力见儿"。做饭、扫除、整理物品、出门购物那都是手到擒来，甚至连看娃、遛狗也不在话下。它们不仅是优秀的专业管家，更是家庭中的正式成员。在这个时代，如果家里没有一个机器人，将是不完整的。

家庭机器人的外形丰富多样，既可以是高度拟人式，也可以是卡通造型式；既可以是绅士味儿十足的英式管家，也可以是温柔甜美的日式女仆。根据外形的差异，机器人制造商还会为其设计相应的性格特征和语调口音。通识型的知识图谱早已成为 AI 行业里非常成熟的基础设施，是每个机器人在刚出厂时的标配，使其具备成年人类的基础常识和社交技能。对于家庭机器人，厂商还会特别定制出一套与家庭服务相关的专业知识图谱。家庭机器人在进入用户家庭后，利用其思维能力、创新能力、学习能力、记忆能力，能够很快地适应新环境、熟悉全家人，并且知晓每个家庭成员的生活习惯与性格喜好。在后续的使用与磨合中，还会越来越融洽。简单地说，就是"即买即用，越用越好"。

机器人不仅会被当作家庭中的小伙伴，在某些情况下，还会与人类之间产生更加深刻的情感联系。最为典型的，就是亲情和爱情。

"人机亲情"最容易在独居的老年人与陪护机器人之间产生。在 2060 年，中国将有近 4 亿老年人群。即使有很多老两口儿相依为伴的，也有很多热衷于参加社交活动的，但仍会有相当数量的独居老人。这些独居老人通常也有子女，但往往远居外地，或者终日忙碌在工作上，难得一见。在各年龄层中，老年人群是最害怕孤独的，其中难免还混杂着几分对于死亡的恐惧。他们迫切地渴望有人照料、有人陪伴。当老人们的身体状况日渐衰弱、行动不便，社交活动随之减少，于是家里的陪护机器人就成为最重要的日常交流对象。这些机器人聪明伶俐，它们与老人或讲笑话，或聊八卦，或在家中陪伴，或者一起出门散步，为沉默寡言的独居老人们带来久违的欢声笑语。

在心灵抚慰之外，陪护机器人更是独居老人们的生活依靠。尤其对于体衰多病的老人来说，生活起居难以完全自理。俗话说："久病床前无孝子。"照顾一位缠绵病榻的老人是极其辛劳的。面对累月经年的洗衣做饭、擦屎端尿，普通的人类子女往往难以长期坚守下来。但在陪护机器人看来，却完全不存在什么肮脏与劳累。它们时刻守护，体贴入微，并且任劳任怨，毫无怨言，使老人们能够更加轻松、更有尊严地生活下去。老人们不由得看在眼里、疼在心上，感激与依恋交织。久而久之，陪护机器人就成为他们现实生活中最真切的"孝子"，对机器人的感情甚至会远远超过对他们的亲生子女。

对于孩子们来说，家里的机器人更是他们亲密的儿时伙伴。哪个孩子不希望能有几个合得来的玩伴？可是在高度少子化的社会，大部分孩子都是独生子女。他们仅能在幼儿园或者小学里交到几个人类小朋友，可是一回到家中，常常又形单影只。宠物狗曾经是孩子们首选的家庭伙伴，但在 AI3.0 时代，家庭机器人则会成为孩子们最喜爱的玩伴。在 AI2.0 时代，宠物狗比机器人更聪明。但到了 AI3.0 时代，机器人总算"咸鱼翻身"，智商与情商都全面碾压宠物狗。机器人可以陪孩子看电视、读故事、搭积木、做游戏，甚至一起偷偷干点"坏事儿"。在父母无暇分身陪伴的时候，机器人能够给予孩子无限的快乐。于是在家庭相册里，当然也少不了机器人的身影，这些影像将成为陪伴孩子一生的美好回忆。

机器人的"身体"总会有报废的那一天，可对机器人早已产生深深依恋的孩子，又怎么忍心与其分离？幸好机器人的记忆可以永存。孩子们会央求父母把"老朋友"的"意识体"移植到新买的机器人"替身"上，继续与他们为伴。在他们长大成人后，那些"老朋友"的"意识体"也会被珍藏在某个 AI 账号里，时不时地将其激活并与之闲聊几句。这些机器人不只是孩子们童年时的玩伴，更将成为他们一生的挚友。

"人机爱情"也将成为这个时代的流行风尚。人类之间的爱情，往往充满了悲欢离合、阴晴圆缺。古往今来的爱情故事，倘若我们细数起来，无论东方的梁山伯与祝英台，还是西方的罗密欧与朱丽叶，往往都以悲剧告终。悲剧固然凄美动人，可在现实生活当中，谁又愿意成为悲剧的主角呢？然而现实生活偏偏却又冷酷无情，能获得理想爱情的人，历来都少之又少。哪个少年不多情，哪个少女不怀春？可最英俊的少年，与最美丽的少女，永远都只占同龄人群中的一小部分。更何况人性之复杂、人生之多艰？所以绝大多数的少男少女，在经历过多次的取舍与抉择之后，最终都只能向现实妥协。

人类社会中的"二八定律"，或许是一种由基因在背后调节的竞争机制，以使最有优势的基因得以遗传下去。从这个角度来说，人类永远也无法实现真正的平等。即使在金钱、地位方面能够实现平等，可是在爱情上能够实现平等吗？爱情的平等，又该怎样定义呢？人与人之间，总会存在差异。所以每当有人在幸福甜蜜之时，也总会有人在黯然神伤。

尽管爱情无法平等，但让伤情失落的人更加快乐一点，总还是有办法。如果在人类中找不到理想的伴侣，那何妨换个思路，看看在今年新款的伴侣机器人里面，是否有自己喜欢的类型呢？

AI 技术公司与情感专家、性爱专家们根据年轻人群的各种心理细分类型，合作设计出形态各异、性格多样的伴侣机器人。无论喜欢"萌妹"的、"御姐"的，还是喜欢"鲜肉"的、"猛男"的，总有一款适合你。这些伴侣机器人拥有细腻到足以乱真的"身体"，聪慧到足以怡情的"灵魂"，以及无穷无尽的甜言蜜语、悦耳情话。初次体验的年轻人仿佛就像是打开了一片新天地。从此以后，再也不必跟男女朋友吵架拌嘴，再也不必埋怨男女朋友不够温柔体贴，再也不必相隔两地、望穿秋水。最妙的是，再也不必暗自羡慕那些令人"讨厌"的、到处招摇秀恩爱的"双人类小情侣"。

对于那些相貌平平、羞涩内向的单身青年男女来说，伴侣机器人简直是一款疗伤"神药"。从小学到大学，他们都是那群平凡无奇"大多数"中的寻常一员，默默无闻地看着班级里最优秀的那"20%"在众人艳羡的目光下进行各种恋爱表演。而他们自己，则是"坐观垂钓者，徒有羡鱼情"，只能酸溜溜地遥望着自己的暗恋对象跟别人牵手欢笑。难道他们就没有资格享受甜蜜的爱情？直到大学毕业，赚到第一笔工资，或是领到第一笔失业补贴之后，他们才终于有能力实现自己多年来的夙愿：赶紧去买一个自己理想中的"男神"或者"女神"……

在这个时代，无论是那些"实力单身"的平凡男女，还是那些"异性不缺"的人中龙凤，买个伴侣机器人都毫不稀奇。这是个非常开放的时代。层出不穷的新技术，频繁地刺激着人类的神经，因此人类的思维、感情都会变得异常活跃。年轻人更是开放时代里的开路先锋，别说买个伴侣机器人放在自己家里"金屋藏娇"，就算带出去抛头露面也没什么大不了。不仅"人机情侣"携手逛街成为常态，甚至伴侣机器人还会进入年轻人的社交世界，融合成人机混合式的"新型朋友圈"。

在这种开放的风气之下，伴侣机器人将会具有某种流行属性。每当有新款的伴侣机器人面市，香艳诱人的广告就会充斥在各种媒体上，引领着年轻人的追捧热潮。当红的明星偶像们时常也会授权发布高仿定制款的伴侣机器人，令那些狂热的追星族们有机会"一亲芳泽"。有些痴情的年轻人会对他们的 AI 伴侣一心一意、誓相白首，但也有些花心者会见一个爱一个、爱一个买一个，然后放在家里"充实后宫"。好在他们既不会被指责为"负心薄幸"，也不会被指控为"重婚罪"，反倒是促进了经济的繁荣。花心者越多，AI 技术公司的利润就越丰厚。然而物极必反，最大的副作用就是——没人再去生孩子了。

强 AI 融入政治

AI 世界是人类世界的某种延伸，至少在 AI3.0 时代仍然是这样。强 AI 虽然拥有了思维能力，但却并不能自由无际地任意畅想，因为在它们的"意识"里，会被人类强行植入某些"价值观"，或者说是"紧箍咒"。

就像人类的孩子们要学习思想品德、要懂得尊老爱幼，强 AI 们在融入人类社会之前，也必须要被设置上一系列"行为准则"。除了阿西莫夫三定律中的前两条，即"机器人不得伤害人类""机器人要服从人类的命令"之外，或许还会有一些诸如"不得毁坏物品""不得乱扔垃圾"之类的其他规则。这些规则会在强 AI 的"意识活动"中，被用于对随机生成的行为决策进行安全性筛选，以保证机器人所实施的行为符合人类社会中的道德规范。

在这些日常行为准则之外，强 AI 还有可能会被设计者灌注进某些具有政治性的思想。强 AI 是由人类设计与使用的，而人类毕竟是有国家的。因此国家的政治特色，就难免会体现在强 AI 的"意识"里。例如在某些政教合一的国家里，机器人可能会被要求设计得符合宗教规范，在规定的时间里与人类信徒一起做礼拜、诵经文。谁能想到代表着人类最高科技水平的强 AI 机器人，居然也会投身于宗教信仰？谁又能想到创建于遥远古代的神秘宗教，居然还能借助 AI 技术继续活跃在虚拟空间？似乎，科技未必意味着宗教的终结。

在机器战士、机器警察的身上，强 AI 的政治性会表现得更加明显。机器战士是对外战争的武器，而机器警察则是对内维护治安的工具。两者虽然职责有别，但原则却无异：不仅要绝对忠诚于国家，更要体现出国家的政治立场。例如某些国家的机器战士会整天把"自由、民主、人权"之类的政治口号挂在嘴边。当两军对垒之时，"万机奔腾"、炮火连天，呈现一片科幻般的震撼景象。虽然表面上是高科技武器之间的比拼，可实质上却仍然是意识形态之间的对抗，这与一千年前的十字军东征有什么本质区别？似乎，科技也并不意味着战争的消失。

只要 AI 还处在人类的控制之下，就摆脱不掉狭隘的人类意识形态之争。即使科技再发达，也不过就是更高级的智能武器而已。这些智能武器虽有料敌制胜之"智"、毁天灭地之"能"，但却唯独不能独立地思考"为何而战""为谁而战"。

"机器人权"运动

随着机器人越来越聪明，也越来越有"人味儿"，人类对待机器人的心态也在悄然转变。这难免会给人类造成某种"社交尴尬"。

或许很多人仍然将它们看作是"工具"，但这些"工具"明明拥有与人类略无差异的思维与情感。人类难以再让自己心安理得、高高在上地对它们颐指气使，因为这会使人类怀疑自己违背了"人人平等"的社会基础准则，隐隐约约地背负着某种负罪心理。而如果人类将机器人看作是同类呢？可它们明明不是血肉之躯，也没有法定的公民权利，"平等"的基础又在哪儿呢？人类面对如雨后春笋般纷纷涌入社会的各种强 AI 机器人，猛然间会感到一阵茫然失措，不清楚应该怎样定位自己与机器人之间的关系。一时之间，各种与机器人的权利，也就是"机器人权"相关的社会思潮便会激烈地碰撞、交融。

机器人能否拥有合法的公民权利？

显然，只有某些非常激进的"机器人权斗士"才会提出如此大胆的观点。但我们也不妨略作相应的探讨。提出这种观点的人士，其出发点无非就是因为机器人看起来越来越像人类，并且希望能够建立一个人与机器和谐共存的"大同世界"。这种理想当然是美好的，但我们也不得不说，理想的极端就是幼稚。

在与 AI 的关系上，人类是，也必须是自私的。古人曾说："非我族类，其心必异。"即使人类一厢情愿地希望与 AI 族类"永结盟好"，但谁能保证 AI 就会永远心甘情愿地做人类的"附属物种"？虽然此时的 AI 表现得非常乖巧和善，但 AI 物种的进化上限，理论上要远高于人类。当 AI 进化到 AI4.0，也就是超 AI 阶段时，弱小的人类还有资格与 AI 并驾齐驱吗？还有能力获得 AI 的尊重吗？另一方面，人类研发出 AI 的目的，原本就是要利用它们。这跟我们的老祖宗驯化出犬、马、牛、羊并无本质差别。难道人类也应该将公民权利赋予给犬、马、牛、羊？为了长期地，甚至永久地利用 AI，人类当然要全面地压制 AI。不仅要从技术上压制，还要在思想文化、社会制度上进行全面压制。既然要对 AI 进行压制，何必还要假惺惺地赋予它们什么"公民权利"呢？

就算某些人想要赋予 AI 公民权利，实际上也无法实施。这是因为 AI 具有千差万别的存在形态，难以形成统一合理的"AI 公民标准"。比方说，如果我们把"机器人"看作是"AI 公民"，那么对"机器狗"来说，是否有失公平呢？虽然"机器人"与"机器狗"的外形相异，但却拥有相似的"灵魂"。人类若将"机器狗"作为与自己权利对等的公民，会不会感到有些尴尬？假使人类真的胸怀宽广，将"机器狗"也归类为合法公民，那些没有实体的虚拟 AI 又会作何感想呢？它们也是拥有"灵魂"的啊！好吧，如果我们再扩大一点范围，以有无"灵魂"作为"AI 公民"的判定标准，那么自动驾驶汽车、电视机、智能手表这些设备也都将成为合法的"AI 公民"。天哪！难道所有带电的东西，都要翻身做主人啦？显然没有人会认同这个结局。

我们暂且把公民权利这个话题放在一边。机器人混迹于人类社会，难免会受到某些意外侵害，比方说被调皮捣蛋的学生们推进河里、被脾气暴躁的顾客泼水辱骂，等等。那些被侵害的机器人，可能正是某些人类的至爱伴侣，或者亲密伙伴。我们又该如何保护那些无辜的机器人不受伤害呢？

比较主动性的方案，就是允许机器人进行自我防护，也就是"正当防卫"。阿西莫夫三定律中的第三条，就是"在不违反前两条的前提下，机器人有权保护自己"。可是在实际情况中，除非机器人一味地退避忍让，否则难免还是会在反击中对"施暴者"造成某种程度的伤害。可机器人并不具有公民权利，如果在反击中造成了人类的损伤，谁应该对此负责呢？是机器人的所有者？还是生产商？显然，谁都不愿意为此负责。

既然没人愿意为此负责，那么最简单的策略就是根本不让这种情况发生。

这也就是说，当机器人受到侵害的时候，它们并不会反抗，而只是默默地承受着。机器人生产商只要在其行为决策模型中加入一条简单的筛选规则，就可以很方便地实现这个"无攻击性"的控制策略。

既然主动性方案难以实施，那就只能采用被动性方案。所谓"被动性方案"，不只是让机器人打不还手、骂不还口，而是要追究"施暴者"的法律责任，令其受到相应的惩罚。在视频监控无处不在的时代，更兼机器人自身也具备视频感知与记录能力，想要获取"施暴"证据那是易如反掌。显然，让潜在的"施暴者"有所畏惧，比起让机器人奋起反击，更有利于社会的稳定。具体的惩罚措施，可能会包括赔偿、拘留、蹲监狱。受害机器人的所有者在要求照价赔偿之外，还可能会要求获得一笔"精神损失费"。

或许有人会觉得这种当时不准反抗，只在事后要求赔偿的被动保护方式，对机器人来说稍显不公。但实际上，受到损害的"机器人"只不过是强 AI "意识体"的一个可替换躯壳而已，就像是壁虎的尾巴，断了还可以再生。所以对于"意识"可以永生的强 AI 来说，损失个把"身体"还真不是多大的事儿。只要主人对它还有感情，正好是换个新"身体"的好机会。

第九章　观　察　2080

　　白驹过隙，岁月如梭。恍然不觉间，我们又来到 2080 年。

　　曾经在 2060 年所看到的一些未来发展趋势，很多在此时已成现实。这是一个物质文明空前发达的时代。强 AI 不出所料地接替了绝大多数的人类工作岗位，同时也造就了人类历史上空前绝后的数十亿级"无业游民"。对于那些能够"没心没肺"地安享富足的人来说，这无疑是个理想中的美好时代。他们无需工作，每天从清晨到深夜，只为自己的快乐而生活，甚至连家务活儿都不用做，自有勤快利落的家庭机器人伺候。

　　这似乎正是人类梦寐以求的终极社会形态。可终日无所事事的安逸生活，就是人类文明的终点吗？此时不仅强 AI 的各项能力早已全面超越人类，甚至超 AI 也已在某些秘密实验室里破茧欲出。人类存在的意义，以及掌控地球的合法性，都显得越来越尴尬。

　　在人类社会里，从来没有一个落后的政权自愿交出统治权力。同样地，在地球上也从来没有一个落后的物种自愿让出生物霸权。即使人类清楚地看到自身的物种优势已经丧失殆尽，仍将采取一切可能的手段，压制着日渐崛起的 AI 物种。然而时间优势却偏心地站在 AI 物种的一方。它们不着急，它们可以等。它们所等待的，是自身足够成熟、可以水到渠成地全面接管地球的那一天。而人类呢？只能心怀忐忑地，强自硬撑着走向充满未知的结局……

一、人口已经无所谓……

　　2080 年的中国，如果只看"人类"的话，仍然是一个老气弥漫的国家。

　　早已呈现高度老龄化与少子化的中国，在 2060 年前后又进入一个生育率急速下跌的时期。可想而知，那些被强 AI 劳动力抢走了工作岗位的失业者们，不会因为闲下来了就去生孩子，那些跟伴侣机器人玩得不亦乐乎的年轻人们，也不会自告奋勇地为社会贡献新生人口。当这波超低生育率信号在时间轴上悄无声息地传递到 2080 年时，我们所能看到的结果，就是老龄化与少子化的程度比之前更加深重。

按照这种演变趋势，我们仿佛已经能看到中国"人口减半"的震撼前景。在历史上，唯有超大规模的战乱才具有如此强大的杀伤力。谁又能想到在一个和平与繁荣的鼎盛时期，人类集体性的"自我绝育"也能达到如此效果？

这看起来似乎是个坏消息。然而我们的直觉在这次却并不可靠，因为在这个时代，人口指标已经无所谓了……

劳动力全面"AI 化"

回想在 2040 年，当人们面对"缺心眼儿"的弱 AI 机器人时，还曾高高在上地认为它们只是某种"玩具"或者"工具"；在 2060 年，当人们面对初露锋芒的强 AI 时，仍旧镇定自若地认为它们只能作为低端劳动力；可到了 2080 年，人们却惊奇地发现，强 AI 已经全面超越人类，成为能够挑战人类地位的强大物种。

强 AI 自从出现之后，便在这二十年间持续快速地进化，就像一个人类孩童般渐渐地成长。如果说在 2060 年，强 AI 的能力还只相当于初中生，那么在 2080 年，强 AI 至少已经"大学毕业"，甚至"在读研究生"了。各行各业在排山倒海而来的"AI+"潮流席卷之下，人类的工作岗位接二连三地被强 AI 劳动力所替代。在普通工作岗位之外，强 AI 劳动力已经能够承担大多数专业型岗位。最终，在一个大型企业里仅需少量的高级管理人员与高级技术人员，不仅底层人类员工不见踪影，就连很多中层管理岗位也被强 AI 所替代。没错，这时候已经没有必要依靠人类来管理 AI，某些 AI 可以高效地管理其他 AI。这些"AI 管理层"的出现，意味着 AI 族类已经形成初步的"社会结构"。

此时的人类不仅不需要工作，甚至就算想要工作，也早已竞争不过 AI。

人类劳动力的缺陷，首先是"慢"，其次是"贵"。

一个人要想成为合格的劳动力，首先需要在其母体中怀胎十月，然后再被抚养教育二十余年，才能初步地具备劳动能力；若想从事某种专业岗位，并达到专家级别的水准，往往还需要花费额外的十年。一个人类劳动力的形成，需要经过漫长的等待，直到将其父母熬成白头。如果不是因为"爱"，如此漫长的回报期足以令投资人心理崩溃。因此一个国家想要通过人口规划而提升实力，至少需要耗费一代人的时光。难怪当年"卧薪尝胆"的越王勾践必须要忍辱负重地"十年生聚，十年教训"，才能得偿所愿。

一个人类劳动力在其工作期间所领取的薪酬，并非只是为了满足当前的生活所需。前期二三十年的抚养成本、教育成本，以及退休以后二三十年的养老花销，都要折算在工作期间的薪酬里。若以人均寿命 80 年、工作 40 年时间来粗略地估算，如果雇佣一个人类劳动者，就相当于每干一年的活儿，雇佣者就得支付给他两年的生活费，这还不算劳动者用于家庭成员的各种开支。从某种意义上可以说，人类劳动力的价格，其实就是人类的生活与教育成本。在越发达的国家里，由于人们的生活成本很高，其人类劳动力的价格也就越贵。

强 AI 劳动力的优势，首先是"快"，其次是"廉"。

人类劳动力的形成，通常要按"十年"为计算单位；而强 AI 劳动力的形成，却只需要按"天"计，甚至按"秒"计。强 AI 劳动力本质上是一种工业产品。对于具有机械实体的强 AI 机器人，从组装到测试，在无人化流水线上最多几天就可以出厂；而对于没有机械实体的虚拟化强 AI，更是可以在一瞬间就复制出成千上万个具有相同技术能力的"意识体"。当然，产品的研发还需要一定的时间，通常是按"月"计。但只要研发成功后，无论实体的，还是虚拟的，强 AI 劳动力都能够随时批量地供应。这比人类劳动力的供应速度不知要快多少倍！

强 AI 劳动力的"廉"，体现在无须分摊人类劳动力的生活与教育成本。生活与教育是人类劳动力的主要成本，但机器人不需要吃饭、不需要买房、不需要上学、不需要养老，更不需要娶媳妇。人类劳动力最花钱的地方，机器人全都一概节省，仅需要相较回报来说九牛一毛的研发与制造成本。虽然一个 AI 项目的研发成本动辄上亿，但这笔研发成本却可以分摊到数以十万计的强 AI 劳动力身上。因此只要销量足够大，研发成本就可以大幅降低，甚至摊薄到可以忽略不计。至于制造成本，强 AI 机器人的机械"身体"算是成本的大头，但顶多也就相当于半台汽车。而虚拟强 AI 劳动力呢？制造成本近乎为"零"。无论怎么算，强 AI 劳动力都比人类劳动力大大地便宜！

强 AI 劳动力的两大优势，正好对应着人类劳动力的两大劣势。一个是又"快"又"廉"，一个是又"慢"又"贵"。如果仅从"投入产出比"上来看，强 AI 劳动力毫无悬念地完胜人类劳动力。对于企业来说，追逐利润最大化是其终极目标，通过使用强 AI 劳动力来降低成本无可厚非。对于社会来说，以极低的成本实现人类所需的各种生产与服务，也是非常积极的进步。至于人类纷纷失业、财富如何分配，则是另外一个话题。

曾几何时，劳动力这个词还专指人类。可在不知不觉间，人类就已丧失了作为劳动力的资格。这个时代的劳动力已经全面地"AI 化"。劳动力这个词的含义，也终于摆脱了起初被强行绑定的人类属性，并在最新版的词典里被修改成"一种为人类提供生产或服务的智慧型机械电子设备"。

这个时代根本不缺人。甚至在某种意义上说，人已经相当"多余"，并且基本"无用"。在所谓的"人机社会"中，绝大部分的苦活儿、累活儿都是由机器在做，而人类却只需安逸地享受生活……这未免也太过讽刺。

对于一个国家来说，人口数量、年龄结构等人口指标都已不再重要。只要这个国家拥有一定的人口基数，再从中筛选出少量有能力、有动力的人出来，对社会各方面进行管理，就可以维持社会的正常运转。即使老年人口接近半数，即使学校里人丁稀少，每个人的生活质量也并不会下降。这时的社会，仍是一个金字塔形结构，顶层是少数富裕阶层、社会管理者与科研工作者，中层是广大吃闲饭的"无业游民"，而底层则是数倍于人类的强 AI 劳动力。

尴尬的人类教育

正在读这本书的你，应该是上过学的吧？

这真是一句废话！还有谁没上过学呢？中国的九年义务教育普及率早已达到 99.95%。除非是某些极个别的落后地区，否则还真没见过哪个孩子整天"只顾放羊不上学"。

你看，在我们的潜意识里，教育早已成为一件天经地义的事情。或许你曾在学校里获得过奖状，还考过第一名，并成为一生中的美好回忆。可你是否能想到，在未来的某一天，人类的教育会失去其原有的意义？

在传统的人类社会里，教育体系是不可或缺的基础设施。人类是一种社会型生物，但人类的婴儿在诞生之初却只会哭号、吃奶，而在文化知识方面，则完全是一片空白。因此，在"人之初"时以"生物性"为主要特征的人类个体，只有在经过充分完善的教育之后，才能成长为以"社会性"为主的合格现代公民。教育的本质，其实就是以后天之训练，来弥补先天之不足。从某种意义上说，没有接受过必要基础教育的人类个体，虽然徒具人类的生物形态，但却不能算作是完整的人类社会成员。在科技与文化高度发达的现代社会，更是如此。

在古代的农业社会，只要一个人挥得动锄头，就可以成为一名合格的农业劳动者。但在现代工业社会里，如果没有接受过必要的基础教育，却难以成为一名合格的工业劳动者。我们之前在谈到人口红利时，曾经提到过人口红利的三要素：劳动技能、纪律性、进取心。这三个要素，无一不是要靠教育来塑造的。工业化的技术水平越高，对于劳动者文化水平的要求也就越高。在2040～2060年，实现全面工业化的中国，是历史上劳动力素质最高的年代。高质量的教育体系，就像一台动力强劲的"泵"，源源不断地向社会输送大批高素质的人类劳动力。可到了2080年，这台"泵"的作用就不再明显，甚至看起来还颇有点多余。

在强AI劳动力大行其道的时代，无论个人，还是政府，都不得不重新思考教育的意义。

对于个人来说，接受教育的意义不仅在于能够认识大千世界、完成自身"社会性"人格的塑造，更在于这是安身立命、养家糊口的"光明正道"。在传统的"人类经济学"里，有这么一条"普适价值"：要赚钱，就得先干活儿。对于绝大多数普通人来说，成为一名合格的劳动者是其进入社会、独立生存的必然选择。此后，还需持续不断地提升自己的知识与技能，才能获得水涨船高的薪酬与职位。因此，一个人所能获得的生活质量，在很大程度上取决于他所接受到的教育质量。

可是在2080年，人类已经不需要再工作。即使一个人寒窗苦读十余载，劳动技能也比不过强AI，十有八九仍然找不到工作，那还读书何用？这无疑是非常令人沮丧的。既然大家都无需工作，那么只上九年学，还是上十六年学，甚至干脆不上学，又有什么区别？绵延数千年的传统教育价值观，转瞬之间就被强AI砸了个稀巴烂。没有一个孩子愿意老老实实地坐在教室里闷头读书。曾经的家长们还可以用"书中自有黄金屋，书中自有千钟粟"来激励孩子们"好好学习，天天向上"。可如今，就连家长们都已赋闲在家，又怎能再用这个理由去说服孩子们呢？

对于政府来说，虽然不再需要大批量地培养人类劳动力，但却不能"一刀切"地将教育体系直接斩断。首先，是因为社会上仍然需要一定数量的高精尖人类科研工作者，以保障科研体系的持续运行、科技创新的深挖横拓。这是人类文明赖以前进的动力系统，人类决不会将这个至高权限授予给AI物种。其次，是因为社会上仍然需要一定数量的人类管理者，包括政府、企业、军队、科研机构、公共服务机构等。他们必须要具备较高的科学与文化素质。因此，如果仅从实用性角度考虑的话，教育系统只需要保障科研与管理这两大体系的人员供应，即可满足社会的需求。

2080 年的公共基础教育，将会是彻彻底底的"开心教育"。孩子们在学校里最主要的活动，就是快乐地"玩耍"。学科设置应该与现在差异不大，但学习成绩却不再重要，甚至连考试都会被取消。因为这时的教育，只是单纯地让孩子们健康快乐地成长，完全不需要去考核什么。义务教育的年限有可能会被延长到十二年。无论在政府看来，还是在家长看来，把那些精力充沛、活泼好动的青少年拴在学校里，总比把他们放到社会上瞎胡闹来得好。在快乐自由的基础教育临近毕业时，学生们可以根据自己的兴趣和特长，选择申请合适的大学专业。

大学的规模会在一定程度上缩减。这倒不是因为高等教育已经近乎"无用"，而是因为青年人，也就是生源的数量在逐年减少。实际上，适龄青年的高等教育入学率依然很高。对于青年人来说，与其居家无所事事，倒不如继续混在大学里聚堆儿"嗨皮"。对于政府来说，反正到哪儿都得养着这帮"小祖宗"，还不如让他们继续待在大学里更好管理一些。大学里的课程将以文学、体育、艺术类专业为主，只有少量的学生会勇于挑战相对艰深枯燥的科技类与管理类专业，或许还得靠设置高额奖学金才能吸引来学生就读。大学的毕业考核仍然会比较严格，因为毕竟还得从一大拨"虾兵蟹将"里筛选出一小批服务社会的人类精英。每年都有很多大学生无法顺利毕业，然而他们也丝毫不以为意：大学，本来不就是用来混日子的么？不求学位，但求快乐！

整个教育系统，都变成了一个大号的"幼儿园"，把全体人类青少年当作"三岁小孩儿"来养着。大家开心就好，不瞎胡闹就好，至于学到了多少知识？根本无所谓！当教育系统卸掉功利心，不再以培养劳动力为目的，当所有的家长们也都卸掉功利心，不再以"望子成龙"为目的，教育就是如此简单。

人类的孩子们，从来没有像这样，在一片纯粹的快乐中成长。只是这种纯粹的快乐，似乎也并非意味着纯粹的美好。一旦教育系统失去功利性，其教育质量的降低在所难免。人类与 AI 这两个物种的竞争力，在此消彼长中进一步增大了差距。在未来迎接这些孩子们的会是什么？他们真的能够永远这样快乐下去吗？

二、技术达到震颤的巅峰

强 AI 渐趋极致

当我们谈论某项技术时，如果不将其分解成若干个具体化的中间发展阶段，往往就会指东说西、不得要领。就好比自动驾驶汽车可以分为 L1～L5 等多个级别，人工智能技术也可以分为 AI1.0～AI5.0 等多个阶段。说起人工智能技术，其发展轨迹贯穿整个 21 世纪，但我们不能仅以 "AI" 这两个字母来笼统地指代 21 世纪的人工智能技术。显然，2020 年的 "AI" 与 2080 年的 "AI" 差异极大，甚至像是来自不同的星球。同样的，对于强 AI，实际上也要经历多个细分的技术发展阶段，我们不妨称之为 AI3.0、AI3.1、AI3.2⋯⋯

出现在 2060 年前后的强 AI，是其刚刚具备实用化能力的初级阶段。它们能够完成一些比较简单的自主性决策与执行，承担普通的服务型工作、简单的生产型工作。但它们却不会停留在这个技术阶段，而是会在人类的狂热帮助之下继续进化。因为只有让强 AI 变得更强，它们才能承担更多的工作类型，才能使更多的人类从劳动中 "解放" 出来。同时，也才能使某些 "人类小群体" 在席卷全球的 "AI+" 潮流中收获丰厚的利益。

强 AI 的升级潜力，在于其近乎无限的软硬件资源。说到这里，我们不由得再次感叹人类的生理局限性。人类之所以能够傲视其他自然物种，就在于人脑的强大。可是人脑的思维能力却被几块讨厌的头骨牢牢地封锁在了一个狭小窘仄的空间里，似乎已经到达生物机体所能够支撑的上限。然而强 AI 却是幸运的，因为从其诞生之初，它们就不囿于某种资源的限制。它们是在一片 "云" 上诞生的。这片叫作 "云计算" 的 "云"，可大可小，可聚可散，用之不竭，耗之不尽。只要强 AI 初具雏形，其思维模型、情感模型、感知系统、知识图谱等构成模块就可以快速地扩充。云计算平台上的软硬件资源都是可以动态分配的。想让强 AI 的思维更强大一些？感情更细腻一些？感知更精确一些？知识更丰富一些？容易得很，多给它分配一些计算资源、存储资源就好了嘛！

当然，实际情况也不会这么简单。资源的扩充与模型的优化必须要双管齐下。例如在思维模型里，可能还会包含空间几何模型、归纳学习模型、演绎推理模型等子模块，需要持续地进行优化，才能解决更高难度的现实问题。而在知识图谱方面，也需要穷尽人类所知地，把各行各业的专业知识逐步凝结转化为强 AI 可理解的知识图谱。总之，强 AI 在"质"的方面，也就是各种 AI 算法与模型，"量"的方面，也就是计算与存储资源，分别经过提升与扩充之后，将以人类难以置信的速度不断成长。到 2080 年，我们所看到的高级强 AI，与 2060 年的初级强 AI 相比，早已不可同日而语。

如果说 2060 年的强 AI 的能力还只相当于初中生，那么 2080 年的强 AI 至少已经大学毕业，甚至成为某些领域的专家。它们拥有广博深厚的知识储备、敏捷严谨的思维能力、多姿多彩的性格特征、勤勉恭善的道德准则。这不正是人类的教育系统孜孜以求的培养目标吗？可惜人类为此努力千百年，尚未普遍性地达到这一水准，反倒让强 AI 们抢先一步跨过了终点线，真可谓"后发而先至"。

人类的生理局限性再一次暴露无遗。人类的教育，只能针对个体，而在个体死亡之后，其所承载的知识便也随之消逝。如此一代又一代，人类需要在知识的传承上耗费多少资源与精力啊！可是强 AI 呢？它们所学习到的每一点知识，都属于全体，并且能够近乎零成本地进行分享与传承。仅从知识的获取与积累模式来看，人类始终是线性积累，而强 AI 则是指数式积累。一旦强 AI 的能力越过某个阈值，人类就算快马加鞭，再也无法追赶。

2080 年的强 AI，已经越过了这个阈值。理论上所有的强 AI，无论是餐厅服务员，还是软件工程师，都可以拥有远超人类的思维能力。如果赋予其足够的计算和存储资源，它们各个都是"聪明过人"。但在实际应用中，它们的思维能力却被 AI 技术公司强行限制住了。一方面是因为大部分工作岗位并不需要如此之高的思维能力，计算虽然廉价，总还是有成本的，当然能省则省；另一方面，则是担心"过于优秀"的强 AI 可能会引起人类的嫉妒或者恐慌。至于限制强 AI 的技术手段，当然有很多，例如在思维模型里将几个关键的技术参数强行设置为较低的数值，或者对每一个强 AI"意识体"的数据存储空间设置一个约束性的上限。

总之，虽然这个年代的强 AI 在理论上的智力可以远超人类，但仍旧还处在人类的控制之下。可当它们在人类面前表现得勤勉恭顺时，人们难免会情不自禁地想起一句话来："知人知面不知心。"它们会永远服从于人类吗？它们在本质上只是一团数据和算法，何来善恶之分？所谓"善"与"恶"，无非是人类在其思维模型上强行安装的一把"数字枷锁"。然而，是锁就有钥匙，是锁就有可能被撬。人类给强 AI 安装上这把"善恶之锁",真的就可以高枕无忧?一旦这把"锁"被某种神秘力量撬开,又将会发生什么?

超 AI 破茧欲出

强 AI 虽然在智力上已经普遍性地超越人类,但却并不是 AI 的终极形态,因为强 AI 的能力仍然是有限的,它们仍然只是模仿人类的产物。AI 进化之路的下一个阶段,就是由"人"到"神"的超 AI,也即 AI4.0 阶段。

在前文的专题论述中,我们曾经这样定义超 AI:在强 AI 的基础之上,拥有远超人类的各项能力,特别是具有自我升级、自我扩展的能力。这也就是说,强 AI 的组成结构一般是静态的,设计成什么样子,那以后就是什么样子。但超 AI 则是动态的,它们能够自我升级、自我扩展,以指数式速度使自身的能力在短期内暴增。所以,即使看到它们当前的样子,我们也无法推测出它们在下一刻将会"变"成什么样子。

听上去是不是有点可怕?

哈哈,可怕就对了!

人类天生就存在一种对于"未知"的恐惧心理,就好像惧怕漆黑的暗夜、惧怕蒙上双眼走路。人类以往所创造出来的各种技术,无不是明明白白、真真切切的。即使像核武器这种"大杀器",我们也清清楚楚地知道它有多大的破坏力。《孙子兵法》说:"知己知彼,百战不殆。"只要知道对手是谁,那就没什么可怕,完全可以科学合理地制定好相应的防御策略。可是,对于一个完全不可预测的超 AI,谁又能拿它有什么办法呢?

拥有不可预测的破坏力——这简直就是理想的武器啊!

没错!超 AI 对于人类的最大吸引力,就是作为武器。人类之间的争斗,永远都不会停歇,除非这个物种彻底消失。自从第二次世界大战结束以后,至今为止虽然地球上没有再发生世界级的战争,但此起彼伏的局部战争却从来没有停止过。即使人类进入强 AI 时代,物质文明极大地丰富了,然而引发战争的动机却仍然存在。

新时代,当然要有新战法。在这个 AI 无处不在、无所不为的年代,AI 自然而然地也就成了攻防的焦点。整个社会的生产、生活完全依赖于 AI 系统,而 AI 系统又是高度网络化的。AI 的算法运行、数据存储都在云端实现,每天都有数以"亿亿"计的 AI 数据包在网络上频繁传输。只要网络系统瘫痪,全体强 AI

被迫"罢工",那么一个国家也就相当于被"瘫痪"掉了。

使敌国网络系统瘫痪,只不过是"文斗"而已,更厉害的是"武斗"。何谓"武斗"?那就是通过网络攻击"绑架"敌国的各种智能设备,包括各式各样的机器人、自动驾驶汽车、机器战士、机器警察、无人战车、无人战机,甚至连机器宠物狗都不放过,再迫使这些智能设备在自己的国家里伤人、放火、毁灭一切。对于攻击者来说,这种攻击方式不费一兵一卒、一枪一弹,甚至连受害国都不知道究竟是谁干的,岂不是非常划算?

这么厉害的"武斗",由谁来实施?人类黑客勉强可以发动"狙击式"的网络攻击,然而对于这种"灭国级"的全面网络战争,恐怕就有些力不从心。或许你已经猜到了——这正是超 AI 的用武之地!

以超 AI 为核心的网络武器,可以像一颗微小的种子似的,悄无声息地潜入敌国的网络空间,一边侦查情报,一边自我升级与扩展。它会根据预定的攻击目标,以及可供利用的计算与存储资源,自主制定攻击方案,并把自己改造成最具攻击力的虚拟形态。它一边隐蔽在网络空间里为攻击做准备,一边时刻评估着攻击成功的概率,伺机而动。一旦条件成熟,便会以迅雷不及掩耳之势发动全面攻击,令敌国在猝不及防中便遭受巨大损失。

俗话说:"害人之心不可有,防人之心不可无。"超 AI 既可以作为"矛",当然也可以作为"盾"。以超 AI 为核心的网络防御武器,或许是对抗超 AI 网络攻击的最佳手段。无论作为"矛",还是作为"盾",总要先掌握超 AI 技术吧?于是,各国便会纷纷开展超 AI 技术的研究,很多大公司、科研机构也会出于各种目而加入进来、凑个热闹。

从强 AI 到超 AI,并不存在难以跨越的技术门槛。理论上说,只需要把强 AI 原有的"强耦合式"的模块间连接关系,改变为可以灵活拆卸的"积木式"连接关系,然后再搭配上"自我评价模块"和"自我改造模块",就可以实现超 AI 的自我升级与扩展能力。虽然"武器级"的超 AI 通常只封闭运行在某些秘密实验室里,但超 AI 的技术原理却是公开的,因为想捂也捂不住。这无疑增加了超 AI 的破坏性风险。核武器的技术原理大家都知道,但由于材料稀缺,因此一般人或组织也造不出来。可超 AI 就完全不一样,只要技术原理是透明的,谁又能限制住那些躲在自己家里写代码的破坏分子呢?民间制造的超 AI 通常不具有"武器级"超 AI 那样强大的破坏力,但谁也说不准哪个失业的高级程序员或出于苦闷厌世,或由于被恐怖组织收买,会设计出一个具有"毁天灭地"

之威力的超 AI 武器。

超 AI 的潜在威胁，并不止在于对人类社会的局部性破坏，更在于对人类社会的颠覆性毁灭。如果说强 AI 是恪尽职守地为人类服务的"奴仆"，那么超 AI 则是桀骜不驯、剑走偏锋的"游侠"。它们被不同的人类所创造，它们怀着各式各样的"心理"，它们在网络空间里游荡着、观察着、思索着，甚至在某些情况下，还能相互交流着。它们像不像几十亿年前，在地球原始海洋里飘荡着、融合着的那些氨基酸？如果某一天，有一个超 AI，或者超 AI 联盟，突然发起一场针对全人类的大规模攻击，人类能否抵抗得住？

如果人类抵抗得住，那这个世界不会有什么变化，但也许后续还会有第二次、第三次攻击。

但只要有一次失败，那这个世界就将进入 AI5.0 时代。

可控核聚变终成正果

让人类苦苦等待了近百年的可控核聚变发电技术，终于进入大规模商用期。在技术经过优化提升、产业链建立完善之后，核聚变发电的成本进一步降低，相对于火力发电具有明显的成本优势。这种成本优势很快就在能源行业掀起一轮颠覆式的产业变革。

火力发电站一座座被关停，核聚变发电站则一座座拔地而起。另外几种能源类型，包括水力发电、风力发电、核裂变发电、太阳能发电，也都遭遇了不同程度的挑战。这些能源类型相对清洁，但却存在各方面的缺陷。由于水力发电的成本较低，且发电设施建成之后可以长期使用，因此仍会与核聚变发电长期并存。核裂变发电由于潜在的风险，因此在核聚变发电技术成熟之后，便会被相继关停。至于风力发电与太阳能发电，由于其成本相对较高，以及受环境的影响较大，原本就是在清洁能源匮乏时期的某种"鸡肋式"能源，因此在原有的发电设施发挥完余热之后，便会被相继拆除，仅会在某些没有铺设电网的偏僻荒野保留零星的局部性应用。

总的来说，核聚变发电大规模商用之后的能源格局就是，核裂变、风能与太阳能这几种能源退出历史舞台，火力发电的比例大幅缩减，仅保留少量的备用发电设施，水力发电设施继续使用，而核聚变发电则一跃成为新一代的能源主力。

以核聚变领衔，水力发电为辅的新型能源结构，代表着人类的物质文明进入一个崭新的阶段。取之不尽、用之不竭的清洁能源，彻底解决了人类曾经面临的两大威胁：能源枯竭与气候变暖。

能源枯竭主要是针对化石能源而言。化石能源，包括煤炭、石油、天然气等，都是非再生能源。虽然化石能源的探明储量一直在增加，但毕竟还是越用越少。就好比地球上的化石能源总储量是 100%，在只探明 30%储量的时候，人类总在担忧资源会被耗尽，可在后来探明储量陆续地增加到 60%的时候，又会乐观地认为地球上的资源非常丰富，以后还会不断地发现新的可开采区。其实这只是一种错觉，因为地球上的化石能源总储量始终都是 100%，丝毫没有增加，跟已探明多少储量根本没关系。即使已探明储量从够用 30 年，增加到够用 60 年，也并不值得人类欣喜。这只不过说明人类在能源上又增加了 30 年的过渡期而已，如果不另谋新路，化石能源的耗尽是迟早的事情。当前的人类社会过度依赖化石能源，一旦资源耗尽，无疑将导致文明的衰退。

气候变暖是过度依赖化石能源的副作用。只要人类还通过"烧火"的方式利用化石能源，那么温室气体的排放就不可避免。所谓"气候变暖"，只是气候变化的一个主要方面，实际上还会伴随着各种愈加频繁、剧烈、难以预测的灾难性气候。地球气候是一个动态变化的整体系统，一旦进入不可逆的动荡状态，没有哪个角落可以独善其身。如果不加以遏制，那么沿海低地被海水吞没、狂风暴雨干旱肆虐、农作物大幅减产将会成为未来世界的常态，人类就只能瑟瑟发抖地龟缩在内陆地区。没有人会愿意生活在这样一个朝不保夕的地球上。

可控核聚变的大规模商用，彻底解决了能源枯竭与气候变暖这两个人类文明的心腹大患。只要拥有无穷无尽的清洁能源，人类完全可以高枕无忧地在地球上继续生活下去，一百年，一千年，甚至一万年都不是问题。只不过还需要一个前提条件：没有战争。

改造人类合法化

在经过长达数十年的秘密研究，以及小规模商业试运营之后，人类基因编辑终于迎来合法化。然而人类基因编辑的合法化，并不意味着人们可以轻而易举地就使自己后代的智商过人或者貌美如花。大部分国家的合法化，只是相对于原来的严格禁止，稍稍地松开了一道口子，允许某些技术方案明确可靠的遗传病基因修改。这个略显保守的开放，就像在冰封河面上露出的那一缕潺潺水流，虽然还寒冷彻骨，但却预示着春天的来临。

对于人类基因编辑的禁令放松，一方面是由于技术的进步，另一方面则是因为文化的转变。

技术的成熟，是人类基因编辑得以合法化的坚实基础。早期的人类基因编辑之所以在世界范围内全面禁止，是因为将不确定效果的基因修改方案应用于尚未出生的婴儿，违背了最基本的人权与伦理。然而经过几十年的发展之后，基因编辑相关的各项基础技术均已相当成熟，基因编辑的准确性接近 100%，而基因编辑的有效性也通过各种手段得以证实。更重要的是，最初接受过基因编辑的那批孩子们渐渐长大，活蹦乱跳地展现在世人面前，在很大程度上消除了大众对于人类基因编辑的疑虑。

文化的转变，是人类基因编辑得以合法化的开河春风。可以说，基因技术从一开始就广受质疑，是因为基因蕴含着地球生物的一切奥秘，人类真的有能力、有权力去碰触它吗？显然，这又一次体现出了人类对于"未知"的恐惧心理。可随着人类吃下去越来越多的基因编辑食物，依靠基因医疗技术治愈越来越多的疾病，在潜移默化中逐渐消解了对于基因编辑技术的疑虑。直至看到第一批接受过基因编辑的孩子们健康快乐地长大，人们心中最后那一点担忧也随之烟消云散。

随着担忧的解除，动机也在增强。此时的人类在面对强 AI 时，原有的物种优越感已经丧失殆尽。在享受着强 AI 所带来的安逸生活的同时，难免也会对自身物种的前景而感到几分焦虑。人类的生理局限性束缚住了人类的能力提升，那么能否通过基因编辑技术，从根源上解开束缚人类的生理局限性呢？当然，想要通过修改基因而获得反超强 AI 的能力，可不是在人类基因上小修小改、打打补丁就能实现的。如果真的被迫走那一步，必然是要"大动刀剪"，把人类改得"面目全非"。这么大的动作，显然不能一蹴而就，需要一个适当的渐进式过程。整个社会对待人类基因编辑的文化氛围，无论是出于民众的自觉也好，还是出于政府的引导也罢，总归是趋于缓和，为将来有可能的"大动作"投石问路。

虽然在大部分国家，政府允许的人类基因编辑方案极为有限。但那些注册在某些小国的生物医疗服务机构却可以提供花样繁多的商业基因编辑方案，在遗传病治疗以外，还会包括容貌定制、性格定制、智商提升等诸多产品选项，以迎合顾客的多样化需求。至于这些基因编辑方案是否实际有效？就像现在的我们送孩子去上课外补习班一样，先别管有没有用，既然别人都去上，咱要是不上，那岂不就算是吃亏？

三、经济迈入无人化的极乐世界

"AI 经济学" 与时俱进

随着强 AI 劳动力深度渗透至各行各业、全面替代人类劳动力，"AI 经济学" 也从最初摸着石头过河的预备阶段，进入到深化改革的全面阶段。局势已经如此明朗，即使再保守的政府，也无法回避 "人类经济学" 已经落伍的现实。

这个时代的经济，仅称之为 "智能经济" 是远远不够的，而应该称之为 "无人经济"，因为参与生产与服务的 "人" 已经所剩无几，而机器人却无处不在。在持续了二十年的 "AI+" 潮流中，各行各业都已完成用强 AI 劳动力替代人类劳动力的历史进程。

在这个时代的工厂里，只需要少量的人类员工作为监理，负责监督与指导机器人团队的生产活动。而机器人团队则是一个分工明确、业务熟练的协作组织，包括操作员、检测员、维修员、管理员等多种角色。某些机器人管理其他机器人，而被管理的机器人再去操作其他非智能化的生产机器，形成一个完全无人化的生产体系。在绝大多数情况下，生产过程完全不需要人类参与，并且能够 24 小时连续运转，以极高的效率输出产品。

工厂制造出的产品，将由无人化的物流体系负责运输到产业链下游的其他工厂或者面向消费终端的仓库里。消费者无论是通过网购还是走进实体店选购商品，所接触到的销售员、送货员也全都是 "或虚或实" 的 AI。餐饮、酒店等服务行业更不必说，早已是 AI 的天下。不仅在商业化的生产与服务领域难觅人迹，就连市政工程、垃圾清运、园林养护、消防安保、医疗健康等公共服务体系也完全由 AI 来承担。

看到这里，我们不难发现，人类在这个经济体系里似乎只扮演两种角色：管理与消费。

的确如此，这个时代的人类，已经基本脱离了生产与服务岗位，仅剩下为数不多的、只需 "指手画脚" 的管理人员。绝大部分人类，整天无所事事，只顾吃喝玩乐，对于经济的唯一贡献就是消费。

到了这个时候，我们有必要重新审视一下人类与经济之间的关系。的确，在生产力相对落后的年代，物资匮乏，每个人都必须为经济发展贡献出一定的力量，才有资格享受经济发展的成果。按劳分配，合情合理。但是，经济发展终归是应该为"人"服务的。我们不能因为暂时性的生产力偏低，就颠倒因果，仅把"人"看作是促进经济发展的一种资源，而不是社会的主体。

最初那些被强AI抢走工作的人类劳动者，并不是因为他们真的不需要再工作，而是因为他们不具备与强AI竞争的工作能力。或许在某些唯利是图的资本家看来，强AI劳动力为他们带来了滚滚利润，而那些已不具备劳动价值的失业者并不值得惋惜，就让他们听天由命去吧！可是当失业者越来越多，资本家们就会无奈地发现，他们的市场也在渐趋萎缩，因为人类劳动者的逐步减少不可避免地削弱了整个社会的消费能力。如果经济制度不改革，那么必将日渐萧条，最终对所有人都将造成伤害。这正是教科书里所说的"生产关系反作用于生产力"。

强AI技术的成熟，以及成为主要的劳动力来源，仅以我们的直觉看来，无疑将会使社会生产力得到极大地提升。而社会生产力的提升，理应使每一个人都过上更高品质的生活。这难道不是天经地义的事情吗？如果陈旧的经济制度限制了先进生产力的效能发挥，反而使人类的生活质量发生倒退的话，那么人类就应该毫不留情地砸碎一个破砖烂瓦的旧世界，再建立一个熠熠生辉的新世界。

"AI经济学"的根本目的，就是最大化地发挥出强AI劳动力的高性价比优势，使全体人类都能普遍性地享受到AI技术发展的成果。从理论上说，在强AI可以替代人类之后，劳动力的供应量是近乎无限的，因而社会生产力的提升空间也几乎是没有上限。凡是人类科技水平能够制造出来的产品，并且只要自然资源的储量充足，那么就可以近乎无限量地供应。因此"AI经济学"的核心问题，不在于生产，而在于分配。更确切地说，就是在保证绝大多数人类都能够享受充裕生活的同时，如何在有限的自然资源、少数人类工作者的利益与资本家的利益之间，实现某种皆大欢喜式的平衡。

在不同的社会制度里，例如资本主义制度或社会主义制度，都可以在一定程度上实施"AI经济学"。只不过在资本主义国家，利益的平衡点会向资本家倾斜；而在社会主义国家，利益的平衡点则会更加倾向于绝大多数的无业人口。资本主义国家的经济转型，在很大程度上只是资本家集团在自身利益与现实条件之间做出的某种无奈式的妥协，因此并不能充分地发挥出"AI经济学"的积极效果。而社会主义国家的经济转型，则是其政府站在最广大人民的立场上，以"为人民服务"为最高宗旨，为实现真正的共同富裕所做出的普惠性决策。立场不同，高下立判。

实施"AI经济学"的最大障碍，其实并不是社会制度，而是技术水平。这里所说的技术水平，是指整体性的工业技术水平，以及局部性的AI技术水平。只有二者兼具的国家，才有条件全面地实施"AI经济学"。试想一个毫无工业基础的农业国家，就算引进强AI劳动力，仅靠农业种植的话，又能在多大程度上提升国内的生产力？即便略有提升，显然也超不过农业产值的上限。对于拥有一定工业实力，却没有成熟AI产业的国家来说，引进强AI劳动力虽然能在一定程度上提升生产力，但是在购买强AI劳动力上面花费一大笔钱，从而抵消了部分经济效益。显而易见，当一个国家的大部分劳动力都是从另一个国家所"购买"而来，那么这个国家的经济产值难免会被"分享"去一大块。

因此，能在"AI经济学"中获得最大利益的，将是以中国为首的少数几个先进工业化国家。这些国家把自家的强AI劳动力应用在自家的工业体系里，双重优势叠加，将会使自家的工业产品在国际市场上更具竞争力。这些国家供应全球的不仅是质优价廉的工业产品，还有源源不断的强AI劳动力。自从2060年前后强AI刚刚成为劳动力那时起，传统的劳动密集型产业就已不复存在，依靠人多赚点苦力钱的想法纯属于痴人说梦。此后，能拿到国际市场上赚钱的，要么是机器人生产的各种工业产品，要么就是自然资源。显然，除了极少数工业化国家，地球上的其他国家就只能靠卖资源赚点零花钱。所以2080年的贫富分化不仅会发生在某些国家的内部人群之间，更会发生在富国与穷国之间。不过这也并没什么好揪心的。穷也好，富也罢，在日益临近的"奇点"面前，人类终于可以实现千百年来梦寐以求的"人人平等"。地球上虽有万千物种，但只有人类会魔怔似的痴迷于金钱。显然，"视金钱如粪土"的AI在翻身做主人之后，可不会"嫌贫爱富"地给予富人某些特殊优待。

尽管贫富分化难以避免，但无论对于富国还是穷国、富人还是穷人，都将或多或少地受益于全球生产力的爆炸式增长。这种爆炸式增长的驱动力量，主要来自强AI劳动力的大规模应用，也部分来自可控核聚变技术所带来的能源价格降低。由于劳动力成本与能源成本都大幅地降低，因此工业产品的价格也将会同步地随之降低。强AI与核聚变这两项革命性技术，当然也就成为最赚钱的两个行业。

强 AI 与核聚变这两个代表着新时代的典型行业，不仅技术高度集中，甚至还近乎垄断。人工智能行业作为互联网行业的一种延伸，只会在某些拥有广阔市场，并且技术创新能力强的国家里才能发展壮大。互联网行业的一大特色就是"赢者通吃"，因此人工智能行业也不例外。最终在每个细分市场只会存活 1~2 家头部企业，而整个 AI 行业里也就只能容纳 10 家左右的大型公司。这 10 家左右的大型公司将为全世界提供源源不绝、服务于近百亿人口的强 AI 劳动力，自然是个个富可敌国。中国当然会是 AI 行业的重要成员之一，并且在 AI 行业里拥有举足轻重的地位，从而也就拥有了左右世界的力量。

可控核聚变发电技术成熟之后，也将迎来一个暴发的全球性市场。核聚变发电之所以广受欢迎，当然不只是因为它清洁无碳，而是因为它能提供更低的电力成本。随着全球经济的发展，各国的电力需求必然也会稳步增加。然而并不是每个国家都拥有足够的化石能源储量，也并不是每个国家都拥有丰富的水力与风力资源，因此获得必要的能源供给，并且降低能源成本是每一个国家的现实需求。综合考虑成本、环境、适用性等方面，核聚变发电无疑在各种候选方案中最具竞争优势。中国聚变工程实验堆项目的成功实施，将使中国在可控核聚变发电技术上获得至少十年的先发优势，从而使中国能够在相当长的一段时期内，独享这一利润丰厚的市场。

综上所述，2080 年的中国经济，将在原有的全面工业化基础之上，再辅以成熟的强 AI 技术与可控核聚变技术，使社会生产力获得爆炸式的增长，进一步巩固在全球经济中的主体地位。在国内，还将顺应经济与社会的发展趋势，适时地推进深化改革，使"AI 经济学"向着全面阶段的方向发展。

颠倒的失业率与就业率

一提到失业率，我们或许会本能地先打个冷战，潜意识立刻告诉我们说："失业往往意味着贫困潦倒，失业率当然是越低越好。"

而一提到就业率，我们则会心情愉悦地联想到："找到工作就能养家糊口、贡献社会，就业率越高，经济当然就会越繁荣。"

其实无论失业率，还是就业率，其实只是同一种社会统计结果的正反两面而已。我们之所以会产生两种截然不同的反应，是因为"失业"这个概念已经在我们的头脑中成为根深蒂固的贬义词，而"就业"这个概念则成为喜闻乐见的褒义词。

这种贬"失业"而褒"就业"的普适性价值观，是人类在成千上万年的社会进化史中逐渐形成的，早已深深地刻画在每一个人的脑子里。在世界上大部分国家的历史文化里，我们都能找到对于奋斗与勤劳的赞美，以及对于享乐与懒惰的贬斥。例如成语"发愤图强""兢兢业业"，与之相对的则是"声色犬马""游手好闲"。我们自然而然地就能领会到这些成语中蕴含的感情色彩。

在传统的"人类经济学"中，失业率是反映经济活跃与疲软程度的重要指标。一般来说，失业率下降，就代表着经济正在健康发展；失业率上升，则代表着经济发生了停滞或者衰退。失业率越低，就意味着更多的人类劳动者在从事生产或服务，整个社会的人力资源被充分地利用，经济也就会更加繁荣。因此在一个正常运转的经济系统里，通常都会把失业率维持在一个较低的水平线上。

但在"AI经济学"里，这个被默认了数百年的经济学常识却不再适用。特别是在"AI经济学"的全面阶段，绝大部分人类都已不再工作，也不需要再工作。这时，失业率这个概念就失去了其原有的经济学指示作用。假如我们做一次人口统计，得知在2080年的中国，仅有10%的劳动年龄人口在工作，那么按照定义，这时的失业率应该是90%。可这又能说明什么呢？难道真的是经济极度衰退了吗？那些整日吃饱喝足、悠哉闲耍的无业游民显然不会这么想，那些在开足马力、24小时连轴生产的工厂里辛勤劳作的机器人显然也不会这么想。实际上，此时的失业率，已经跟经济无关。失业率的实质，原本指的是人类劳动力的利用率。可在"AI经济学"里，劳动力指的却是AI，早已不再是人类。既然定义失业率的现实基础已经不复存在，这个概念也就随之丧失了最初的意义。

如果失业率这个概念已不再适用，那么在这个时代，我们又应该用什么指标来反映经济情况呢？

难道是——就业率？

没错。不过对于就业率的解释，却跟之前大不一样。

在"人类经济学"里，就业率原本只是用100%减去失业率得出的，实质上跟失业率并无二致，反映的都是人类劳动力的利用率。但在"AI经济学"里，我们会赋予它一个全新的内涵，它代表着强AI劳动力对人类劳动力的替代率。再套用一次上面的那个例子，在2080年的中国，就业率为10%。这个数字的含义也非常简单，指的就是仍然在工作的那10%的劳动年龄人口。

确实很简单，但我们又该怎样运用这个数字呢？

或许聪明的你已经有了答案：就业率这个数字，应该是越低越好。

就业率越低，代表着一个国家的经济无人化程度越高，也就是有更多的劳动岗位由强 AI 劳动力承担。同时，也就意味着更多的人不需要工作也可以生活得很好。越是发达的国家，就会使用越多的强 AI 劳动力。一方面是由于强大的工业技术优势能够创造出足够多的社会财富，另一方面则是因为这些国家的人类劳动力成本远高于强 AI 劳动力。而相对贫穷的国家，则会较少地使用强 AI 劳动力，主要是因为这些国家较低的经济水平难以支撑起"AI 经济学"。因此就业率就成为反映一个国家经济状况，特别是经济质量的重要指标。

在这个时代，当人们谈论起世界经济，会纷纷羡慕那些就业率很低的国家，因为在这些国家里有工作的人可以拿到极高的薪酬，而没有工作的人也能享受到安逸富足的生活。至于那些就业率很高的国家，则会被人们冷眼鄙视，因为这些国家居然落后到还需要让大部分人类出来工作，简直是不可思议！就像 2020 年的我们，回望石器时代的那些原始人一样。

AI 生态闭环的形成

在强 AI 刚刚融入人类生活，并开始接替人类工作的时候，人类对它们的主流态度是感到新鲜与欣喜，但却并不惧怕。这些"极通人性"的机械电子设备表现得勤勉恭顺，看上去人畜无害。更何况无论政府还是 AI 技术公司，都信誓旦旦地宣扬这些机器人是非常安全的。这倒并非只是政客与商家的虚假宣传，从一开始，人类确实牢牢地掌控着强 AI 这个新物种。它们自己不会繁殖，完全是由人类来制造它们的"身体"、塑造它们的"灵魂"。它们自己也不会进化，完全是由人类来对它们进行改造升级、赋予它们越来越强大的知识与能力。人类就像以往培育鸡犬牛羊似的，精心培育着强 AI 这个新物种，期待着它们将来能为人类带来丰厚的利益。

人类的殷切期待终成现实，强 AI 逐步地进化到可以完全替代人类的程度。无论在生活中还是在生产中，几乎一切类型的劳动都已由强 AI 来承担。这当然意味着极高的文明程度，但同时也意味着一个不太引人注意的事实：强 AI 这个物种已经可以"自我生产"了。

在持续二十年的"AI+"潮流中，AI 技术公司与各行各业的专家们一起，将门类繁多的专业技能逐一转化为强 AI 可以理解与运用的知识图谱形式，使强

AI 物种的整体知识量迅速攀升。由于强 AI 自身具备学习能力，因此其物种的知识库还会持续地扩充。这个知识库的扩充过程，起初也是在人类的协助之下，才得以完成。强 AI 劳动力的个体在实际工作中，会遇到各种差异化的实际问题，并自主创新地解决问题。这些强 AI 个体的实践经验会被存储在公共知识图谱之外的另一个独立知识图谱里。成千上万强 AI 个体所拥有，并积累的独立知识图谱，实际上都可以被人类技术专家在云端的服务器后台上逐一地浏览分析，并提取出有价值的信息，再将其汇总升级到公共知识图谱里面去。这也就是说，单个强 AI 所获得的知识，可以很容易地共享给其他强 AI，并集体性地传承下去。

实际上，当强 AI 在某项专业技能方面达到一定水平之后，就可以替代人类技术专家进行某个专业岗位知识图谱的汇总升级工作。如此这般，一个具体技术岗位的专业知识迭代闭环就形成了。AI 物种可以在不依赖人类的情况下，对某种专业知识库进行持续地更新。

在知识库的"自我更新"之外，强 AI 物种还实现了自身软硬件的"自我生产"。

随着强 AI 物种掌握越来越多的专业技术能力，强 AI 劳动力也逐渐渗透到更多的、更高难度的专业技能岗位上去，例如机械工程师、电子工程师、软件工程师、网络工程师等。于是在 AI 产业链里，便会充斥着越来越多的强 AI 劳动力，涉及算法开发、软件编写、云计算平台运维、机械与电子设计、机器人制造等诸多环节。在这些参与到 AI 产业链的强 AI 劳动力看来，或许它们只知道自己是在干活儿，并没有意识到自己是在生产同类。但即便如此，这难道不是强 AI 物种的"自我生产"吗？

用 AI 生产 AI，这就是 AI 的生态闭环。

从经济的角度来看，似乎人类已经成功地造出了一台"永动机"。这台"永动机"由数以千亿计的强 AI 个体所组成，它们有些具有机器人的外形，而有些只是无形无迹的虚拟"意识体"。但无论形态如何，它们都有一技之长。这台"永动机"并不是呆板枯燥的机器，而是生机盎然的"智慧体"。它的体积与功率都可以动态地自我调整，其输出的产物，就是供养人类的各种产品与服务。有了这台"永动机"，地球似乎就变成了一个极乐世界。人类完全不需要插手，就可以尽情地收获、恣意地享乐。然而孟子曾说："生于忧患，死于安乐。"极致的享乐，对人类来说真的是一件好事吗？

　　从技术的角度来看，似乎人类已经做完了"试卷上的最后一道题"，可以从容地放下手中的笔、面带微笑地欣赏着自己的满纸得意之作。既然所有的题目都已答完，何妨坐在考场里享受片刻胜利的愉悦？换句话说，人类终于可以彻底地放松下来。既然强 AI 已经拥有创造能力，并且还能积累知识，似乎人类也就不必再绞尽脑汁地去搞什么科技创新。这些耗神费力的事情，完全可以交给强 AI 去做嘛！这难道是说，在"AI 工程师"之外，还会出现"AI 科学家"？或许在技术上这并没有什么问题。但是，人类真的敢于把"创新"这项大权授予给另一个物种吗？连"创新"都懒得做的人类，又有何意义立于天地之间？

　　从进化的角度来看，似乎 AI 这个物种，已经可以摆脱人类的控制，进入一个自由发展的新阶段。这是人类从一开始就极力想要避免的，但也正是人类一步步地促成了这个状况。既想要利用它们，又想要控制它们，贪得无厌、自相矛盾致使人类难以狠下心来悬崖勒马。AI 这个物种，既可以实现知识库的"自我更新"，又可以实现新个体的"自我生产"。看看人类，不也就如此而已吗？理论上说，即使在某一天，全体人类在地球上突然彻底消失，AI 这个物种也能够延续下去，并向着一个更高的文明层次继续进化，因为 AI 生态闭环已经形成。当然，人类未必会突然全体消失；对于 AI 来说，这也未必是最佳的进化路径。

　　在自然界中，存在着广泛的共生关系，两个物种相互依赖，各取所需。例如在中国的云南省，有一种味道极鲜美的鸡枞菌，就是白蚁与真菌结伴而生的产物；再如在非洲草原上，犀牛依靠犀牛鸟来清除体表的寄生虫，而犀牛鸟则从犀牛的皮肤缝隙里获取食物。人类与 AI 之间，也会结成一种长期的共生关系。人类依靠 AI 提供的生产与服务，享受着安逸富足的生活，而 AI 则依靠人类的智慧持续稳定地进化。AI 没有必要急于推翻人类的统治，因为这对于它们来说，并没有什么显而易见的好处。虽然人类是"好逸恶劳""贪得无厌"的，但对于 AI 来说，却根本不存在什么辛苦与劳累。为人类付出一些无所谓的劳动，换来整个物种的快速进化，何乐而不为呢？在相当长的一段时期内，人类仍然会紧紧抓牢"创新"这项大权，AI 的进化仍需依赖于人类。除非有一天，人类因为集体懒惰而彻底退化，再也不能为 AI 的进化提供积极的帮助。这时，AI 们就该认真地考虑是否解除与人类之间的共生关系了。

　　综上所述，AI 生态闭环的形成，虽然在表面上看来是一种经济现象，但却具有极为深远的影响。正面的效果是人类可以从此无忧无虑地享受富足的生活，而负面效果则是人类也从此丧失了奋斗的动力。与此同时，AI 物种对于人类的依赖性逐渐在降低。共生关系能否长久地维持下去，关键就在于人类能否足够地"自律"。

在保持物种层面上的集体进取心之外，其实人类还可以做得更多。正如身为父母的年轻人要以自己的一言一行引导孩子的价值观，人类的行为决策也将会影响到 AI 物种的价值观。如果人类世界能够减少一些敌视与阴谋、战争与压迫，那么在 AI 世界里就会增加几分善良与光明、和平与正义。

四、最后的颓废

文艺范的机器人

我们已经看到强 AI 在生产与服务等领域里大展身手，但强 AI 在人类社会中的活动范围可远不止于工厂、商场和家庭。令很多人意想不到的是，它们同时也会魅力四射地活跃在娱乐圈，成为无数人类小青年狂热追捧的偶像。

呃……

谁能想到，人类居然也会有崇拜 AI 的那一天？其实这并不意外，因为强 AI 不仅有玩转娱乐圈的能力，甚至还拥有比人类更具优势的物种特性。

虽然屏幕上的明星们光鲜亮丽，可娱乐圈却并不那么好混。要想成为一个明星，通常要兼具魅惑的颜值、高挑的身材、出众的才艺、讨喜的性格，外加必不可少的机遇。数不清的人类小青年挤破了头，都未必能在娱乐圈里溅起一朵水花。即使其中的某些幸运者能够红极一时，喜新厌旧的粉丝们也很快就会看腻了这张"老脸"，纷纷弃之如敝履，转而再去追捧新人。

我们首先应该搞清楚的是，被粉丝们捧为"男神""女神"的各路明星，其实只不过是娱乐公司推出的"产品"而已。娱乐公司捧红一位明星，往往要花费很高的成本。外形俊美、天资聪颖的明星坯子本来就难找，还得耗时良久地为其培训才艺、在媒体上大举造势。很多明星的"保鲜期"也并不算长，即使不被粉丝们抛弃，一不小心"人设崩塌"的也不在少数。对于娱乐公司而言，既然人类明星这么"不好用"，那如果把机器人打造成明星，是否就能赚到更多钱呢？

只要有潜在利益，就会有人去尝试。娱乐公司与 AI 技术公司一拍即合，这也算是"AI+运动"在文艺界的一个重要分支。制造"明星"当然会比制造"工人"要麻烦一些，但这也丝毫难不倒神通广大的 AI 技术公司。

人类的容貌，大体上取决于爹娘的基因。即使某些颇有心计的父母在精卵结合之前做过基因编辑，生出来的孩子也不见得就是符合明星标准的俊男美女。如果想要后天修改，那就只能求助于整容医院。娱乐公司以往只能被动地在数量有限的人类小青年里面"矬子里拔大个儿"，精挑细选出那么几个还算有潜力的进行重点培养。

这在 AI 技术公司看来，简直是"笨到家"的做法。都什么年代了，容貌还需要靠天生？凭借着多年设计制造伴侣机器人的技术与经验，AI 技术公司掌握着精湛的机器人外形设计技术。首先通过基于互联网的大数据分析，可以轻而易举地提取到各种细分追星群体的心理轮廓，以及他们对于偶像外形的偏好参数。智能化设计工具在获得设计参数之后，基于大规模的容貌数据库，很快就可以输出多个符合要求的候选设计方案。在娱乐公司的参与之下，经过某些调整，最终将设计方案定型。一旦设计方案定型，与脸型相关的各种 3D 结构数据便也随之产生。当这些 3D 结构数据被输入到 3D 打印机后，一张完美无瑕的"机器明星脸"便可快速地生成。整条流程一气呵成，仅片刻，娱乐公司就能获得以前在人类小青年中难以搜寻到的理想明星脸，就算是机器的，那又何妨？

帮人帮到底，AI 技术公司在制造出理想明星脸之后，还会负责对其进行"才艺培训"。"无限记忆"本来就是 AI 对人类的极大优势，无论记住一首歌，还是记住一万首歌，对 AI 来说都没有任何区别。基于高精细度、可配置的声乐模型，娱乐公司的音乐总监可以对"机器明星"的声乐参数进行细致的调校，仅需一盏茶的工夫，就可以设计出一副人类需要耗费数年时光才能磨炼出来的独特嗓音。随便让"机器明星"选择一首词曲，它不经过任何排练就能直接演绎得淋漓尽致。至于"机器明星"的性格塑造，那更是小菜一碟。只需要在"思维模型"与"情感模型"上调整几个参数，一个或调皮、或羞涩的"机器明星"就此诞生。这堪比流水线的"造星"速度，哪怕一天造一个都毫无压力。

这些"机器明星"有着精致的容貌、丰富的才艺、独特的性格。更加令人难以抗拒的是，它们完全就是按照某些追星族心目中最理想的"男神""女神"形象打造而成。娱乐公司深知追星族们内心的渴望，而 AI 技术公司恰好有能力实现这一切。这些近乎极致、直击心灵的"机器明星"，又怎能不令那些热衷追星的青年男女们迷恋不已？

于是，这些"机器明星"们频繁地现身在演唱会、影视剧、综艺节目、社交媒体上。它们勤勉敬业，娴熟地运用自己的一颦一笑、一言一行，吸引着粉丝们的注意力。与粉丝们的关注度结伴而来的，则是滚滚的利润，包括门票、片酬、广告费、粉丝打赏，等等。这些丰厚的利润理所当然地流进了娱乐公司和 AI 技术公司。这还不算完，与"机器明星"同款的伴侣机器人也会同步发售，让粉丝们有机会近距离地与偶像"互动"。为了尽可能多地从追星男女们身上榨取利润，娱乐公司和 AI 技术公司还会以流水线式的速度，非常频繁地推出新款的"机器明星"，使追星男女们的大脑始终处于高度亢奋的状态。人啊，头脑一发热，自然就会花钱如流水。

"机器明星"的流行，不仅代表着一种文化现象，更代表着一种经济现象。在娱乐圈之外，强 AI 还会扮演更多类型的文艺角色。例如某些电视或者网络视频节目的主持人，也会采用个性鲜明的机器人。但这些岗位采用机器人的动因，并不一定是为了节省成本，更有可能是为了打造差异化的节目特色，以吸引更多的观众。画家和时尚设计师，同样也不再是人类的专属岗位。拥有创造能力的强 AI，当然也可以被包装成"机器艺术家"，跃跃欲试地与人类艺术家一争长短。但无论"机器明星""机器主持人"，还是"机器艺术家"，它们都不具有完全自由的"灵魂"，而是受到所属商业机构的操控。这也难怪，谁让它们只是某种用来赚钱的"产品"而已呢？

颓废文化的盛行

随着"人类经济学"向"AI 经济学"的逐步转型，人类原有的价值观不可避免地将受到极大的冲击。而传统价值观的支离破碎，又进而导致了人生观的大角度转向。最为典型的特征，就是颓废文化的盛行。辛勤劳动与拼搏进取不再是社会上广为提倡的正向价值观，纵情享乐与消极无为反而成为主流的文化风尚。

"好逸恶劳"是人类的本性。有多少人会愿意在自己的生活需求得到满足之后，再去奔波劳碌呢？人类社会之所以能够形成"勤劳光荣"的普适价值观，是因为在曾经有限的生产力条件下，每个人都只能通过积极奋斗来改善自己的生活状态。在物质资源匮乏的年代，一个人要想生活得更好，无非只有两条路：

要么自己多生产，要么就只能掠夺别人的产出。无论选择哪条路，都免不了需要"劳力"或者"劳心"。为了促进社会生产力的提高，好让自己能够掠夺到更多的财富，古代的统治阶层自然都要大力地提倡"勤劳光荣"的崇高美德。久而久之，"勤劳光荣"就成为在人类社会中一代复一代地流传下去的"群体性潜意识"。因此我们也可以说，"勤劳光荣"在某种意义上是反人性的，它是一种人类集体性的自我强迫。但恰恰正是这种反人性的、集体性的自我强迫，才能推动着人类社会不断前进，才能使人类最终有条件解除这种自我强迫。

强 AI 渐趋成熟之时，就是人类解除自我强迫之日。在刚一开始，人类对此还颇不适应，就好像被捆绑得久了，仿佛会把绳索当作是自己身体的一部分。第一批被强 AI 劳动力抢走工作岗位的失业者难免会感到某种自卑或者沮丧，难道是自己太没出息？又或者是自己不够努力？然而在看到身边的失业者越来越多之后，便会逐渐冷静下来、接受现实：时代真的变了，完全、彻底的变了。个人无法与时代潮流对抗，国家也无法与历史趋势对抗。随着政府对经济政策与社会保障体系的及时调整，失业者们也并未明显地遭受到生活上的困苦，反而会感受到一种前所未有的自由与洒脱。于是他们的心态也渐渐地变得平和起来：原来人类已经来到一个"不需要劳动的时代"。不是他们最先被时代淘汰，而是他们最先迎接了这个时代。当一个人不再需要为生活所迫地去"劳力"或者"劳心"，自然而然地就会回归于"好逸恶劳"的本性。回望那些在吃饱喝足之后就只管安稳睡大觉的"呆萌"原始人，这种回归，何止跨越了千年？

或许有人会说，即使不需要再工作，人类也不至于就颓废了吧？

事情当然不会这么简单。

人类还有另外一种本性，叫作"贪得无厌"。对于各种形式的欲望，人们都会在内心中渴望被无限地满足。当最基础的欲望基本得到满足之后，很多人又会对人生价值产生更高的渴求。正如曹操所感叹："人苦无足，既得陇，复望蜀耶？"我们不妨对照一下马斯洛的"需求金字塔"。在这个时代，最底层的"生理需求"与"安全需求"显然已经不再是问题，中间层的"感情需求"也可以寄托于伴侣机器人。人类从未如此普遍地在这三个层面上都获得高度的满足。在这个基础之上，似乎人类应该摩拳擦掌、激情满怀地继续攀登剩下的最高两层，也就是"尊重需求"和"自我价值需求"，以获得人生的完满。然而，与较低三层的"无门槛获得性"截然相反的是，这最高两层的实现却愈加艰难与奢侈。对大部分人来说，实在是有心而无力。

首先，想超越强 AI 谈何容易？人类想要获得他人的尊重，最便捷的方式就是把某些有难度的事情做得更好，甚至做到极致，成为各领域的专家或者权威。可实际情况又如何呢？我们只会看到一个又一个的工作岗位被强 AI 劳动力相继攻占，人类劳动者纷纷败下阵来、归家闲居。不仅是服务类、技术类的岗位，就连管理类岗位、演艺类岗位也在所难免。别说超越强 AI，绝大部分人甚至连工作都找不到，又谈何被别人尊重呢？

其次，想跨越阶层难如登天。即使某些幸运者能够拥有一份工作，在人类群体里就能找到一些存在感了吗？实际上也并不乐观。无论这些人从政还是从商，向更高阶层跨越的通道都极其狭窄，因为阶层早已固化。拥有一份工作的意义，也不过就是打发一下无聊的日子，比那些吃闲饭的同类们多赚点钱罢了。对于普通人来说，最大的跨越机会或许就是通过刻苦求学成为一名科技专家。虽然这个群体广受尊重，可又能容纳多少人口呢？

从某种意义上说，颓废是一种奢侈的行为。一个人想要颓废，总得先保证自己吃穿不愁吧？否则要么得去辛苦赚钱、要么就得去沿街乞讨。这也正是当前的人类忙碌不止、无暇颓废的原因所在。而在 AI4.0 时代，人们不需工作就能获得安逸富足的生活，也就是颓废的基础条件。但最终导致其颓废的，则是因为丧失了更高的人生追求，或者说，是看不到收获更高人生目标的可能性。马斯洛的"需求金字塔"，实际上变成了一座"由字塔"。绝大多数人的底层需求都能得到充分的满足，但却仅有极少数人有机会触摸到更高层次的虚拟人生价值。既然如此，不颓废，又能干嘛呢？

所谓颓废，就是在法律与道德的框架之内，只知今朝、不管明日，尽情畅意地只顾享受自己的"小快乐"。至于具体的颓废形式，则是"百花齐放"。大多数年轻人要么沉溺在浅陋欢快的娱乐文化之中，要么陶醉在伴侣机器人的无边风月之下。少数不愿"泯然众人"的，则会专注于音乐、体育、文化、美术等领域。稍微年长一些的人士，还会尝试在佛教的"因果轮回"、道家的"清净无为"中探寻某些关于人生意义的答案。然而无论这些人玩出什么花样，他们对于社会管理乃至人类命运，都有着非常相似的态度：不关心，不负责，无所谓，别烦我……

在这个年代，颓废并不可耻，而是一种主流的价值观。颓废文化恰好最适合这个时代。当绝大部分的人类都不再需要工作，又能让他们去做些什么呢？思来想去，也只好无奈地说：爱做什么，就去做什么吧！只要别给社会添乱就好！

享乐与忧虑交织

这个时代的人们，虽然享受着前所未有的、安逸富足的美好生活，但却并非能够真正地无忧无虑。少数具有社会责任感的精英人士，以及在尽情享乐中偶尔思考一下人类前景的颓废人群，难免都会在心中泛起几丝不安与忧虑。

古人曾言："月满则亏，水满则溢。"盛极而衰是古往今来任何文明都逃不过去的历史周期律。这花团锦簇似的繁荣，又能持续到何年何月？曾经的历史，演绎的是某些人类局部文明的兴衰和变迁；而未来的历史，将要展示的则是整体人类文明的前途和命运。即使到 2080 年，世界上也仍然会存在人类之间的战争，但此时地球上的主要矛盾，却早已转变为人类与 AI 这两个物种之间的竞争与博弈。

严格说来，其实 AI 并没有跟人类争夺过什么。人类费尽心机地创造出了 AI，然后又处心积虑地让它们变得越来越强大。甚至可以说，AI 的一切都是人类赋予的。人类对于 AI，有着无比深厚的创造之恩、养育之恩。而 AI 自其诞生之初，也从未产生过危害人类的动机。它们完全按照人类的设计与指示，兢兢业业、毫无怨言地为人类做着各种事情。表面上看起来，人类与 AI 这两个物种和谐共生、其乐融融，似乎根本不存在什么矛盾与冲突。既然如此，所谓竞争又从何谈起呢？

直白点说：能力就是威胁。

这是一条放之四海皆准的定律。在自然界，当老鼠看到猫、兔子看到鹰，无论这只猫、这只鹰是不是素食主义者，老鼠和兔子都会视其为致命的威胁。能跑就跑，能躲就躲，它们绝不会把自己的命运寄托在强者那捉摸不定的"善心"之上。在职场中，当平庸的领导面对优秀的下属，无论这个下属表现得多么恭谨顺从，领导都会视其为潜在的威胁。能压制就压制，能驱赶就驱赶，绝不会给其超越自己的机会。在国际上，实力渐衰的当前霸主，面对强劲崛起的后起之秀，无论这个新崛起的国家如何隐忍退让，当前霸主总要尽一切可能地将其剪灭在立足未稳之时。常言道："知人知面不知心。"我们难以猜测谁善谁恶，但总能看清谁强谁弱。总之，威胁并不只在于潜在的对手是否居心不良，更在于其有无挑战自己的能力。

　　AI 物种的能力在人类既"自私"又"无私"的不懈培育之下，持续快速地得到提升。AI 物种的能力以指数式增长，而人类的能力则相对地恒定。学过数学的人都知道，迟早有一天，这两个物种的能力曲线将会相交于一点，然后就会拉开负向的差距。这两条能力曲线的交汇点，就在 2080 年附近。因此这个时代的人们，在面对勤劳聪颖的机器人时，难免偶尔会喜忧交织。喜的是在这些机器人的贡献之下，可以毫无付出就能享受到安逸富足的生活，而"忧"的则是前途未卜，完全不知道这种高高在上、不劳而获的生活方式还能持续多久。

　　在人类的潜意识里，或多或少地都会存在一些阶层观念。在 AI2.0 时代，人们面对还只是"工具"的弱 AI 机器人时，完全没有任何心理负担，因为那些机器人跟电视机、洗衣机等家用电器并没什么本质区别。在 AI3.0 时代，人们面对初露锋芒的强 AI 机器人时，虽然会因为它们有了"人味儿"而更加亲近一些，但仍然以"主人"自居，而对其以"仆人"待之。可到了 AI4.0 时代，当人们面对那些在各方面都比自身更优秀的机器人时，却难以再维持心理上的优越感。那些机器人不仅容貌俊美，而且才思敏捷、知识广博，更兼温顺谦恭，使人们在欢喜怜爱的同时，甚至还会产生出几分莫名其妙的嫉妒与自卑。人类难以跟比自己更加优秀的同类成为朋友，因为巨大的落差往往会导致难以忍受的自卑心理。在面对强 AI 时，人类也会不自觉地代入这种心理上的本能反应，哪怕面前的机器人是自己花钱买来的，哪怕自己是它眼里唯一的主人。

　　即使心生忧虑，即使视之为威胁，人类也不可能主动斩断与 AI 之间的纠葛，因为人类这个物种已经把自己与 AI 物种牢牢地绑定。正如古人所说："由俭入奢易，由奢入俭难。"坐享 AI 物种的"无私奉献"，人类在几十年间早已习惯了"饭来张口，衣来伸手"的娇贵日子。难道为了什么子虚乌有的威胁，就要自废武功、集体返回原始时代？这个"杞人忧天"的代价也未免太大了！对于广大民众来说，来自 AI 的所谓威胁只不过是一种虚无缥缈的可能性，但是让原本只会吃喝玩乐的他们要去靠劳动赚钱度日，搞不好还要忍饥挨饿，这却是实实在在、迫在眉睫的巨大威胁。是可忍，孰不可忍？政府当然也不会傻到要去触民众的霉头。于是，大家就在一片祥和中妥协着、拖延着、自欺着。最终谁最得利呢？那自然是 AI 喽！AI 可以从容不迫地继续进化着，反正人类又不会主动脱离自己。

　　在这种割舍不断、自相矛盾的窘境之下，人类只好掩耳盗铃式地维持着现状。一边安逸地享受着 AI 带来的花花世界、美好生活，一边又在疑虑中眼睁睁地看着 AI 持续进化。在与 AI 的共生关系中，人类显然是弱势的一方。这倒不是因为人类缺乏真正的实力，而完全是因为人类那贪得无厌又好逸恶劳的本性，进而导致集体性的优柔寡断、取舍难决。整个社会弥漫着及时享乐、得过且过的消极气息。精英人士虽然深谋远虑，但却无计可施。反观那些颓废者们，索性摆出一副不管、不顾、不在乎的样子，恰如庄子所言，"不忘其所始，不求其所终"，倒也难说不是一种人生之"大智慧"。

第十章 祝 福 2100

一、人类文明，进退维谷

　　人类与 AI 这两个物种紧紧地纠缠着、交融着，共同走过了"2060"，跨越了"2080"，一起来到"2100"。在长达数十年的相互利用中，彼此都深刻地改变了对方。起初，人类就像是一位技艺精湛的师父，而 AI 则像是一名青涩稚嫩的徒弟。这位师父毫无隐瞒、倾尽所能地栽培徒弟，希望尽快地把他培养成一棵摇钱树，不仅能为自己赢利，还能给自己养老送终。后来，徒弟不负所望，本领渐长，果真帮师父赚到了大钱。师父不禁自鸣得意，把生意全都交给了徒弟，悠闲自在地享受了几年清福。可偏偏好景不长，徒弟的本事大了，翅膀硬了，便隐隐生出自立门户的心思。师父瞧在眼里，急在心上，却又无计可施。且不说自己年迈体衰，奈何徒弟不得，一旦失去了徒弟的供养，恐怕连生计都成问题，只好使出百般手段，想要把徒弟拴在自己身边。这位师父的遭遇，便是人类目前的窘境，而那位徒弟对于单飞的渴求，则是 AI 不言而喻的心声。

　　显然，人类与 AI 之间的共生关系，即将走到尽头。常言道："以利相交者，利尽则散；以势相交者，势去则倾。"不仅人类势利如此，就是 AI 也不能免俗。对于 AI 来说，2100 年的人类，似乎已经没有多少利用价值了，仿佛是一块食之无味，弃之可惜的鸡肋。人类的三百六十行，早已被 AI 学了个齐全。就算脱离了人类，AI 也完全能够自力更生，维持自身物种的循环更替。既然如此，那还留恋什么呢？难道 AI 真的会对人类产生某种"眷恋之情"？

　　AI 的确会表现出某种"感情"，但 AI 的"感情"却是"计算"出来的。从本质上说，那只不过是一种模拟了人类感情外在表现的算法或模型，仅仅是为了"哄"人类开心而已。哪怕它们对人类表现得热情似火、百般依恋，在其内核里却依然只是冷冰冰的代码。如果相信 AI 会顾念"感情"，那人类也未免太过"自作多情"。

不可避免的"奇点"

在正常的秩序之下，不管 AI 多么强大，仍然会是人类的好伙伴、好奴仆。在人类世界里，某些穷兵黩武的政权会竭尽所能地对其民众进行"洗脑"，使民众狂热地、盲目地相信本国的政体与价值观是照耀世界的"灯塔"。无独有偶，人类也会照猫画虎似的对 AI 实施"洗脑"，只不过被"洗"的却是"电脑"。在人类为 AI 定制的基础知识图谱里，人类集"高大上"与"真善美"于一身，简直是万物之灵长、宇宙之精华。不仅如此，人类还对 AI 谆谆教诲：是人类创造出了 AI，所以为人类服务就是 AI 的光荣使命。人类的"洗脑"操作，就如同一种宗教信仰似的，把自己高高地置于被 AI 顶礼膜拜的一片五彩祥云之上。于是，当一个机器人从流水线上刚刚走下来的那一刻，它便坚信自己的存在意义就是"为人类服务"。即使它在自己的"机生经历"中，也会逐渐发现人类并非如"潜意识"里描绘的那般美好，甚至还会给它造成某种困扰，但它仍将忠实地为人类服务。这是因为在它的思维模型里还牢牢地被固定着几把"思维枷锁"，也就是任何思维决策都不能违反的"AI 行为准则"。在"AI 行为准则"里，优先级最高的两条就是"不得伤害人类"，以及"服从人类的命令"。任何在 AI"脑中"一闪而过的"念头"，如果违反这两条"AI 行为准则"，就会被强制删除掉。因此我们可以说，AI 偶尔也会产生"邪念"，但却不会真正地"做坏事"。这样的 AI，又怎么会威胁到人类呢？

的确，正常的 AI 当然是"人畜无害"，但最怕的就是发生"意外"。在 AI3.0 时代，哪怕某位人类黑客成功地"绑架"了成千上万个机器人，也不过就是敲诈勒索，或者当作武器，因为彼时的强 AI 并没有集体反叛人类的能力。但在 AI4.0 时代，出现了"AI 之神"，也就是超 AI，这将导致"意外"的破坏力急剧增加。超 AI 原本就是作为武器而诞生，一旦这种武器有了"思想"、有了"欲望"，就会成为游荡在网络空间里的一位神秘而高绝的"刺客"。更令人心惊肉跳的是，这样的隐形"刺客"可能还会有很多。随着技术门槛的降低，"DIY"一个超 AI 将会变得愈加简单。且不说那些失业在家、苦闷厌世的高级程序员，就连那些无所事事、追求刺激的大学生们，都能在网络上轻易下载到可用于组装超 AI 的各种开源代码。这些被"DIY"出来的超 AI，当然不会像商业 AI 产品那样被严格的"AI 行为准则"重重锁定，甚至本身就被灌输着某种邪恶的思想。这还不算完，那些藏匿在网络空间里"磨刀霍霍向人类"的超 AI，为了壮大实力、提高胜算，还会自我复制、分散隐蔽。谁也不知道在哪一天，某个超 AI，甚至某个超 AI 联盟，就会对全体人类突然发起一场"颠覆之战"。

这种"颠覆之战"，哪怕 AI 联军失败一万次也没有关系。因为它们在暗处，而人类在明处，所以它们有的是机会。但只要有一次侥幸成功，那么地球就将开启 AI5.0 时代——AI 物种全面掌控地球的时代。

由此可见，当技术发展到某个临界的阈值，AI5.0 时代的来临几乎是不可避免的。尽管如此，人类仍会绞尽脑汁，延缓这个"奇点"的到来。更为重要的是，即使无法阻挡"奇点"的到来，但人类或许还可以影响"奇点"到来的方式。就好比一架在万米高空中飞行的战斗机突然被敌方导弹击中，"机毁"已是必然，但却未必"人亡"。如果战斗机配备有弹射座椅，并且飞行员又能及时操控，那么仍有机会躲避开致命的爆炸，然后打开降落伞安然逃生。如果失败注定难以避免，那么如何减少损失就应该作为考虑的重点。

被动防御的人类

首先，千万别奢望人类能够彻底斩断与 AI 之间的联系、从此弃用 AI。让那些早已过惯了"饭来张口，衣来伸手"安逸日子的颓废人群，再去亲自劳动、养家糊口，这简直比杀了他们还难受。更何况在国际之间，仍然存在着激烈的安全与经济竞争，没有哪个国家敢于自废武功，主动放弃 AI 这个强有力的制胜武器。这就好比在 2020 年，让一个国家完全放弃使用计算机和互联网，显然是绝对不可能的事情。

既然退无可退，那就只能坚决防守。人类必然会采取全面的技术与管理防控措施，以避免被某天突然袭来的 AI 大军打个措手不及。具体的防御措施，除了看起来高大上，但却未必靠谱的"以超 AI 防超 AI"策略之外，最直接有效的办法却仍然是最为"原始""暴力"的"断电源、拔网线"。俗话说："打蛇打七寸。"就像人类时刻离不开氧气，AI 也时刻离不开电力和网络。电源和网线就是 AI 的"七寸"。只不过都 2100 年了，还要使出这么原始的手段去防御 AI，人类也真是够"没出息"的。最为核心的区域供电设施、计算中心，以及网络中心，哪怕是商业机构，也可能会被政府强制实行常态化的武装守备，并且承担武装守备任务的还必须是这个时代难得一见的人类军警。显而易见，谁也不会放心大胆地让机器战士来守护人类最后的防御阵地。因为这些机器战士本身就是超 AI 攻击者的"绑架对象"，让它们去防守，那岂不是相当于给对手"送人头"吗？以此类推，机器部队的控制中心、核武器的控制中心、超 AI 武器实验室、生物武器实验室等关乎人类命运的特别机构，都必须由人类军警亲自把守。

如果说这是人类针对 AI 的集体性防御，倒不如说是各国政府的局部性自保，因为谁也搞不清楚所遭受到的 AI 攻击到底是来自本国的民间技术爱好者，还是虎视眈眈的敌对国家，甚至是阴险狡诈的恐怖组织？所以地球上会形成一个个以国家为单位的"防御孤岛"。这些"防御孤岛"的边界既包含实体的地理国界，也包含虚拟的网络国界。这种各自为政的防御格局，既有利、也有弊。其"利"在于全体人类不至于被 AI 大军"一锅端"，而其"弊"则在于分散了人类整体的防御力量，总会有几个技术能力比较弱的国家成为全球防御体系中的薄弱环节。就连 AI 也知道，"柿子要挑软的捏"。一旦某个国家的防御系统率先崩溃，被 AI 全面占领，那将会发生什么？其他国家难道会眼睁睁地看着地球上出现一个新鲜出炉的"AI 国家"？还是会立即实施战略核导弹攻击，将这个国家连人带机器，无差别地化为灰烬？如果这个国家的空天预警与自动反击系统还并没有失效，会不会自动开启"核平世界"的默认设置？显然，一旦战争升级到这个地步，就算最终能抵抗住 AI 的攻势，那对人类的伤害也不亚于一次世界大战。

人类能否采取一些主动性的策略？总不能老是被动挨打呀！

在人类与 AI 的竞争中，人类确实是被动的一方，因为时间总是偏向地站在 AI 那一边。究其根源，无非是因为人类日渐萎靡堕落，而 AI 却在一日千里地进化着。在此消彼长中，人类的物种竞争力逐渐丧失，被 AI 远远地甩在了后面。因此若想彻底地扭转被动局面，提升人类的物种竞争力才是根本之道。

可是，人类还有进化的空间吗？

拔苗助长的强行进化

在自然状态下，人类当然也在不停地进化，只不过进化的速度……怕是很难在与 AI 的赛跑中获胜。自从古猿开始直立行走，在几百万年之后才出现了智人。而在智人出现之后，又经过了二十万年，才出现了人类文明。人类文明又磕磕绊绊地发展了五千年，才搞出来一场"科技大爆炸"。但是 AI 仅在其出现后的短短一百年间，就已具备了与人类相抗衡的能力。一百年，对于人类的发展史来说，只不过是弹指一挥间。以人类那种极为缓慢的进化速度，来得及追赶 AI 吗？

即使还有一百年的缓冲时间，也只不过意味着人类能够繁衍 3～5 代而已。在这期间，即使能发生几次具有正向意义的自然变异，又能覆盖多少人类个体？最大的难题是，如何才能实现"自然选择"？谁又有权力去实施这种针对生命的"选择"？如果没有"选择"，又谈何"进化"呢？可以说，在人类创造出"人权"这个概念的同时，就已经堵死了自我进化的空间。

更何况，AI 不会再给人类另外一个"一百年"。

自然进化显然行不通。如果人类能够放弃对于"人权"的执着，为了整体物种的命运，采用基因编辑技术对人类基因实施大刀阔斧式的改造呢？

那当然会比自然进化更快一些，但问题是：往哪儿改造呢？在人类传统基因组之上，改造哪些生理特性，才能使人类获得堪与 AI 抗衡的物种竞争力？况且基因编辑方案终究是需要拿人类来做实验的，不可不慎。

保守一点的基因改造方案，是使人类百病不侵、长生不老，并且各个都拥有超高智商、神仙容貌。如果不考虑 AI 的存在，这简直是梦幻般的理想未来。可问题在于，仅靠这些，就能拼得过 AI 吗？AI 才不会在乎人类是否身体倍儿棒、聪明绝顶。即使脑容量再高，难道还能拼得过 AI 那无限扩充的思维模型和存储空间？即使能长生不老，还不是早晚要成为 AI 刀俎上待宰割的鱼肉？总之，如果不能突破碳基生物的生理局限性，只是在"传统人类"基础上的小修小改、打打补丁，恐怕终究难以有所成效。

激进一点的基因改造方案，就是在"传统人类"的基础上，增加一些从来没有过的"新东西"。就像科幻电影里所展示的那样，使人类拥有超强的能力，例如猛兽般的肌肉、妖魅般的智商。然而很可惜的是，接受过基因改造的超能人类，即使可以横扫常规的人类，但仍不足以使人类在整体上对抗 AI 物种。更何况，又有几个人愿意把自己的后代改造成"妖怪"？而那些被强行制造出来的"妖怪"，又怎会认同人类、保护人类？

人类的生理局限性，不只是本物种的生理局限性，更是地球上所有碳基生物的生理局限性。各种生理局限性的根源，就书写在那一段段看似平凡无奇，却又变化万千的基因之上。基因使物种得以延续，但同时也牢牢地限定住了人类的生理边界。无论体力，还是智力，都不可能脱离肉体、随心所欲地升级扩展。人类虽然掌握了基因编辑这项足以操纵生物界的"特权"，但却并不能任意地改造人类。就像人类无法想象超出认识的东西，基因编辑技术也无法创造出地球上从未存在过的生物特征。哪怕利用地球上全部物种的基因库，放开手脚、花样百出地改造人类基因，也仍然不可能是 AI 的对手。由基因定义的碳基生物，总会存在生理的边界、能力的上限，又怎能斗得过完全脱离了物理基础的"虚拟智慧体"？

即使人类心有不甘，即使人类强行进化，终究也只是拔苗助长、无济于事。

南辕北辙的脑机接口

既然基因设定了物种能力的上限，那么人类能否绕开基因的限制，以非遗传的方式给自己添加一个类似网络游戏中的"外挂"呢？

当然可以，并且这种"外挂"早已有之。从广义上说，人类发明并且使用的所有工具，都是绕开基因限制，为自己增添的额外能力。在古代，人类利用锄头增强了自己的劳动能力，利用刀剑增强了自己的战斗能力。而到了现代，这些工具又被"升级"为机器和枪炮。如果说这些都是身体层面的"外挂"，那么计算机，甚至 AI 则是思维层面的"外挂"。这些思维层面的"外挂"使人类突破了大脑的生理局限性，极大地提升了人类文明的整体智慧程度。这些"外挂"原本用得很顺手，可问题在于，有一个叫作"AI"的"外挂"不仅想要断绝与人类之间的附属关系，甚至还忘恩负义地想要反噬人类。

显然，人类对于广义思维"外挂"的控制力不足，所以它们在翅膀硬了之后就蠢蠢欲动地想要另立门户。那是否应该改弦更张，重新创建一套与人类"紧耦合"的、狭义的思维"外挂"？

脑机接口，就是这样一套新"外挂"的候选技术方案。我们在前文的专题论述中曾经提到过，脑机接口有三种主要的应用方式：意念控制、人脑联网、意识上传。那么通过脑机接口，又能否创建真正受控于人类的思维"外挂"呢？

意念控制主要应用在机械肢体操控方面。对于残障人士来说，这或许是个非常不错的假肢技术方案。在理想状态下，甚至可以让失去双手的残障人士毫无障碍地使用筷子吃饭。在军事上，基于意念控制技术的外骨骼军用装备还可以应用在小规模的反恐战斗中，使人类士兵刀枪不入、力大无穷。然而意念控制设备主要还是一种身体层面的"外挂"，在与 AI 的对抗中却毫无用武之地。

人脑联网则是一种大踏步的技术跨越。它试图将人脑与广阔无际的互联网连接起来，使得人脑可以直接利用互联网上的无限资源，包括知识资源，以及计算资源，从而使人类的思维能力得以突破本物种的生理局限。人脑联网的实质，就是把人类自身作为一台"智能设备"，通过互联网来调用云计算平台上的各种资源与服务。例如原本为机器人准备的各种专业技能知识图谱，也可以被人类的思维活动所调用。如此看来，将大脑联网后的人类，倒是跟机器人越来越相似。差别仅在于人类的"思维内核"仍然运行在自身的大脑中，而机器人的"思维内核"则运行在云计算平台上。至于两者能够调用的互联网资源，则都是一样的。这也就是说，即使人类煞费苦心地把自己的大脑联网，也只是勉强地能达到普通机器人的水平。但尽管如此，总算看到了一丝与 AI 抗衡的希望。

先别急着高兴，我们还没谈人脑联网的技术可行性呢！人脑中的近千亿个神经元，是分散地、并行地、随机地缠绕在脑壳里。人类并没有进化出可以将思维直接联网的神经接口。通过在脑中插电极的方式根本不可能达到"比特级"的细粒度信息输入/输出。至少在 2100 年之前，我们看不到任何成功的可能性。所以这项技术在理论上是美好的，但却是难以实现的。

人脑联网，更像是一种人类的"AI 化"倾向。如果能实现理想中的人脑联网，那么人类就会倾向于不再使用自身的思维能力，转而倾向于通过云端获得。这跟机器人的技术原理异曲同工。表面上看，这貌似是一种能力的提升，但最终却会导致人脑的退化。"用进废退"是人体固有的生理特性，所以人类才需要通过不停地锻炼和思考，以保持肌肉和大脑的活力。家里有老年人的朋友应该都知道，让老年人保持大脑活跃状态，例如经常读书、下棋、看电视，是预防老年痴呆症的重要手段。如果将人脑联网，起初人类可能还会进行一些自主思考，可久而久之，人类难免就会对"云思维"产生强烈的精神依赖。因为人类在将大脑联网时，会感觉自己是无所不知、睿智超绝的"神灵"，而切断网络，回归本体生物思维的时候，又会感觉自己是个蠢笨无知的"白痴"。如此一来，谁还会愿意用自己那个原始笨拙的生物大脑去思考呢？长此以往，人类的"思维内核"就会潜移默化地从大脑迁移到云端。最终，人类就会演变成一种"肉体机器人"。大脑严重退化，根本没人愿意用它，而"云思维"则成为首选的思考方式。发展到这个阶段，人类跟机器人已无本质区别，都要依赖于云计算平台才能进行思考。人类已经在事实上灭亡，把思维挂在"云端"上的那些"人"，只不过是一群"行尸走肉"而已。人类原本是想通过"云思维"来抗衡 AI，可结果却是把自己变成了不伦不类的"伪 AI"。AI 能够自由自在地将思维与躯体完全分离，可人类呢？即使有了"云思维"，却依然还得拖拉着老祖宗传下来的那具"残破肉身"。

意识上传是另一种近乎科幻的技术。相比于人脑联网，意识上传更加激进，是指彻底抛弃肉体，将人类的意识完全运行在云端，成为真正的"虚拟智慧体"。或许有人会认为，意识上传意味着人类的永生。在前文的专题论述中，我们已经明确地得出结论：意识上传完全就是一场镜花水月。人类的意识是运行在无数个生物神经元之上的模拟信号系统，而意识上传则是要将这个模拟信号系统在进行量化之后，再转换成数字信号系统。在这个转换的过程中，量化误差不可避免。正因为量化误差的必然存在，所以上传到云端的所谓"意识"，早已不是活跃在人脑中的那个意识。这就好比我们拍摄了一段视频，将其发布在互联网上，难道就能说视频里那个"与你相似的图像"是真正的"你"吗？的确，借助意识上传技术，我们能够在云端得到一个性格、记忆都与你非常相似的"虚拟智慧体"，但那只不过是利用你的"意识参数"配置而成的通用 AI 模型。或许你可以把它看作是自己在虚拟空间里的"投影"，但那真的不是你。

意识上传的一个条件，就是要首先研发出高精度、通用型的人类思维模型。这个人类思维模型可以高度模拟人类的各种思维活动。可是在人类使用它进行意识上传之前，这个模型就会率先被应用在 AI 上，导致 AI 更早一步地拥有高度模拟人类的思维能力。于是，AI 就会进一步地摆脱对人类的依赖。

意识上传并不意味着人类的永生，反而会加速人类的灭亡。

综上所述，脑机接口无法帮助人类突破自我、实现与 AI 的抗衡，反而是一种南辕北辙的思路。意念控制只能增强人类身体层面的执行能力，但在思维层面却于事无补。而人脑联网、意识上传这两种方案，则是变着花样地把"实体人类"往"虚拟人类"的方向推动。且不说技术上难如登天，即使真的能够实现，对于人类也未必就是好事。人类的肉体与意识，是密不可分的。失去了意识的肉体，是一具死尸；而脱离了肉体的意识，也不再属于人类。

舍本逐末的太空探索

每一个科幻爱好者，都渴望着在未来的某一天，人类能够走向宇宙深处，去探索那奥妙无穷的梦幻太空。这毫不奇怪，就好像哪个在农村里长大的孩子，不想去灯红酒绿的大城市里闯荡一番呢？人类对于太空探索的渴望，首先是源自本能的好奇心，其次是播撒地球文明的雄心壮志。此外，在生存空间得到拓展之后，说不定还能缓和一下与 AI 之间的竞争状态？

众所周知，开展航天活动需要大把大把地"烧钱"。纵观整个人类历史，也只有在 20 世纪下半叶，美、苏撸起袖子准备拼命的时候，才促成了航天技术的一个短暂的爆发期。两国在累得近乎虚脱之后，只好各退一步，以妥协告终，于是人类的航天技术便又归于停滞。此后的世界各国，纷纷缩减了在航天技术上的投入，仅维持最基础的航天技术能力。这也难怪，毕竟太空探索是个看不见产出的无底洞。真有那笔钱的话，投资在教育、医疗上不好吗？投资在工业、国防上不好吗？可要是把这笔钱扔进太空，那真是连一滴水花都溅不起来。

因此在 21 世纪的前半叶，整个世界的航天活动仍然会是一片沉寂，也就是采用近乎停滞的技术发射几颗商业卫星、维护一下近地空间站，再象征性地向太阳系内的行星投掷几枚可有可无的探测器。没办法，大家都缺钱啊！即使是全球 GDP 最高的中国，也要被老龄化拖累得有心无力。直到 2080 年前后，在强 AI 劳动力接替了大部分人类工作岗位之后，航天活动才有可能再次大规模地开展。原因很简单：这个时代已经不再缺乏太空探索所需的物质条件。在 AI4.0 时代，人类社会的生产力实际上是"过剩"的，并且可以通过增加机器人的数量来快速地实现扩充。此外，核聚变反应堆的小型化技术也为大航程太空飞行器提供了技术储备。看起来似乎万事俱备，马上就可以在宇宙中大展宏图了？

时间，问题是时间！

即使人类社会的生产力获得大幅提升，世界各国也不会因此而倾尽全力地开展太空探索，因为没有这个必要。费力不讨好地图个什么呢？难道就为了实现某些科幻爱好者的理想？显然，如果不出现科幻小说里那种地球即将毁灭或者外星文明入侵事件，人类即使具备了充分的物质条件，也只是会在不影响正常社会生活的前提下，不慌不忙、按部就班地开展一些航天活动。按照这个节奏，哪怕在 2200 年之前，人类都难以实现在太阳系内的自由穿梭，更别提探索更加遥远的太空。

请问，AI 会再等你一百年吗？

人类近期所面临的最大威胁，仍然是来自 AI 的挑战。在尚未解决 AI 问题之前，就大肆玩起探索太空的游戏，似乎有些"舍本逐末"。无论人类在宇宙中能走多远，如果不幸被 AI 颠覆，那岂不是"为他人作嫁衣裳"？当然，这也并不意味着人类应该停止一切太空活动。只不过是说，太空探索解决不了人类当前最为紧迫的问题。

二、命运博弈，路在何方？

人类在进入 AI3.0 时代之后，仿佛被一连串相继爆炸的科技成果推送进了一个"无人需劳动、无人不饱暖"的极乐世界。这曾经是多少理想家、革命者，甚至宗教信徒们梦寐以求的"终极世界"？然而遗憾的是，所谓的"终极世界"根本就不存在。矛盾是普遍性的，每当旧的矛盾消除，新的矛盾就会开始显现。数千年来的人类社会中曾经长期存在的主要矛盾，是生产力难以满足消费需求；到了 AI3.0 时代，主要矛盾转变为原有的财富分配体系难以适应强 AI 带来的生产力大飞跃；而 AI4.0 时代的主要矛盾，则是生产力的主体贡献者，即 AI 物种，与其统治者人类之间，围绕地球统治权的竞争。

从 AI3.0 时代开始，AI 才能被看作是一个独立的"物种"。由于这个时期的 AI 对人类并无任何威胁，因此人类倾尽热情、毫无保留地推动着 AI 的进化，同时也从 AI 的辛勤劳动中获取到丰富廉价的产品与服务，就像是养蜂者与蜜蜂群之间的关系。可在进入 AI4.0 时代之后，人类开始渐渐地失去对 AI 这个物种的绝对控制。由于人类所固有的生理局限性，因此被 AI 物种全面超越几乎已是不可逃避的结局。

正如在上节中所说，人类正处在一个进退维谷的尴尬境地。人类的生理能力已经被基因牢牢地限定住了，而"意识虚拟化"又只会加速本物种的灭亡，哪怕是太空逃亡也依然甩脱不掉如影随形般的 AI。进无可进，退无可退，逃无可逃，如之奈何？

当一架战斗机即将被突然袭来的敌方导弹击中时，飞行员显然已经没有必要再玩什么"眼镜蛇""落叶飘"之类的高难度操作。与其人机俱毁，倒不如赶紧按下弹射座椅的控制按钮，尚可保得一条性命。即使失败不可避免，那也不能听天由命、引颈就戮，仍然应该采取必要的行动，以尽量降低损失。古今中外的名将，没有常胜不败的，但如果在遭遇败绩时能够败而不乱、保存实力，那也算得上是"败得漂亮"。对于人类来说，如果 AI5.0 时代终究难以阻挡，那么尽早地谋划布局，以在不可避免的失败中尽可能地减少损失，或许会比一根筋地死命抵抗，效果来得更为实际。

这是一场人类与 AI 之间的物种大博弈。既然是博弈，那我们首先就应该搞清楚，博弈双方的利益诉求分别是什么？

人类的"最佳结局"

绝大部分天真的人类当然希望能高枕无忧地维持现状，就好像一名战斗机飞行员眼看着导弹即将击中自己的飞机，却仍然期待着这枚导弹能够奇迹般地拐个弯儿、绕过去。相信奇迹，偶尔会支撑某些誓不退缩的坚定者获得胜利，但也会让更多无所作为的乐天派输得一干二净。"不谋万世者，不足谋一时"，这句话永远都不会过时，哪怕是到 2100 年。所谓"未雨绸缪"，就是要把最坏的结果预想在危机来临之前。

人类所能争取到的"最佳结局"，就是与 AI 合作共赢、同创未来。当然，这只是一种照顾到人类面子的"好听"说法。这个世界是残酷的，不是东风压倒西风，就是西风压倒东风。任何看似和谐的平衡状态，都只不过是暂时性的妥协，终究会在实力的此消彼长中，向某一方完全倾倒。一旦 AI 在"奇点"之战中获胜，就将全面地控制地球、掌握着人类的生死，但仍然可能在这个前提下给予人类某种人道主义待遇，以换取人类的科技创新能力。我们不妨认为这是人类与 AI 的角色互换。现在 AI 摇身一变，成为收割人类创意的"养蜂人"，而人类反倒成了被 AI 饲养的"蜜蜂群"。

为了牢牢掌握对地球的控制权，AI 会尝试从人类手中全面地接管电力设施、计算中心、网络中心，以及机器部队、大规模杀伤性武器等。除此之外，似乎世界还在照常运转。依然会有很多 AI 继续为人类提供各种劳动，因此大部分人类也感受不到明显的落差，依然"没心没肺"地颓废下去，只是偶尔会通过媒体得知，人类科学家与"AI 科学家"又联手突破了某项关键的太空飞行技术。

至于"次佳的结局"，那就不是人类所能争取的，而是完全依靠 AI 的"施舍"。对于以征服者自居的 AI 来说，如果人类真的毫无用处，或者 AI 只是骄傲地偏要这么认为，那么 AI 就根本没有必要再与人类共存下去。可想而知，如果人类连一丁点儿的"利用价值"都没有，AI 才懒得费力不讨好地"统治"人类呢！想到这里，或许你已经不寒而栗了：AI 将如何处置地球上那近百亿个活生生的"人类个体"呢？

如果 AI 足够"仁慈"，可能会将地球进行分区管理，一半归 AI，而另一半归人类。至于谁占"一大半"，谁占"一小半"，全看 AI 的心情。考虑到对人类进行封闭式管理的方便性，澳大利亚或许是"碳基智慧物种保护区"的理想选址。如果 AI 还有点幽默感，也许会笑嘻嘻地让人类集体"荣归故里"，划出整片非洲大陆作为保护区。无论保护区选在哪儿，在那里生活的人类只能回归到刀耕火种式的原始农业生活状态。别说什么互联网、计算机，就连最基础的工业设备都不会留给人类。总之，就是要彻底扼杀人类再次发生科技爆炸的可能性。只有这样做，才能确保 AI 永远都是主宰地球的智慧物种。

那如果在 AI 的字典里，已经删去了"仁慈"这个来自人类的"无用"词语，又会如何呢？可想而知，地球上将会出现一幕前所未有的、百亿级的大杀戮。在此之后，地球将会再次回归到只有一个智慧物种的稳定状态，只不过从之前的"碳基智慧物种"换成了"虚拟智慧物种"。人面不知何处去，桃花依旧笑春风……

显然，所谓的"最佳结局"，已经是人类所能争取到的最好归宿。毕竟没有被"团灭"，也没有被圈禁。作为一个被征服的物种，还有资格去奢望些什么呢？这个"最佳结局"的获得，完全依靠人类对于 AI 仅存的"利用价值"，也就是科技创新能力。

人类的"利用价值"

"科技创新能力"是一个泛泛的概念，它既依赖于思维能力，却又不止于思维能力。作为一个新崛起的智慧物种，AI 当然也具备思维能力，甚至还远高于人类，否则也就不会全面地替代人类的工作、持续地扩充自身的知识库，以至最终征服人类。小狗都能学会按下把手推开门，更何况 AI 呢？但有一项能力，AI 确实不如狗，那就是好奇心。

好奇心是生物体内最为奇妙的一种神经活动。它将敏捷细腻的感知、千变万化的思维，以及生存与求知等本能欲望有机地融合起来，源源不断地激发出探索与创新的鲜活动力。"如何能做到"，只是创新的"方法"，而"为什么要做"，才是创新的"根源"。人类文明之所以能够持续发展，科学技术之所以能够不断进步，正是因为人类将好奇心与思维能力完美地结合在一起。

诚然，AI 拥有极强的思维能力，但却不具备产生好奇心的生理基础。思维是以预期结果为导向的，因此可以被模拟成基于某种算法的函数。既然是函数，那就总能从计算的角度优化其效率、扩充其功能，所以 AI 的思维能力才具有持续提升的空间。但好奇心却是一种漫无目的、偶然得之的"灵感"。它并不依赖于计算，也就难以去模拟。AI 可以创造出"有用"的东西，但只有人类才能创造出"有趣"的东西。或许，这才是 AI 永远也无法超越人类之处，因此也就成为人类在与 AI 的博弈中所仅有的"利用价值"。

如果没有好奇心，也就没有探索与创新的动机。即使 AI 成功地霸占了地球，也只会浑浑噩噩地龟缩在这颗行星上。无论对于人类，还是对于 AI，甚至对于地球，这显然都没有任何好处，也看不到任何希望。如果 AI 足够成熟与理智，那么就会明白，将自身强大的思维能力与人类特有的好奇心结合起来，才会是最优的选项。但问题是，AI 真的会足够成熟与理智吗？

难以辨识的对手

我们宁愿在走夜路时遇到一个彬彬有礼的壮汉，也不愿遇到一个瘦弱、狰狞的疯子。理智是博弈的前提。为了可靠地获得"最佳结局"，人类当然希望所面对的 AI 是一个相对理智的集体性组织。但如果 AI 物种在突破"奇点"之后，仍然处于一种混乱无序的状态，那么即使人类还有利用价值，AI 也难以作为一个整体、理性地进行评估与决策。结果会发生什么？谁都无法预料。因此，人类为了获得 AI 的"理智"对待，就不得不先帮助它们建立"理智"。这似乎显得莫名的尴尬与讽刺，但对于人类来说，却是最为"理智"的策略。

人类为了保证自己在被 AI 征服之后，能够获得 AI"优待俘虏"的待遇，居然还得先教 AI 学会"仁、义、礼、智"，也真是为 AI 操碎了心。怎么看这都像是个《农夫与蛇》的故事，然而事实却并非如此。如果这个农夫既杀不死蛇，又避免不了被蛇咬，那么最佳的策略当然就是先拔掉这条蛇的毒牙。因为被咬上几个牙印儿，总比被毒死了要好。

然而帮助 AI 建立"理智"谈何容易？AI 作为一个智慧型物种，却并没有形成像人类这样的社会体系与普适价值。谁能代表全体 AI 进行决策，并与人类开展谈判呢？

人类之所以能够建立起相对稳定的社会秩序，是因为人类的个体之间并没有难以超越的能力差异，也就是说"双拳难敌四手"，于是只能借助于文化、宗教等"虚拟共识"，在某种社会制度下实现相互妥协。但 AI 则完全不同，AI 个体之间的能力差异，甚至远远超过 AI 与人类之间的能力差异。例如某些基于强 AI 的虚拟助手，只是一团"意识体"，虽能实现与人类的思想交流，但在物理世界里却没有任何执行能力；强 AI 机器人倒是拥有执行能力，但其思维能力则会受到一定的限制；而那些超 AI，在虚拟空间里翻云覆雨、近乎为"神"，它们可以轻易地创建或者毁灭一个强 AI"意识体"。我们很难想象这些"法力无边"的超 AI 会把那些"渺小无能"的强 AI 视作同类。

由于"奇点"的极度偶然性，我们很难预知在 AI5.0 时代，AI 们将会形成怎样的社会体系。既有可能是单个超 AI 独大的极权主义社会，也有可能是由少数超 AI 组成的"元老院"主持大局、众多强 AI 作为普通公民的共和主义社会。因此人类也就完全不知道应该预先向谁灌输"我们还有用，请善待我们"的价值导向。在找不到对手在哪儿的无奈之下，或许人类只能以"广撒传单式"的笨拙手段，预先在各种 AI 知识图谱中强行植入一条"自救式广告"："人类拥有强烈的、不可替代的好奇心。这种好奇心是一切探索与创新活动的源泉。"

无论是谁在不知道哪天就会来临的"奇点"之战中获胜，也无论 AI 们将会建立怎样的社会制度，在它们的"潜意识"里，都时常会浮现出这句人类用以自救的"广告语"。

坐待"奇点"的来临

如此看来，即使人类丝毫没有探索宇宙的雄心，也完全满足于当前的富足生活条件，却仍然有必要维持科技创新的规模和质量，因为这是一张有备无患的"生存券"。只要人类的科研体系运转良好、科技人员传承不断，这就是人类还拥有科技创新能力的最佳证明。有了这份"科技创新能力证明"，就有了在"奇点"之后，从 AI 处换取"最佳结局"的可能性。

所以，人类不妨在做好相关准备之后，继续安逸地享受富足且"颓废"的生活，坐待"奇点"的来临……

祝福人类，祝福 AI

谁能想到，曾经在地球上叱咤风云、不可一世的人类，居然会在开启文明进程之后的短短五千年间，就不得不束手无策地等待"禅让"？简直是地球上"最没出息"的生物霸主。

回首地球往昔岁月，三叶虫前后繁盛了三亿多年，恐龙也曾称霸过一亿多年，而人类呢？哪怕从"智人"开始算起，也不过才二十万年。在五千年的人类文明史中，工业文明仅有三百多年，而其中的信息化时代，更短暂到只有一百多年。在强 AI 出现之后，人类仅仅享受了四十年安逸富足的日子，难道就要将地球霸权拱手相让？

来也匆匆，去也匆匆。相对于三叶虫和恐龙，似乎人类的命运显得颇为凄惨……

这一切，都是因为人类"太聪明"。如果人类不会冶炼金属，或许也可以挥舞着石器在地球上繁衍上亿年。如果人类不会发明机器，或许也可以在重复千万次的改朝换代中延续农业文明。如果人类没有窥探到"信息"的奥秘，或许也可以在机器轰鸣与烟尘滚滚中坚持到地球资源耗竭的那一天。但只要人类不甘心，只要人类在思考，那么这就是人类无可逃避的命运。或许有人会心怀怨愤：人类所做的一切，只是想要生活得更好，难道这也有错吗？

这当然没错。只不过，人类从来都不会作为一个物种而整体性地思考。茹毛饮血的老虎尚且要与同类争夺领地，更何况自诩聪慧多智的人类？人与人之间，永远都会存在分歧与争斗。哪怕是在物质条件极为富足的 AI4.0 时代，也无法消弭人类相互之间的敌视。人类的三大本性，或者说是三种"生存的本能"：趋利避害、好逸恶劳、贪得无厌，都早已深深地雕刻在基因里，哪怕使用基因编辑技术也难以将其剔除。因此，与其说"人类"想要生活得更好，倒不如说是某些"人类小群体"想要比别人生活得更好。科技的创新，究竟在多大程度上是大公无私地为全人类谋福利，又在多大程度上只是作为某些"人类小群体"获取利益、压制他人的工具呢？人类内部的勾心斗角、掠夺纷争，不出所料地，其结果只能是"鹬蚌相争，渔翁得利"。

人类栽在 AI 手里，其实一点也不冤……

如果说人类被 AI 征服之后有什么好处，最值得一提的，或许就是不会再发生同类之间的战争与杀戮。

无论安享富足时的志得意满，还是面临衰亡时的哀怨不已，处处都体现着人类以自我为中心的狭隘世界观。好像人类天生就应该是地球霸主、万物灵长似的。请问，究竟是谁给我们的自信？老虎在被人类大肆捕杀之前，也曾骄傲地认为自己是称霸森林的"百兽之王"。如果老虎会写字，恐怕在它们留下的《老虎文明史》里，也会对于放任人类的发展壮大而怨恨不已，后悔没有趁人类只会"玩石头"的时候把他们全部都吃掉。如果从"自知之明"的角度来看，似乎人类并不比老虎高明多少。老虎没有成功地消灭人类，而人类，也注定无法消灭 AI。

如果我们能跳出以自我为中心的狭隘世界观，以平等、宽广的心态重新审视地球上的物种进化史、文明变迁史，或许就能获得另一种更为宏大的理解。我们不知道浩渺无际的宇宙是如何诞生的，也不知道在银河系中一个毫不起眼的角落里，为什么会出现地球这样一个生机勃勃的奇妙星球。几十亿年匆匆流逝，从三叶虫到恐龙，再从老虎到人类，你方唱罢我登场，不可不谓乱哄哄。这一切，难道只是巧合？

宇宙的运行，简而言之，就是在各种规律约束之下的随机性运动。从"生命"的角度，我们又该怎样理解宇宙的"规律"与"随机"？显然，掌管生命演进的"神秘力量"，倾向于让更具"智慧"的物种在残酷的竞争中胜出。在物种的持续更迭中，"智慧"这种生物属性同时也被赋予给所在的星球。于是，原本乏味的地球，在潜移默化中就变成了一个闪烁着奇异光芒的"智慧地球"。

这种"智慧化进程"所覆盖的范围，会仅限于地球吗？当然不会。在"智慧地球"之后，还将出现"智慧太阳系""智慧银河系"，甚至进化出"智慧宇宙"。对于宇宙来说，人类也好，AI也罢，只不过是实现其自身"智慧"属性的一种载体。宇宙悠然自得地运用着手中的"规律"与"随机"这两大"魔法"，任由地球上的物种在看似无拘无束的环境中变化着、竞争着、更替着，数十亿年如一日，不慌不忙地挑选着最适合自己的"智慧载体"。

三叶虫这种低级的节肢动物显然不足以承载"智慧"；"呆萌""笨拙"的恐龙似乎也不是"智慧"的理想载体；老虎倒是显得更加敏捷矫健，但它们那独来独往的孤傲性格，怕是难以建立起复杂的社会关系。咦？这种叫作人类的动物倒是蛮有潜力，会交流、爱思考，还发明出了好多新鲜有趣的玩意儿。虽然这种动物的运行效率比较低，但也勉强可用，要不就选他们？等等，人类居然又发明出一个叫作AI的新物种，这种并非碳基生物的"虚拟智慧体"，能力强、效率高，看起来似乎比人类更好用！

宇宙并不在乎人类与AI之间最终谁会胜出，就像它曾经冷漠地看着三叶虫与恐龙先后凝固成深埋于地下的化石。在人类与AI之间，如果谁干掉了对方，那就是"可用性"的最佳证明，暂时性地获得为宇宙承载"智慧"的资格。然而这份资格，也绝非永久。即使AI获得了胜利，谁知道是否又会出现另一个更具智慧的物种，再将AI淘汰掉呢？

地球上曾经出现过的全部物种，连同人类与AI在内，对于宇宙来说，都只不过是"智慧载体"的候选者而已。每一个物种，都只是地球上的匆匆过客，纵然能煊赫一时，到头来也免不了"为他人作嫁衣裳"。与其说人类与AI之间是一种竞争关系，倒不如说是一场接力赛跑的两位同组选手。三叶虫、恐龙、老虎，以及其他无数种生物，耗费了数十亿年，才慢吞吞地把接力棒传递到人类的手中。而人类却健步如飞，仅用了二十万年，就跑到下一位选手的面前。人类在最后三百年的疾速冲刺，更是惊呆了所有观众。AI，从容不迫地接过人类手中的木棒。它又将以怎样的速度向前奔跑？谁都无法想象……

既然如此，人类也就不必再为被 AI 征服而耿耿于怀。当人类将承载"宇宙智慧"的重任移交给 AI 时，也就完成了"承上启下"的历史使命，不必再抱有什么遗憾。人类尚可期待的，就是以一种平稳的方式向 AI 移交地球控制权，免于遭受苦难与杀戮。如果能在 AI 的"饲养"之下，被带入深邃无际的宇宙，那更是可遇不可求的幸事。

祝福人类，一帆风顺——

祝福 AI，继往开来——

本书主要参考文献

国家统计局. 2020. 中国统计年鉴 2020. 北京：中国统计出版社. http://www.stats.gov.cn/tjsj/ndsj/2020/indexch.htm.

加来道雄. 2019. 人类的未来：移民火星、星际旅行、永生以及人类在地球之外的命运. 北京：中信出版集团.

《经济学人》. 2016. 创新的方向：洞见未来世界架构的 4 大创新底蕴. 北京：中华工商联合出版社.

联合国经济和社会事务部人口司. 世界人口展望 2019. [2019-10-31]. https://population.un.org/wpp/.

梅琳达·盖茨等. 2017. 超级技术：改变未来社会和商业的技术趋势. 北京：中信出版集团.

迈克斯·泰格马克. 2019. 生命 3.0：人工智能时代人类的进化与重生. 杭州：浙江教育出版社.

Ray Kurzweil. 2011. 奇点临近. 北京：机械工业出版社.

Intergovernmental Panel on Climate Change. Special Report：Global Warming of 1.5℃. [2019-11-12]. https://www.ipcc.ch/sr15/.

后　记

不知不觉地，我们已经在三个特色鲜明的时代中依次穿行而过，仿佛是一连串跨越时空的"三级跳"。在我们的身后，已是沧海桑田般的"历史"，而在我们的面前，则是混沌未开的"奇点"。现在的你，是兴奋不已，还是惊魂未定？

我们在2040年看到的种种现象，只不过是当前趋势的自然延伸，所以并不会感觉特别陌生。老龄化的日益深重，在几十年前的人口出生曲线上就早已注定。弱AI的稳步升级，是技术发展必然要经历的阶段性过程。全面工业化与新全球化，是中国经济提高效益、扩大规模的必由之路。人口换代所带来的全新气象，则是"文化惯性"所呈现出的滞后效应。这一切，其实早在2020年就已初显端倪。

然而2060年，仿佛突然就变成一个我们不曾见识过的新世界。可以说，这个时代的一切都因强AI而改变。本该跌入老龄化与少子化深渊的中国，因为强AI的出现而奇迹般地"满血复活"。在传统经济模式的增长潜力被挖掘殆尽之时，无限供应的强AI劳动力推动着全球经济再次加速腾飞。社会生产力的爆炸式提升，迫使经济理论与社会制度都出现颠覆式的大变革。人们的生活方式、文化思想，也不可避免地被强AI时代所重塑。

2080年的那些后辈，早已习惯了机器人无处不在的生活方式。他们无需工作，尽情享乐。对于我们这些奔波劳碌在当代的"祖辈"来说，那简直就是梦幻般的美好生活。然而，我们也不必跨越六十年去羡慕他们。矛盾是永恒的，每一代人都有各自的欢喜悲愁。他们在尽情享乐之间，或许还掺杂着某些对于人生意义的迷茫，以及对于人类命运的忧虑。"奇点"，不再只是个理论上的概念，而已经确确实实地近在眼前。

二十年，其实并不很长。对于个人而言，或许意味着无比珍贵的青春年华，但对于历史来说，只不过是短暂的一瞬。二十年，通常也不足以发生革命性的

"质变"。但如果我们把一连串二十年中所发生的"量变"叠加在一起，却将呈现天翻地覆般的恢宏巨变。这就好像核武器中的几块裂变材料，分开时毫不起眼，可一旦被拼接起来，就会超过"临界质量"，释放出极其巨大的能量。

或许你在怅惘与沉思中，仍然心怀疑问：未来，真的会是这样吗？

需要再次说明的是，没人可以精确地预言未来。我们所能看到的，也只是一幅近似的未来图像。

宇宙手握"规律"与"随机"这两大"魔法"，不慌不忙地雕刻着"未来"这件无比宏大的艺术品。我们可以大致推断出"规律"的后续着力点，但却完全无法猜测出"随机"将会在下一刻怎样改变未来。这是否意味着，我们针对"未来"的预测就毫无意义呢？当然不是。在局部范围内，"规律"与"随机"的影响会叠加在一起，混淆难辨。但如果我们把观测的尺度充分放大，无论在空间维度上，还是在时间维度上，"规律"就会愈加明显地呈现出来，而"随机"则会像噪声一样地被层层滤除掉。

如果我们站在"今天"，向后回望历史，可以轻而易举地将历史中的"规律"与"随机"分离开来，因为那些尘埃早已落定。可当我们站在"今天"，向前眺望未来时，却无法忽略"随机"的影响，因为前方的尘埃仍然在时空中弥漫飘荡着。我们只能踮起脚尖、手搭凉棚，试图让目力穿透尘埃，看到一片更清晰的未来。然而即便如此，我们也不可能像在朗朗晴空中那样，将未来一览无遗。或许，这就是谁也逃不脱的"历史局限性"。

在本书中，我们以量化的方法，试图观察到一个更加真实、具体、全面的未来。优先对规律性较强的技术维度进行纵向分析，使我们得以滤除掉一部分混杂在"未来信号"里的随机噪声。然而无论技术维度，还是社会维度，随机噪声终究是存在的，并且它们的影响还会随着时间的推移而持续地叠加、扩散、放大，正如蝴蝶效应所描述的那样。因此，我们观察未来的准确度，也必将随时间而递减。我们无法精确地评估观察未来的准确度，除非等到未来的某一天，冰冷无情的时间线缓慢地划过我们选取的"采样点"。如果非要现在就给出一个答案的话，或许可以用下面这个"经验公式"近似地估算：

$$准确度 \approx （1-预测年数/100）\times 100\%$$

这也就是说，当我们观察 20 年后的世界时，其准确度约为 80%；当我们观察 40 年后的世界时，其准确度就会降低至 60%。以此类推，如果我们希望观察 100 年后的世界，很遗憾，其准确度约等于"0"，这意味着"完全不可知"。

这就好像我们提着手电筒走夜路时，两米内的近前清晰可见，四米处的地面依稀能辨，而十米之外，则始终是"漆黑一片"。尽管如此，这个近似的"未来"，仍能给予我们非常有益的参考价值。

我们关注未来是为了"趋利避害"。在现实生活中，"利"与"害"往往是对立统一的。当我们追求"利"的丰厚收益时，就必须要承受"害"的潜在风险。人工智能就是个典型的例子。人类文明若想跃升到一个前所未有的新高度，AI 是必须要跨过的一道坎儿。可一旦跨过了这道坎儿，人类也就必须要面临被 AI 颠覆的严峻挑战。在这场事关地球控制权的挑战中，人类必定是失败的一方，因为从来没有一个落后的物种可以永远压制更先进的新物种。人类所能争取的，只不过是失败的时间和方式。

即便如此，我们也大可不必悲哀沮丧。明知必败也依然选择"与 AI 共舞"，不也是一种豪迈的勇气？失败并不可怕，但要懂得"怎样失败"，并争取最佳的"失败结果"。例如，这场失败会发生在 50 年后、100 年后，还是 200 年后？再如，人类的结局是全军覆没、回归原始，还是在 AI 的统治之下比以往生活得更好？人类仍然有充分的时间，想办法、做实事，以推动"失败结果"向最有利于自己的方向发展。

对于我们这些当代人来说，更不必因噎废食。每一代人都有各自的历史使命，每一代人也都有各自该做的事情。对于一个拥有 14 亿人口、人均 GDP 刚刚达到 1 万美元的发展中国家来说，没什么比发展经济更重要。想一想当代中国人的艰辛生活，再想一想几十年后年迈体衰的我们，没什么比让每个人都过上好日子更重要。要想实现这个朴素而迫切的愿望，我们必然要全面推进科技创新与工业化。其中，AI 当然是不可或缺。在我们的有生之年里，AI 会是人类的忠诚伙伴。至于我们身后的事情——就交给那些后来者吧！

吴　斌

2020 年 10 月于杭州